普通高等教育智能建筑系列教材

电梯控制技术

李少纲　编著

机 械 工 业 出 版 社

本书系统地介绍了电梯的结构与运行原理、电梯拖动系统、电梯电气控制系统、电梯安装与调试、电梯维修与保养、自动扶梯与自动人行道、电梯实训设备等内容。电梯拖动系统部分全面论述了交、直流电梯的调速原理及其拖动系统，着重介绍了矢量控制 VVVF 调速电梯拖动系统、永磁同步无齿轮曳引电梯拖动系统及电梯再生能量的利用；电梯控制系统部分分析了电梯信号控制系统典型电路的控制原理，着重介绍了电梯的 PLC 控制系统、现代电梯一体化控制系统、电梯物联网监控管理系统的组成与工作原理。

本书适合作为高等院校建筑（电气）智能化、机械工程与自动化等相关专业的教材，也可作为职业院校电梯专业的教材，还可供从事电梯设计、制造、安装、检验与维护保养的人员参考。

本书有配套电子课件，选择本书作为教材的教师可登录 www.cmpedu. com 网站，注册并免费下载。编辑邮箱：jinacmp@ 163. com。

图书在版编目（CIP）数据

电梯控制技术/李少纲编著. —北京：机械工业出版社，2022. 2
普通高等教育智能建筑系列教材
ISBN 978-7-111-70042-5

Ⅰ.①电… Ⅱ.①李… Ⅲ.①电梯-电气控制-高等学校-教材
Ⅳ.①TU857

中国版本图书馆 CIP 数据核字（2022）第 007350 号

机械工业出版社（北京市百万庄大街 22 号　邮政编码 100037）
策划编辑：吉 玲　　　　责任编辑：吉 玲 戴 琳
责任校对：陈 越 王 延　封面设计：张 静
责任印制：李 昂
北京捷迅佳彩印刷有限公司印刷
2022 年 5 月第 1 版第 1 次印刷
184mm×260mm · 15.5 印张 · 379 千字
标准书号：ISBN 978-7-111-70042-5
定价：49.80 元

电话服务　　　　　　　　网络服务
客服电话：010-88361066　机 工 官 网：www.cmpbook.com
　　　　　010-88379833　机 工 官 博：weibo.com/cmp1952
　　　　　010-68326294　金 书 网：www.golden-book.com
封底无防伪标均为盗版　　机工教育服务网：www.cmpedu.com

前　言

随着经济的高速发展、城镇化建设的不断推进、人们生活水平的提高，作为建筑物内交通运输设备的电梯得到了迅速发展。电梯已成为人们生活和工作中必需的交通运输设备。

电梯是机电一体化的大型复杂设备，现代电梯涉及机械工程、电力驱动、自动控制、电力电子、交直流调速、可编程序控制器（PLC）控制、永磁同步电动机、传感与检测、网络通信、物联网、智能化等多学科技术。本书的编写目的是为培养电梯高技能人才提供急需的教材。

本书按 GB/T 7588.1—2020《电梯制造与安装安全规范　第 1 部分：乘客电梯和载货电梯》、GB/T 7588.2—2020《电梯制造与安全规范　第 2 部分：电梯部件的设计原则、计算和检验》、TSG T5002—2017《电梯维护保养规则》等现行标准编写，内容注重系统性、突出实用性，理论联系实际，并引入了工程实例，特别注重学生工程应用能力和解决现场实际问题能力的培养。

编者结合多年从事电梯专业教学与工程实践的经验，依据新标准、新技术、新工艺、新产品，对电梯的结构、原理、安装调试、维护保养，以及自动扶梯与自动人行道等方面进行了阐述。电梯的结构与运行原理部分除了介绍常规的机械部件外，还特别介绍了永磁同步无齿轮曳引机、复合钢带、轿门机械防扒门装置、双向限速器与双向安全钳，以及可水平移动的无绳轿厢及其轨道等新产品；电梯拖动系统部分介绍了传统的直流电梯、交流双速电梯、交流调压调速电梯、变频调速电梯等拖动系统，着重介绍了矢量控制 VVVF 调速原理及其电梯拖动系统、永磁同步无齿轮曳引电梯拖动系统、直线电动机电梯拖动系统、电梯再生能量的利用；电梯控制系统部分从传统的继电器控制入手，分析了典型电路的控制原理，详细阐述了 PLC 控制电梯的电路、控制梯形图及控制原理、微机控制电梯的原理，以及远程监控系统与电梯物联网监控管理系统，以电梯一体化控制系统为例，介绍了现代微机控制电梯电路、运行原理以及现行国家标准要求的紧急电动、层轿门旁路功能及其保护控制、轿厢意外移动检测等工作原理；电梯安装与调试部分介绍了安装前的准备工作、有/无脚手架安装方法、安装后调试与检验；电梯维修与保养部分介绍了现行标准规定的电梯维护保养项目（内容）和要求、电梯主要部件的检查调整、常见故障的原因与排除方法。

本书在编写过程中得到了浙江亚龙智能装备集团股份有限公司、福州大学电气工程与自动化学院领导和同事的支持和帮助，蒋锦萍制作了本书配套电子课件，杨鹏远提供了 YL 系列电（扶）梯教学设备的相关资料，在此一并表示衷心的感谢！

由于编者水平和时间有限，本书难免存在疏漏和不妥之处，希望广大读者提出批评和改进意见。

编　者

目 录

第1章

绪　论

1.1　电梯的现状与发展趋势

1.1.1　电梯的发展简史

公元前 236 年，阿基米德设计出一种人力驱动的卷筒式卷扬机，安装在妮罗宫殿里，共有 3 台，被认为是现代电梯的雏形。

1835 年，英国的一家工厂安装使用了一台蒸汽机拖动的升降机。

1845 年，英国的一名叫汤姆逊的人制作了一台水压式升降机，被认为是液压电梯的雏形。

1852 年，在德国柏林，人类历史上最早、也最简单的电梯诞生了。它是用电动机拖动提升绳带动一只木匣子，也就是最原始的上下运行的轿厢，被用来运送粮食与其他物料。

1854 年，美国人奥的斯研制了一种用于电梯防坠落的安全保护装置，被用于升降机。

1857 年，第一台载人电梯问世，成为高楼大厦重要的垂直运输工具。

1889 年，奥的斯电梯公司试制成功第一台以电动机与蜗杆传动直接连接卷筒升降轿厢的电梯，也被称为鼓轮式电梯，如图 1-1 所示。

1900 年，美国奥的斯电梯公司的第一台扶梯试制成功，并在巴黎的世界博览会上展出。当时扶梯的梯级是平的，踏板面是用硬木制成的。

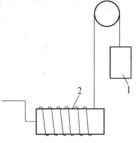

图 1-1　鼓轮式电梯

1—轿厢　2—轮毂

1903 年，美国奥的斯公司改进轿厢驱动形式，以曳引轮取代了轮毂。钢丝绳悬挂在曳引轮上，一端连接轿厢，另一端连接对重，曳引轮转动时，靠钢丝绳与曳引轮的绳槽之间的摩擦力驱动轿厢运行，称之为曳引式电梯，如图 1-2 所示。它解决了鼓轮式电梯存在提升高度与载重量受轮毂尺寸限制的问题，避免了轿厢冲顶的安全隐患。曳引驱动方式是现代电梯技术的基础，一直沿用至今。

此后，电梯就以惊人的速度发展。1915 年，电梯自动平层系统设计成功；1933 年，美国制造了速度为 6m/s 的高速电梯，安装在纽约的帝国大厦；1949 年，4~6 台群控电梯首次用于纽约联合国大厦；1953 年，第一台自动人行道试制成功；1955 年，小型计算机（电子真空管）控制电梯问世；1962 年，8m/s 超高速电梯投入市场；1963 年，无触点半导体逻辑控制电梯试制成功；1967 年，晶闸管应用于电梯，使电梯拖动系统简化；1971 年，集成电路被用于电梯；1972 年，数控电梯投入市场；1976 年，微机开始用于电梯；1984 年，日本推出 VVVF 调速电梯；1989 年，第一台直线电动机驱动电梯试制成功，它取消了电梯机房，并对电梯的传统技术做了重大改进；1993 年，日本三菱电梯公司生产的 12.5m/s 的 VVVF 电梯投入使用；1996 年，通力发明了世界上首台碟式马达驱动的无机房电梯；2005 年，东芝公司生产的 1010m/min（16.7m/s）观光电梯投入使用；2016 年，德国蒂森克虏伯公司研发

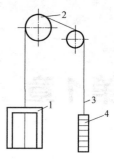

图 1-2 曳引式电梯
1—轿厢 2—曳引轮
3—曳引钢丝绳 4—对重

了多个轿厢系统的 MULTI 直线电梯，电梯轿厢可独立垂直和水平运行；2017 年 6 月，目前世界最高速度的电梯——1260m/min（21m/s）日立电梯在广州周大福金融中心投入使用。

在旧中国，我国没有电梯制造业，只有美国奥的斯公司在上海、天津设立的两家电梯维修机构。1949 年，全国共有电梯约 2000 台，自动扶梯 2 台。从 1949 年到 1978 年的 30 年间，我国生产电梯的总量仅有 1 万多台，平均每家电梯企业的年生产量只有 40 多台。1980 年以后，我国电梯制造业进入快速发展阶段。1980 年生产电扶梯 2249 台，2000 年生产电扶梯 37500 台，2005 年生产 13.5 万台，2010 年生产 35 万台，2015 年生产 76 万台，2019 年生产 117.3 万台，扣除出口、家用电梯（不需要注册，不计入保有量统计）、旧梯换新梯后，全国电梯保有量增加 81.92 万台，总保有量达 709.75 万台，2020 年保有量增加 76.8 万台，总保有量达 786.55 万台。2011—2020 年我国电梯保有量如图 1-3 所示，电梯保有量年增长率均保持在 10% 以上。目前，全国共有电梯整梯制造企业 665 家，电梯安装维修服务企业 1.4 万家，电梯安装维修服务人员 20.68 万人。在城镇化、老龄化推动下，存量建筑进行电梯更新与加装，新建房屋电梯作为基本配套，我国电梯保有量将继续保持 10% 左右的增长，预计 2023 年将超千万台。

图 1-3 2011—2020 年我国电梯保有量

1.1.2 电梯的发展趋势

随着科学技术的发展，电梯拖动与控制方式也有了很大发展。电梯不断向人们展示最新

的科技成果，让人们享受科学技术带来的方便与舒适。

1. 电梯控制更加智能化

随着微机技术的发展，结合人工智能、模糊智能控制、神经网络控制、大数据分析等最新的技术，工程师开发出了更加智能化的电梯控制系统。如：防止同一井道内的多个相互独立的轿厢相互碰撞的单井道多轿厢智能控制系统，可提高井道利用率和运输能力；目的层智能化分流的群控系统，可通过高效派梯调度方式提高电梯运行效率、减少乘客待梯与乘梯时间；更加智能化的梯群控制与管理系统，可适应电梯交通的不确定性、控制目标的多样化，实现电梯运行高效、安全、舒适。随着智能建筑的发展，电梯控制系统将与建筑物内的自动化服务设备结合，构成整体的楼宇智能系统。

2. 超高速电梯速度越来越快

随着建筑技术的发展，多用途、全功能的摩天大楼层出不穷，超高速电梯继续成为研究方向。曳引式超高速电梯的研究继续在采用超大容量永磁同步电动机、高性能的微处理器、减振技术、新式滚轮导靴和安全钳、轿厢气压缓解和噪声抑制系统等方面探索。直线电动机驱动的无曳引钢绳电梯有可能成为今后高层建筑中电梯发展的方向。

3. 无线传输技术得到应用

通过无线电力传输和无线信号传输方式，控制屏与召唤系统实现无线召唤、电梯轿厢无随行电缆，改善电梯在运行中的负载平衡问题。采用无线传输技术的电梯将缩短安装周期和降低费用，更好地解决电气设备的兼容性问题，使旧梯改造更加便捷，有利于把电梯接入大楼或小区的智能化管理系统，方便组建电梯运行公共安全监控平台。

4. 绿色电梯将普及

要求电梯更节能、油污染小、电磁兼容性强、噪声低、寿命长、采用绿色无污染的装饰材料等；广泛采用尼龙合成纤维曳引绳、钢带等无润滑油污染的曳引方式；电梯零件在生产和使用过程中对环境没有影响，并且是可以回收的材料。

5. 节能电梯将普及

（1）提高电动机拖动系统的运行效率 永磁同步无齿齿曳引机将取代由蜗轮蜗杆传动异步电动机组成的曳引机；直线电动机直接驱动技术、超导电力拖动技术和磁悬浮驱动技术在电梯上将得到应用。

（2）能量回馈技术 由于电梯再生能量的随机性与分散性，直接回馈电网会对公共电网造成冲击。回馈装置即使采用电抗器、电容器、去噪等滤波环节的双 PWM 脉宽调制，其波形仍对市电存在不可忽视的高次谐波干扰，制约了电梯再生能量直接回馈电网的推广应用。绝大多数的中低速电梯采用电阻消耗电梯的再生电能，这不仅降低了系统的能效，还恶化了电梯控制柜周边的环境。目前主要研究提高逆变器技术性能以减少谐波，采用微电网技术，把电梯再生电能回馈到微电网，供微网内其他电气设备使用，如供通风机、照明、加热器等使用。此外，还在研究超级电容储能技术和群梯逆变器直流侧共母线技术。混合电力电梯不仅能实现电梯再生电能的利用，还能把大楼的太阳能作为电梯电源。

（3）群控系统的智能调度原则 通过识别厅外的人数及其目的层站，结合各轿厢内乘客的人数及其目的层站，按照目的层智能化分流方式，综合能源消耗最低、候梯时间最短等指标进行智能调度，有效提高电梯运行效率、节约能耗，同时减少乘客待梯与乘梯时间。

6. 物联网电梯将普及

物联网技术的引入将大幅度提高电梯运行的安全性。目前，电梯物联网核心技术还不成熟，如电梯运行状态信号的可靠感知、故障信号的识别，存在较大瓶颈，电梯物联网相关的标准还不健全。随着5G技术的发展，智慧城市建设的推进，物联网电梯与大数据管理技术、云计算技术、人工智能技术相结合，将对电梯维保、物业管理、电梯安全监督与管理等产生重大的影响。

7. 新型电梯

（1）空气电梯　如图1-4所示，空气电梯包括一个垂直圆柱体和一个同轴的轿厢。井道分为三部分，以轿厢上升情况为例，由下而上分别为大气压区、密封区和低压区。大气压区直接与外界相连，以保证气体在大气压力值下的自由流通。通过轿厢顶部密封区上下的大气压力差产生上升和下降推力，从而实现轿厢上下移动。轿厢上升时，气泵起动，抽走轿厢顶部的空气，此时底部气压比顶部气压大，底部空气就会推动轿厢上行。轿厢下降时，依靠轿厢和内部乘客的自重即可实现轿厢的下降。同时，电梯的运行速度可以通过调节阀调节气压来控制。空气电梯作为一种新型的电梯型式，具有噪声低、空间利用率高、安装便捷、维修成本低、节能环保、造价低等优势，在别墅家用生活电梯领域将有广阔的前景。

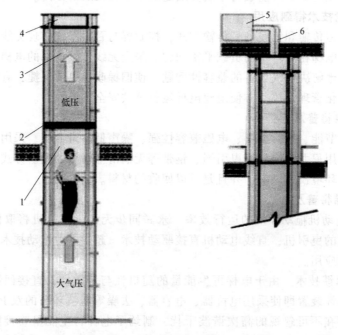

图1-4　空气电梯结构示意图

1—大气压区　2—密封区　3—低压区　4—真空泵　5—真空泵箱　6—PVC管

（2）无曳引绳电梯　随着直线电动机技术的不断发展，采用直线电动机直接驱动的电梯系统不但能够实现无曳引绳、无配重、无高度限制的结构，而且利用直线电动机还可以完成电梯轿厢上下、水平多方向的运行。由直线电动机驱动、可水平移动的无绳多轿厢电梯系统如图1-5所示，当轿厢处于变轨位置时，变轨机构旋转90°，电梯轿厢即可运行到新的轨道上。该电梯系统将在超高层建筑中广泛应用。

（3）太空电梯　乘电梯去太空旅游，这一设想是苏联科学家在1895年提出来的，后来一些科学家相继提出了各种解决方案。2000年，美国国家航空航天局（NASA）描述了建造

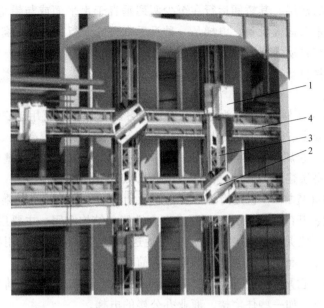

图 1-5 可水平移动的无绳多轿厢电梯系统示意图

1—轿厢 2—变轨机构 3—垂直运行轨道 4—水平移动轨道

太空电梯的概念，这需要极细的碳纤维制成的缆绳并能延伸到地球赤道上方 3.5 万 km，为使这条缆绳突破地心引力的影响，太空中的另一端必须与一个质量巨大的天体相连。太空电梯的概念如图 1-6 所示。这一天体向外太空旋转的力量与地心引力抗衡，将使缆绳紧绷，允许电梯轿厢在缆绳中心的隧道穿行。太空电梯一旦建成，就可昼夜不停地开展运输工作，把旅游者和货物送入太空，大大降低运送费用。如今火箭发射或航天飞机运送每公斤有效载荷约需 2 万美元，而太空电梯运送每公斤物品仅需 10 美元，从而能够推动空间技术实现跨越式发展。

图 1-6 太空电梯的概念图

日本建设公司大林组（obayashi gumi）太空电梯的初步计划是采用太阳能供电，升降舱可容纳 30 名游客，时速约 201km，7 天左右就可抵达太空，计划在 2050 年实现人类坐上太空电梯去太空旅游。他们已经打造出来迷你版的太空电梯进行试验，首先使用一段 10m 长的钢制缆绳连接 2 个边长为 10cm 的小型立方体卫星，并用电动机驱动一个模拟电梯升降舱的小盒子，让它能够在缆绳上来回移动，以证明太空电梯是可以实现的。

1.2 电梯的分类

在 GB/T 7024—2008《电梯、自动扶梯、自动人行道术语》中对电梯的定义为：服务于建筑物内若干特定的楼层，其轿厢运行在至少两列垂直于水平面或与铅垂线倾斜角小于15°的刚性导轨运动的永久运输设备。电梯是一种沿垂直方向运行的运输设备，而在许多公共场所使用的自动扶梯和自动人行道则是在水平方向上（或有一定倾斜度）的运输设备。但目前多数国家都习惯将自动扶梯和自动人行道归类于电梯中。电梯常见分类方式如下：

1. 按用途分类

（1）乘客电梯（客梯）　它是为运送乘客而设计的电梯，主要用于宾馆、饭店、办公大楼及高级住宅，对安全、运行的舒适性和轿厢装饰等方面都要求较高。

（2）观光电梯　它属于乘客电梯的一种，其轿厢装饰美观，轿厢壁透明，便于乘客观赏周边景色，装于高层建筑的外墙、内厅或旅游景点。

（3）载货电梯（货梯）　它是为运送货物而设计的电梯，人员可随乘。通常，其轿厢的面积（载重量）大、开门宽度较大，故要求安全性好，结构牢固，主要用于厂房和仓库中。

（4）住宅电梯　它是供住宅楼使用，主要运送乘客，也可运送家用物件或其他生活物件，故要求安全性好，而电梯的功能与装饰较为简单。

（5）客货电梯　它是以运送乘客为主，可同时兼顾运送非集中载荷货物的电梯。它具有客梯与货梯的特点，如一些住宅楼、商业办公楼的电梯。

（6）医用电梯（病床电梯）　它是用于运送病床（含病人）及医疗设备的电梯，其特点是轿厢窄而深，载重量和轿厢面积较大，对运行的稳定性要求较高。

（7）杂物电梯（服务电梯）　它可供图书馆、饭店、办公楼等运送图书、食品、文件等，轿厢的有效面积和载重量较小，不容许人员乘坐。

（8）车辆电梯　它是用于多层、高层车库中各种客车、货车、轿车的垂直运输的电梯。其轿厢面积较大，结构牢固。

（9）自动扶梯　它是带有循环运行的梯级且与地面成30°~35°倾斜角的代步运输设备，如图1-7所示，常用于商场、机场、车站等公共场所。

（10）自动人行道　它是自动扶梯的变形，与自动扶梯的主要区别在于没有梯级，且一般用于水平或倾斜角不大于12°的连续运行，常用于大型的机场、车站、商场等公共场所，如图1-8所示。

图1-7　自动扶梯

图1-8　自动人行道

（11）特种电梯　它是为特殊环境、特殊条件、特殊要求而设计的电梯，如船用电梯、防爆电梯、防辐射电梯、防腐电梯、大桥电梯、矿用电梯、风力发电设备专用电梯等。

2. 按速度分类

（1）低速电梯　它是 $v \leqslant 1.0\text{m/s}$ 的电梯。

（2）快速电梯　它是 $1.0\text{m/s} < v < 2.0\text{m/s}$ 的电梯。

（3）高速电梯　它是 $2.0\text{m/s} \leqslant v < 6.0\text{m/s}$ 的电梯。

（4）超高速电梯　它是 $v \geqslant 6.0\text{m/s}$ 的电梯。

电梯无严格的速度分类标准，随着电梯技术的不断发展，电梯速度越来越高，电梯按速度分类的标准也将不断调整。

3. 按拖动方式分类

（1）交流电梯　它是用交流电动机驱动的电梯。交流电梯又可分为交流单速电梯、交流双速电梯、交流调压调速电梯、交流变压变频调速（VVVF）电梯等。其中，交流调压调速电梯基本被淘汰，交流变压变频调速电梯被广泛应用，并在超高速电梯领域逐步取代直流电梯。

（2）直流电梯　它是用直流电动机驱动的电梯。

（3）液压电梯　它是利用电动泵驱动液体流动，由柱塞使轿厢升降的电梯。它具有对井道结构强度要求低、井道利用率高、运行平稳、安全可靠、机房布置灵活等特点，但存在能耗高、泵站噪声大（浸油式泵站可以降低噪声）、运行状态易受油温影响、需处理油管安全与泄漏等问题。液压电梯只用于提升高度小，速度低于 1.0m/s 的场合。

（4）齿轮齿条式电梯　它是导轨加工成齿条，轿厢装上与齿条啮合的齿轮，电动机带动齿轮旋转使轿厢升降的电梯，常用作建筑工地的户外电梯。

（5）螺杆式电梯　它是将直顶式电梯的柱塞加工成矩形螺纹，再将带有推力轴承的大螺母安装于液压缸顶，然后通过电动机经减速机（或传动带）带动螺母旋转，从而使轿厢上升或下降的电梯。

（6）直线电动机驱动的电梯　它是用直线电动机作为动力源，是新型驱动方式的电梯。直线电动机直驱电梯取消了传统电梯的曳引绳，可使电梯运行速度极大提高，并为多轿厢电梯的实现奠定了基础。

4. 按控制方式分类

（1）手柄开关操纵电梯　电梯司机在轿厢内控制操纵盘手柄开关，实现电梯的起动、上升、下降、平层、停止的运行状态。

（2）按钮控制电梯　它是一种简单的自动控制电梯，具有自动平层功能，常见有轿外按钮控制、轿内按钮控制两种控制方式，仅在杂物电梯中使用。

（3）信号控制电梯　它是一种自动控制程度较高的有司机操纵的电梯，除了具有自动平层和自动开门功能外，还具有轿厢指令登记、层站召唤登记、自动停层、顺向截停和自动换向等功能，但没有自动关门功能，因而，信号控制电梯为有司机操纵电梯。

（4）集选控制电梯　它除了具有信号控制的功能外，还具有自动关门功能，能把轿厢内指令信号和各层召唤信号集合起来，自动确定运行方向，按顺序自动应答呼梯信号，实现无司机操纵。

（5）并联控制电梯　它是 2~3 台具有集选功能的电梯，共用层站召唤按钮，控制系统按照并联调度原则分配电梯应答有关的召唤信号。

（6）群控电梯　它是多台电梯集中并列，统一调度。群控方式有梯群程序控制与梯群智能控制。梯群四程序控制将一天的客流量情况分为上行高峰、下行高峰、上下平衡、闲散状态；梯群六程序控制是在四程序控制的基础上增加上行较下行客流大、下行较上行客流大两种控制程序。梯群智能控制具有自学习、自推理功能，能根据当前的客流情况，选择最佳的派梯调度方式，提高电梯运行效率，减少乘客待梯与乘梯时间。

此外，还有其他分类方式，如：按电梯有无司机分类，可分为有司机电梯、无司机电梯、有/无司机电梯；按机房位置分类，可分为机房在井道上部的机房上置电梯、机房在井道下部的机房下置电梯、无机房电梯；按曳引机结构分类，可分为有齿轮曳引机电梯、无齿轮曳引机电梯；按轿厢尺寸分类，经常使用"小型""超大型"等词来描述电梯；按同一个井道内轿厢的数量分类，则有单轿厢电梯、双层轿厢电梯、双子电梯、多轿厢电梯等。

1.3　电梯的型号与常用术语

1.3.1　电梯的型号及主要参数

1. 电梯的型号

我国《电梯、液压梯产品型号编制方法》规定了电梯、液压梯产品的型号代号顺序，如图1-9所示。

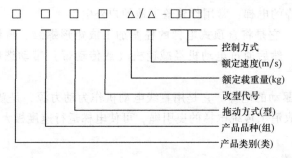

图 1-9　电梯产品的型号代号顺序

电梯、液压梯的类别用"T"表示，电梯产品品种（组）代号见表1-1。电梯采用交流、直流、液压拖动方式分别用"J""Z""Y"表示，电梯的控制方式代号见表1-2。

表 1-1　电梯的产品品种（组）代号

产品品种	采用代号	产品品种	采用代号
乘客电梯	K	杂物电梯	W
载货电梯	H	汽车电梯	Q
客货电梯	L	船用电梯	C
病床电梯	B	观光电梯	G
住宅电梯	Z		

表 1-2 电梯的控制方式代号

控制方式	采用代号	控制方式	采用代号
手柄开关控制手动门	SS	集选控制	JX
手柄开关控制自动门	SZ	并联控制	BL
按钮控制手动门	AS	梯群控制	QK
按钮控制自动门	AZ	微机集选控制	JXW
信号控制	XH		

例如，TKJ1000/2.0-QKW 表示为交流电动机驱动的乘客电梯，额定载重量为 1000kg，额定速度为 2.0m/s，梯群控制方式采用微机控制。TBY1600/1.0-JX 表示为液压驱动的病床电梯，额定载重量为 1600kg，额定速度为 1.0m/s，采用集选控制方式。

改革开放后，国外著名的电梯制造商都在我国兴办合资或独资电梯制造厂，他们沿用引进国家的电梯型号表示方法，总体有以下几个类型：

1）以电梯生产厂商名称及生产产品序号表示。例如 TOCE-2000VF，前面的字母是厂商名称的英文字头，为天津奥的斯电梯公司，2000 代表其产品类型号，VF 表示变频调速电梯。

2）以英文字头代表电梯的种类，以产品类型序号区分。例如三菱电梯 MAXIEZ-CZ，前面字母为英文字头，代表产品种类，CZ 代表产品类型号。

3）以英文字头代表产品种类，配以数字表征电梯参数。例如广州日立电梯 MCA-1050Kg-CO105，MCA 表示小机房乘客电梯，额定载重量为 1050kg，额定速度为 105m/min。

除上述列举外，还有其他表示方法，因此，对这些电梯必须根据其产品说明书了解其含义及参数。

2. 电梯的主要参数

1）额定载重量（kg）：设计规定的电梯载重量，常用的有 320、400、630、800、1000、1250、1600、2000、2500、3000、5000 等系列。

2）额定速度（m/s）：设计规定在电源额定频率、额定电压的条件下，电梯运行的速度，常用的有 1、1.5、1.75、2、2.5、3、4、5、6 等系列，杂物电梯常用的有 0.25、0.4、0.63、1 等系列。

3）电梯的类型：如乘客电梯、载货电梯、病床电梯、观光电梯、住宅电梯、汽车电梯、船用电梯、杂物电梯等，表明电梯的用途。

4）拖动（驱动）方式：主要有直流、交流（单速、双速、ACVV、VVVF）、液压等驱动方式。

5）控制方式：有按钮控制、信号控制、集选控制、并联控制、群控等。

6）轿厢型式：主要是有无双面开门（贯通门）的特殊要求。

7）轿厢尺寸（mm）：包括内部尺寸和外廓尺寸，以宽×深×高表示。内部尺寸根据电梯的类型和额定载重量确定；外廓尺寸关系到井道设计。

8）开门形式：有中分式、旁开式（左开门或右开门）、直分式（闸门式）。

9）开门宽度（mm）：轿厢门和层门完全开启的净宽，常见的有 800、900、1000 等。

10）层站数：电梯可停靠的楼层（站点）总数。若电梯实际行程为 15 层，有 11 个出入轿厢的厅门，则称为 15 层/11 站。

11）提升高度（mm）：从底层端站楼面至顶层端站楼面之间的垂直距离。

12）井道尺寸（mm）：建筑物为安装电梯预留的井道空间，以宽×深表示。

13）顶层高度（mm）：由顶层端站地板至井道顶楼板下的最突出构件之间的垂直距离。

14）底坑深度（mm）：由底层端站地板至井道底坑地板之间的垂直距离。

15）机房型式：上机房、下机房、无机房等。

除了以上电梯本身的主要参数外，还必须包括电梯安装地点建筑物的有关参数，在电梯投产前必须确定，否则生产出来的电梯可能不满足电梯用户的使用要求，甚至安装不到已建造好的电梯井道中。为了统一和协调好电梯产品和安装建筑物之间的关系，使电梯能够安全可靠运行，国家颁布了 GB/T 7025—2008《电梯主参数及轿厢、井道、机房的型式与尺寸》，对各种类型的电梯轿厢、井道、机房的规格、型式与尺寸做了明确的规定。

除此之外，用户对电梯的功能、主要零部件的产地，以及轿厢顶、轿厢壁、轿厢底、层门与轿门的材质和装饰等要求也必须在投产前确定。

1.3.2　电梯的常用术语

电梯的专业名词术语在 GB/T 7024—2008《电梯、自动扶梯、自动人行道术语》中做了详细规定。表 1-3 仅列出部分电梯常用术语。

表 1-3　部分电梯常用术语

电梯术语	解　释
电梯	服务于建筑物内若干特定的楼层，其轿厢运行在至少两列垂直于水平面或与铅垂线倾斜角小于 15°的刚性导轨运动的永久运输设备
无机房电梯	不需要建筑物提供封闭的专门机房用于安装电梯驱动主机、控制柜、限速器等设备的电梯
家用电梯	安装在私人住宅中，仅供单一家庭成员使用的电梯。它也可安装在非单一家庭使用的建筑物内，作为单一家庭进入其住所的工具
层站	各楼层用于出入轿厢的地点
基站	轿厢无投入运行指令时停靠的层站。一般位于乘客进出最多并且方便撤离的建筑物大厅或底层端站
底层端站	最低的轿厢停靠站
顶层端站	最高的轿厢停靠站
井道	保证轿厢、对重安全运行所需的建筑空间
井道宽度	平行于轿厢宽度方向测量的两井道内壁之间的水平距离
井道深度	垂直于井道宽度方向测量的井道壁内表面之间的水平距离
底坑深度	底层端站地板上平面到井道底面之间的垂直距离
顶层高度	顶层端站地坎上平面到井道天花板之间的垂直距离
井道内牛腿加腋梁	位于各层站出入口下方井道内侧，供支撑层门地坎所用的建筑物突出部分
地坎	轿厢或层门入口处的带槽踏板
开锁区域	层门地坎平面上、下延伸的一段区域。当轿厢停靠该层站，轿厢地坎平面在此区域内时，轿门、层门可联动开启

（续）

电梯术语	解 释
紧急开锁装置	为应急需要,在层门外借助三角钥匙孔可将层门打开的装置
门锁装置 联锁装置	轿门与层门关闭后锁紧,同时接通控制回路,轿厢方可运行的机电联锁安全装置
提前开门	为提高运行效率,在电梯进入开锁区域内,在平层过程中即进行开门动作的功能
中分门	层门或轿门门扇由门口中间分别向左、右开启的层门或轿门
旁开门	层门或轿门的门扇向同一侧开启的层门或轿门
门机	使轿门和层门开启或关闭的装置
关门保护	在关门过程中,通过安装在轿厢门口的光电信号或机械保护装置,当探测到有人或物体在此区域时,立即重新开门
光幕	在轿门关闭过程中,当有乘客或物体通过轿门时,在轿门高度方向上的特定范围内可自动探测并发出信号使轿门重新打开的门保护装置
安全触板	在轿门关闭过程中,当有乘客或障碍物触及时,使轿门重新打开的机械式门保护装置
门受阻保护	当电梯在开、关门过程中受阻时,电梯门向相反方向动作的功能
轿厢	电梯中用以运载乘客或其他载荷的箱形装置
残疾人操纵盘	特殊设计的轿厢操纵盘,以方便残疾人使用,尤其是轮椅使用人员操作电梯
轿厢宽度	平行于设计规定的轿厢主入口,在离地面以上 1m 处测量的轿厢两内壁之间的水平距离,装饰、保护板或扶手都应当包含在该距离之内
轿厢深度	垂直于设计规定的轿厢主入口,在离地面以上 1m 处测量的轿厢两内壁之间的水平距离,装饰、保护板或扶手都应当包含在该距离之内
轿厢出入口高度	层门和轿门完全打开时测量的出入口净高度
轿厢安全窗 轿厢紧急出口	在轿厢顶部向外开启的封闭窗,供安装、检修人员使用或发生事故时援救和撤离乘客的轿厢应急出口。窗上装有当窗扇打开或没有锁紧即可断开安全回路的开关
护脚板	从层站地坎或轿厢地坎向下延伸并具有平滑垂直部分的安全挡板
随行电缆	连接于运行的轿厢底部与井道固定点之间的电缆
平层	在平层区域内,使轿厢地坎平面与层门地坎平面达到同一平面的运动
平层区	轿厢停靠站上方和下方的一段有限区域。在此区域内可以用平层装置来使轿厢运行达到平层要求
平层准确度	轿厢依控制系统指令到达目的层站停靠后,门完全打开,在没有负载变化的情况下,轿厢地坎上平面与层门地坎上平面之间铅垂方向的最大差值
平层保持精度	电梯装卸载过程中轿厢地坎和层站地坎间铅垂方向的最大差值
再平层 微动平层	当电梯停靠开门期间,由于负载变化,检测到轿厢地坎与层门地坎平层差距过大时,电梯自动运行使轿厢地坎与层门地坎再次平层的功能
曳引机	包括电动机、制动器和曳引轮在内的靠曳引绳和曳引轮槽摩擦力驱动或停止电梯的装置
曳引绳	连接轿厢和对重装置,并靠与曳引轮槽的摩擦力驱动轿厢升降的专用钢丝绳
绳头组合	曳引绳与轿厢、对重装置或与机房承重梁等承载装置连接用的部件
曳引绳曳引比	悬吊轿厢的钢丝绳根数与曳引轮轿厢侧下垂的钢丝绳根数之比
扁平复合曳引钢带	由多股钢丝被聚氨酯等弹性体包裹形成的扁平状曳引轿厢用的带子

（续）

电梯术语	解　　释
导轨	供轿厢和对重(平衡重)运行的导向部件
承重梁	敷设在机房楼板上面或下面、井道顶部,承受曳引机自重及其负载和绳头组合负载的钢梁
限速器	当电梯的运行速度超过额定速度一定值时,其动作能切断安全回路或进一步导致安全钳或上行超速保护装置起作用,使电梯减速直到停止的自动安全装置
安全钳	限速器动作时,使轿厢或对重停止运行保持静止状态,并能夹紧在导轨上的一种机械安全装置
独立操作专用服务	通过专用开关转换状态,电梯将只接受轿内指令,不响应层站召唤(外呼)的服务功能
防捣乱功能	当检测到轿内选层指令明显异常时,取消已登记的轿内运行指令的功能
误指令消除	可以取消轿内误登记指令的功能
超载保护	电梯超载时,轿内发出音频或视频信号,并保持开门状态,不允许起动
满载直驶	轿厢载荷超过设定值时,电梯不响应沿途的层站召唤,按登记的轿内指令行驶
消防开关	发生火警时,可供消防人员将电梯转入消防状态使用的电气装置。一般设置在基站
火灾应急返回	操纵消防开关或接受相应信号后,电梯将直驶回到设定楼层,进入停梯状态
消防员服务	操纵消防开关使电梯投入消防员专用状态的功能。该状态下,电梯将直驶回到设定楼层后停梯,其后只允许经授权人员操作电梯
钥匙开关	一种供专职人员使用钥匙才能使电梯投入运行或停止的电气装置
驻停退出运行	当启动此功能开关后,电梯不再响应任何层站召唤,在响应完轿内指令后,自动返回指定楼层停梯
紧急电源操作	当电梯正常电源断电时,电梯电源自动转接到用户的应急电源,群组轿厢按流程运行到设定层站,开门放出乘客后,按设计停运或保留部分运行
紧急电源装置应急电源装置	电梯供电电源出现故障而断电时,供轿厢运行到邻近层站或指定层站停靠的电源装置
自动救援操作停电自动平层	当电梯正常电源断电时,经短暂延时后,电梯轿厢自动运行到附近层站,开门放出乘客,然后停靠在该层站等待电源恢复正常
能量回馈装置	可将电梯机械能转换成有用电能的装置
楼宇自动化接口	连接楼宇自动化系统的接口。可传送电梯运行信号和其他相关信号
读卡器卡识别装置	设置在轿厢内,乘客通过身份卡操纵轿厢运行的装置;或设置在层站门一侧,乘客通过身份卡召唤轿厢停靠在呼梯层站的装置
电梯司机	经过专门训练、有合格操作证的经授权操纵电梯的人员

本 章 小 结

电梯是现代生活不可缺少的垂直运输设备,本章简要介绍了电梯发展史、我国电梯产业的现状和电梯技术的发展趋势,还介绍了电梯的种类、型号及主要参数,以及电梯常用术语。

思 考 与 练 习

1-1　根据国家标准,简述电梯的定义。

1-2 简述鼓轮式电梯与曳引式电梯的特点。

1-3 电梯有哪几种分类方法？

1-4 电梯按用途分类有哪些类型？

1-5 电梯按驱动方式分类有哪些类型？

1-6 电梯按控制方式分类有哪些类型？

1-7 电梯按曳引机结构分类有哪些类型？

1-8 以下电梯型号表示的是什么电梯？

（1）TBJ 1600/1.5-XH

（2）TGZ 1000/2.5-BL

（3）TZY 800/1.0-JXW

（4）TKJ 1250/1.75-QK

1-9 电梯的主要参数有哪些？

1-10 电梯与安装建筑物相关的参数主要有哪些？

1-11 简述电梯节能技术的发展趋势。

1-12 GB/T 7588.1—2020 是什么标准？

1-13 GB 50310—2002 是什么标准？

1-14 GB/T 10060—2011 是什么标准？

1-15 TSG T5002—2017 是什么标准？

第 2 章

电梯的结构与运行原理

2.1 电梯的基本结构

电梯是由机械、电气两部分组成的大型机电设备。电梯的基本结构如图 2-1 所示，它可

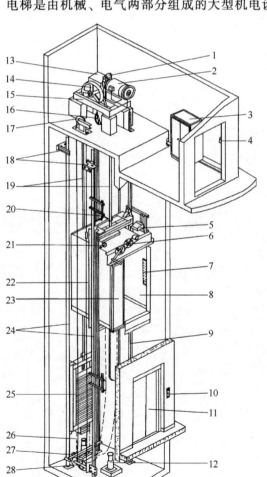

1—制动器

2—曳引电动机

3—控制柜

4—电源开关

5—平层检测开关

6—开门机

7—轿内操纵盘

8—轿厢

9—随行电缆

10—呼梯盒

11—厅门

12—缓冲器

13—减速器

14—曳引机

15—曳引机底盘

16—导向轮

17—限速器

18—导轨支架

19—曳引钢丝绳

20—开关打板

21—终端超越保护开关

22—轿厢框架

23—轿厢门

24—导轨

25—对重

26—补偿链

27—补偿链导向轮

28—张紧装置

图 2-1 电梯的基本结构

划分为机房、井道、轿厢、层站四个空间。

电梯在机房装有曳引机、控制柜、限速器等；在井道装有导轨、导轨支架、对重装置、缓冲器、限速器张紧装置、补偿链（绳、缆）、随行电缆等；在层站装有层门（厅门）、呼梯盒（召唤盒）、门锁装置、层楼显示器等；在轿厢部分有轿厢、轿厢门、安全钳装置、平层装置、导靴、开门机、轿内操纵盘、层楼显示器等。

电梯按各部分的功能可分为曳引系统、轿厢系统、门系统、导向系统、重量平衡系统、电力拖动系统、电气控制系统和安全保护系统等。各个系统的主要功能如下：

1）曳引系统用于输出与传递动力，驱动电梯上下运行。

2）轿厢系统用以运送乘客或货物。

3）门系统是乘客或货物的进出口。

4）导向系统使电梯的轿厢和对重只能沿着各自的导轨做上、下运动。

5）重量平衡系统可相对平衡轿厢重量，是电梯实现曳引式传动的必备装置。

6）电力拖动系统是提供动力、实现电梯运行速度控制的装置。

7）电气控制系统是对电梯运行全过程进行操纵和控制的装置。

8）安全保护系统用于防止发生人身与设备事故，保证电梯安全使用。

2.2　电梯的运行原理

图 2-2 是曳引式电梯运行示意图。曳引钢丝绳一端与轿厢连接，经曳引轮、导向轮后，另一端与对重装置连接。当曳引电动机转动时，曳引轮也相应转动，这时欲使曳引绳也跟着转动，在曳引绳与曳引轮接触处产生一定的摩擦力，即曳引力（驱动力），它是由轿厢和对重的重力共同作用于曳引轮上而产生的。曳引力的大小主要与曳引轮的绳槽形状、曳引绳与曳引轮之间包角有关，同时也与电梯的平衡系数、轿厢及载荷的重量有关。要使电梯运行，曳引力必须大于或等于轿厢侧与对重侧的拉力之差。

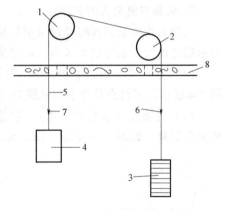

图 2-2　曳引式电梯运行示意图
1—曳引轮　2—导向轮　3—对重
4—轿厢　5—曳引绳　6—对重侧拉力
7—轿厢侧拉力　8—楼板

1. 曳引力矩

曳引力作用在曳引轮上的力矩称为曳引力矩。因为电梯工作有上升与下降两个方向，其曳引力与曳引力矩必然有正负之分。

当电梯轿厢满载上升时，曳引力与曳引力矩为正，表明力矩的作用是驱动轿厢运行，此时曳引系统的功率流向为：曳引电动机→（减速器）曳引轮→曳引绳→轿厢（对重）。这时电动机把电能转变为机械能，电梯的曳引系统输出动力。

当电梯轿厢满载下降时，曳引力与曳引力矩为负，表明力矩的作用方向与曳引轮的旋转方向相反，其力矩的作用是控制轿厢下行速度，此时曳引系统的功率流向为：轿厢（对重）→曳引绳→曳引轮→（减速器）曳引电动机。这时电梯的曳引系统是在消耗机械能，曳引电动机工作在发电制动状态，把机械能转化为电能，即电梯再生电能。

当电梯轿厢与对重平衡时，曳引电动机只要克服系统的摩擦力就可驱动电梯运行，即电动机轻载运行。当电梯轿厢空载（或轻载）时，向上运行则曳引电动机工作在发电制动状态，向下运行则曳引电动机工作在电动状态。

2．曳引轮绳槽与曳引力的关系

曳引力的大小与曳引轮绳槽有关，这是因为曳引绳与曳引轮不同形状的绳槽接触时，所产生的摩擦力是不相同的，摩擦力越大则曳引力越大。常用曳引轮绳槽有半圆槽、楔形槽和带切口的半圆槽，如图2-3所示。

a)半圆槽　　　　　　b)楔形槽　　　　c)带切口的半圆槽

图2-3　曳引轮绳槽形示意图

（1）半圆槽　它是钢丝绳几乎有半个圆周接触在槽面上，其接触面大，使用寿命较长，但摩擦力较小，常用在全绕式（增加摩擦力）高速电梯上。

（2）楔形槽　它有较大的摩擦力（减小楔形槽的角度，就会增加摩擦力），从而可得到较大的曳引力，但因曳引钢丝绳在运转时磨损较大，同时也会使槽形因磨损而变形，仅在轻载、杂物、低速电梯上使用。

（3）带切口的半圆槽　它是在半圆槽中部有一切口，广泛应用于各类电梯。

3．包角与曳引力的关系

包角是指曳引钢丝绳经过曳引轮槽内所接触的弧度，包角越大，摩擦力就越大，则曳引力也随之增大。要想增大包角，就必须合理地选择曳引钢丝绳在曳引轮槽内的缠绕方法。

（1）直绕式（也称半绕式）　它是曳引钢丝绳在曳引轮槽内最常见的缠绕方法，如图2-4所示。其特点是曳引钢丝绳对曳引轮的最大包角小于180°。

（2）复绕式（也称全绕式）　它是曳引钢丝绳绕曳引轮槽和导向轮槽一周后，才被引向轿厢和对重，如图2-5a所示。图2-5b所示曳引钢丝绳绕曳引轮槽和复绕轮槽后，再经导向

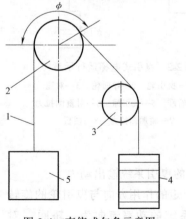

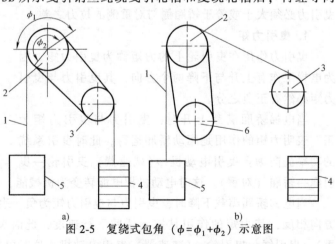

图2-4　直绕式包角示意图

1—曳引绳　2—曳引轮　3—导

向轮　4—对重　5—轿厢

图2-5　复绕式包角（$\phi=\phi_1+\phi_2$）示意图

1—曳引绳　2—曳引轮　3—导向轮　4—对重

5—轿厢　6—复绕轮

轮槽引到轿厢上，另一端引到对重上。复绕式的特点是曳引钢丝绳对曳引轮的最大包角在180°以上。

2.3 电梯的机械系统

2.3.1 曳引系统

曳引系统主要由曳引机、导向轮、曳引钢丝绳等部件组成，如图2-6所示。对曳引比为2∶1的电梯，在轿厢和对重顶上还有反绳轮。导向轮把轿厢与对重分开，使其在上下运行时不会相蹭。轿厢与对重装置的重力使曳引钢丝绳压紧在曳引轮槽内，电动机转动时，在曳引绳与曳引轮接触处产生的摩擦力（曳引力）驱动轿厢和对重在井道中沿各自的导轨上下运行。

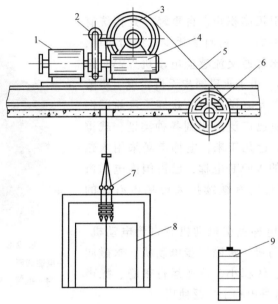

图2-6 曳引系统结构示意图

1—曳引电动机 2—电磁制动器 3—曳引轮 4—减速器 5—曳引
钢丝绳 6—导向轮 7—绳头组合 8—轿厢 9—对重

1. 曳引机

曳引机又称为主机，是驱动电梯轿厢和对重装置上下运行的电力装置，按电动机与曳引轮之间有无减速器可分为无齿轮曳引机和有齿轮曳引机两种。

有齿轮曳引机的组成部件主要有曳引电动机、制动器、减速器、曳引轮、速度反馈装置、底座等。根据减速器中蜗杆置于蜗轮的上面或下面又分为蜗杆上置式和蜗杆下置式，如图2-7所示。有齿轮曳引机的减速器可降低电动机输出转速，提高输出力矩，其传动比大，运行平稳，有一定的自锁能力，可以增加电梯制动力矩，增加电梯停车时的安全性，但体积较大，传动效率较低，有油污，常应用在速度为2.5m/s以下的电梯上。

无齿轮曳引机把曳引电动机、曳引轮、制动器、光电编码器集成为一体，如图2-8所

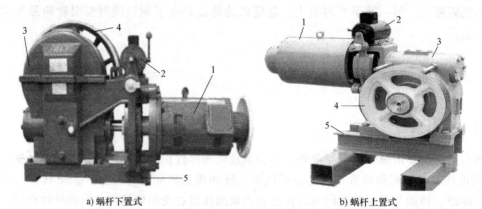

a) 蜗杆下置式　　　　　　　　b) 蜗杆上置式

图 2-7　有齿轮曳引机

1—电动机　2—制动器　3—减速器　4—曳引轮　5—底座

示。永磁同步无齿轮曳引机体积小、自重轻（是传统有齿轮曳引机自重的 35% 左右）、材料消耗少、结构简单，价格也相对低廉，而且比普通交流感应电动机 VVVF 拖动电梯还节能 20%～25%。由于永磁同步无齿轮曳引机节能、环保效果好，深受广大电梯用户的欢迎。目前国产的永磁同步无齿轮曳引机已广泛应用到各种类别、载重量、运行速度的电梯上。近几年来，电梯市场采用永磁同步无齿轮曳引机驱动的 VVVF 电梯，已占国内电梯市场份额的 90% 以上，而且仍有继续扩大市场占有率的趋势。

图 2-8　无齿轮曳引机

1—电磁线圈　2—曳引轮　3—制动闸瓦
4—抱闸　5—电动机　6—弹簧

（1）曳引电动机　电梯曳引电动机有直流电动机、交流单速和双速异步电动机、永磁同步电动机。永磁同步电动机以其节省能源、体积小、低速运行平稳、噪声低、免维护等优点，在各种电梯上广泛使用。

曳引电动机的额定功率 P（kW）一般按式（2-1）计算：

$$P = \frac{K(1-K_N)Q_N V_N}{102\eta} \tag{2-1}$$

式中，K 是系数，取 1.1～1.6；Q_N 是额定载重量（kg）；V_N 是额定速度（m/s）；K_N 是平衡系数，取 0.4～0.5；η 是传动系统效率，有齿轮曳引机为 0.5～0.6，无齿轮曳引机为 0.85（曳引比为 2：1 时，η 相应减小 0.05）。

（2）减速器　有齿轮曳引机在电动机转轴和曳引轮转轴之间安装有减速器（箱），其作用是降低电动机输出转速，提高输出转矩，以适应电梯的运行要求。为了减小曳引机运行过程中的噪声和提高运行平稳性，减速器采用了阿基米德齿型、K 形齿型、渐开线齿型的蜗杆副作为减速传动装置，也有采用星形齿轮、斜齿轮减速器，其曳引机运行效率最高可达 80% 以上。

蜗杆传动如图 2-9 所示。蜗轮和曳引轮同轴，电动机通过蜗杆驱动蜗轮和曳引轮做正反向转动，通过曳引绳和曳引轮之间的摩擦力驱动轿厢和对重上下运动。凡蜗杆安装在蜗轮上面的称为蜗杆上置式，其特点是减速器内蜗杆、蜗轮齿的啮合面不易进入杂物，安装维修方便，但润滑性较差；凡蜗杆安装在蜗轮下面的称为蜗杆下置式，其特点是润滑性好，但对减速器的密封要求高，很容易向外渗油，漏油问题一直没有得到很好解决。蜗杆上置式曳引机没有下置式曳引机的漏油问题，因此蜗杆上置式曳引机得到广泛的应用。

（3）电磁制动器 电磁制动器是电梯重要的安全装置之一，直接影响电梯乘坐的舒适感和平层准确度。由图2-7可知，对于有齿轮曳引机，制动器安装在电动机与蜗杆轴（减速器）相连的制动轮处；而对于无齿轮曳引机，则安装在电动机与曳引轮之间。

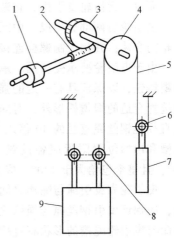

图 2-9 蜗杆传动示意图

1—曳引电动机 2—蜗杆 3—蜗轮
4—曳引轮 5—曳引钢丝绳 6—对重
反绳轮 7—对重装置 8—轿顶
反绳轮 9—轿厢

电梯采用直流制动器，主要由制动线圈、电磁铁心、制动臂、制动闸瓦、制动轮、制动弹簧等组成，如图2-10所示。电梯制动器设置了两组独立的制动机构（国标规定），即两个铁心、两组制动臂、两个制动弹簧，若一组制动机构失效，另一组仍能有效地制停电梯。GB/T 7588.1—2020要求，在制动器附近，应有制动闸瓦磨损后更换的警示信息（如检查方法、更换条件等）。

当电梯静止时，曳引电动机、电磁制动器的线圈均无电流通过，电磁铁心间没有电磁力，制动闸瓦在制动弹簧力作用下将制动轮抱紧，电动机不能旋转；当电梯起动运行时，曳引电动机、制动器线圈同时通电，电磁力克服弹簧力，使制动闸瓦张开，电梯得以运行；当电梯轿厢运行到站平层、停车时，曳引电动机、制动线圈失电，电磁力消失，在制动弹簧力的作用下，制动闸瓦将制动轮抱住，电梯停止运行。电梯制动器应满足以下要求：

1）当电梯动力电源失电或控制电路电源失电时，制动器能自动进行制动。

2）当轿厢载有125%额定载荷并以额定速度运行时，制动器应能使曳引机停止运转。

3）当电梯正常运行时，制动器应在持续通电情况下保持松开状态；断开制动器的释放电路后，电梯应无附加延迟地被有效制动。

4）切断制动器的电流，至少应用两个独立的电气装置来实现。当电梯停止时，如果其中一个接触器的主触点未打开，最迟到下一次运行方向改变时，应防止电梯再运行。

5）装有盘车手轮的电梯曳引机，应能用手动松开制动器，并需要一持续力去保持其松开状态。

（4）曳引轮 曳引轮是嵌挂曳引钢丝绳的轮子，曳引绳的两端分别与轿厢和对重装置连接。对于有齿轮曳引机，曳引轮安装在减速器中的蜗轮轴

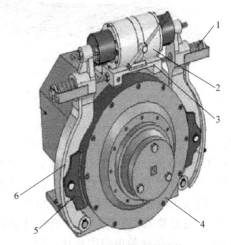

图 2-10 电磁制动器的结构

1—制动弹簧 2—磁力器 3—磁力器底座
4—制动轮 5—制动闸瓦 6—制动臂

上；而对于无齿轮曳引机，它装在制动器的旁侧，与电动机轴、制动轮轴在同一轴线上。

曳引轮由两部分构成，中间是轮筒（鼓），外面是在轮缘上开有绳槽的轮圈。外轮圈与内轮筒套装，并用铰制螺栓连接在一起成为一个曳引轮整体。

由于曳引轮要承受轿厢、承载的人或货物、对重等产生的全部重力，所以在材料上多用球墨铸铁，以保证具有一定的强度和韧性。为了减少曳引钢丝绳在曳引轮绳槽内的磨损，除了选择合适的绳槽槽形外，对绳槽工作表面的粗糙度、硬度也有相应的要求。通常，曳引轮的直径是钢丝绳直径的 40 倍以上。为防止钢丝绳脱离绳槽，GB/T 7588.1—2020 要求，在入槽和出槽位置附近应各设置一个防脱槽装置。如果钢丝绳在轮轴水平以下的包角大于60°，且整个包角大于120°，应至少设置一个中间防脱槽装置。

曳引轮靠曳引绳与绳槽之间的摩擦力来传递动力，当曳引轮两侧的钢丝绳有一定拉力差时，应保证曳引钢丝绳与绳槽之间不打滑。摩擦力（即曳引力）的大小以及曳引钢丝绳的寿命与曳引轮绳槽的形状有直接关系。常用的曳引轮绳槽的形状有半圆槽、楔形槽和带切口的半圆槽，如图 2-3 所示。

2. 曳引绳及曳引形式

（1）曳引绳　曳引钢丝绳简称曳引绳，曳引绳承载着轿厢、对重、乘客或货物等产生的重力总和。由于曳引绳在工作中反复弯曲，且在绳槽中承受很高的比压，并频繁承受电梯起动、制动时的冲击，因此在强度、挠性及耐磨性方面，均有很高要求。

曳引绳一般为圆形股状结构，主要由钢丝、绳股和绳芯组成，如图 2-11 所示。钢丝是曳引绳的基本强度单元，要求有很高的强度和韧性（含挠性）。绳股由若干根钢丝捻成，每股绳直径相同。钢丝绳的股数多，疲劳强度就高。绳芯是被绳股缠绕的挠性芯棒，通常由合成纤维制成，能起到支承和固定绳的作用，且能储存润滑剂。电梯专用钢丝绳有 8×(19) 和 6×(19) 两种。常用的钢丝绳直径有 8mm、10mm、11mm、13mm、16mm 等规格。

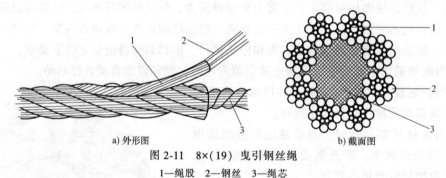

a）外形图　　　　　　　　　　b）截面图

图 2-11　8×(19) 曳引钢丝绳

1—绳股　2—钢丝　3—绳芯

曳引绳的标记方法及其数字和符号的意义有专门规定，如 8×19S+NF-13-1500（双）右交-GB/T 8903—2018，其含义是该曳引绳按国家标准 GB/T 8903—2018 生产、8 个股、每股19 根钢丝、S 为西鲁式（外粗式）、NF 为天然纤维绳芯、直径13mm、1500（双）表示抗拉强度为双强度 1370/1770/mm^2、右交互捻。

随着电梯技术的不断发展，出现了一种与传统的曳引绳不同的新型复合钢带，如图 2-12 所示。它是将柔韧的聚氨酯外套包在钢丝外面而形成的扁平钢带，一般尺寸为30mm 宽，仅3mm 厚。与传统的曳引绳相比，复合钢带更加灵活耐用，且自重轻20%，寿命延长 2~3 倍，每条钢带所含的钢丝比传统的曳引绳所含的要多，能承受 3600kg 的重量。这种钢带具有良好的柔韧性，能围绕直径更小的驱动轮弯曲，实现主机小型化。由于钢带的聚氨酯外层具有比传统的曳引绳更好的牵引力，因此，能更有效地传送动力。同时，因扁平钢带接触面积大，故减少了驱动轮的磨损。

a) 曳引钢丝绳　　　　　　　　　b) 复合钢带

图 2-12　曳引钢丝绳与复合钢带

（2）绳头组合与绳头板　绳头板是曳引绳绳头组合连接轿厢、对重或曳引机承重梁、绳头板大梁的过渡机件。绳头板用厚度为 20mm 以上的钢板制成，每台电梯需要两块，板上开有固定绳头组合的孔，这些孔按一定的形式排列。曳引比为 1∶1 电梯的绳头板分别焊接在轿架和对重架上；曳引比为 2∶1 电梯的绳头板分别用螺栓固定在曳引机承重梁和绳头板大梁上。

绳头组合按结构型式可分为组合式、非组合式、自锁楔式三种，如图 2-13 所示。对于

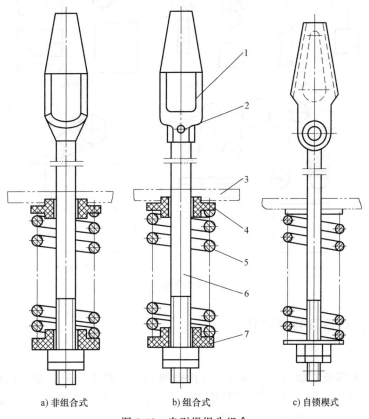

a) 非组合式　　　　　b) 组合式　　　　　c) 自锁楔式

图 2-13　曳引绳绳头组合

1—锥套　2—铆钉　3—绳头板　4、7—弹簧垫　5—弹簧　6—拉杆

组合式的绳头组合，其锥套和拉杆是两个独立的零件，它们之间用铆钉铆合在一起；对于非组合式的绳头组合，其锥套和拉杆是锻成一体的。曳引绳锥套与曳引钢丝绳之间的连接采用巴氏合金浇灌固定。

自锁楔式绳头组合是20世纪90年代中期投入使用的产品，它利用锥套内楔块的斜面在曳引绳受力时自动将曳引绳锁紧，锁紧后用夹板将绳头和曳引绳夹紧即可。它省去了浇灌巴氏合金的麻烦，曳引绳伸长后的调节也比较方便，因此，在现代电梯中广泛采用。

（3）绕绳方式　电梯曳引钢丝绳典型的绕绳方式如图2-14所示。曳引绳挂在曳引轮和导向轮上，且曳引绳对曳引轮的最大包角不大于180°的绕绳方式称为单绕，或称半绕；曳引绳绕曳引轮和导向轮一周后才引向轿厢和对重的绕绳方式称为复绕，或称全绕。复绕方式增加了曳引绳在曳引轮上的包角，提高了摩擦力。

悬吊轿厢的钢丝绳根数与曳引轮轿厢侧下垂的钢丝绳根数之比称为曳引绳传动比，简称曳引比。图2-14所示曳引钢丝绳的绕绳方式分别是图2-14a的1∶1单绕、图2-14b的2∶1单绕、图2-14c的3∶1单绕、图2-14d的4∶1单绕和图2-14e的1∶1复绕。

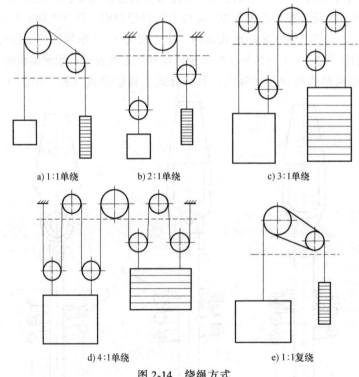

a) 1:1单绕　　　b) 2:1单绕　　　c) 3:1单绕

d) 4:1单绕　　　e) 1:1复绕

图 2-14　绕绳方式

2.3.2　轿厢、对重及补偿装置

1. 轿厢

轿厢是运送乘客或货物的承载部件，它由轿厢架与轿厢体（轿厢壁、轿厢顶、轿厢底）构成，如图2-15所示，轿厢上还装有其他相关装置，如导靴、安全钳、开门机构、平层装置、超载保护装置、关门防夹保护装置等。

（1）轿厢架　轿厢架是固定和悬吊轿厢的框架，也是承受电梯轿厢重量的构件，由上

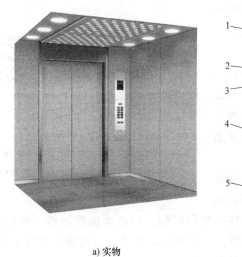
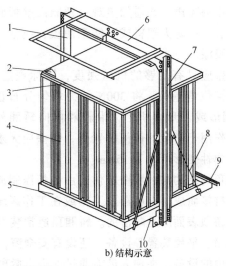

a) 实物   b) 结构示意

图 2-15 轿厢结构

1—轿厢架 2—吊顶 3—轿厢顶 4—轿厢壁 5—轿厢底 6—上梁 7—立梁 8—拉条 9—地坎 10—下梁

梁、立梁、下梁和拉条等部分组成。在上、下梁的两端有供安装轿厢导靴和安全钳的位置，在上梁中部设有安装轿顶轮或绳头组合装置的绳头板，上梁还装有安全钳操作连杆及电气开关，在立梁（侧立柱）上留有安装轿厢壁板的支架及排布安全钳操纵拉杆等。拉条的设置是为了增大轿厢架的刚度，防止轿底负载偏心后地板倾斜。轿厢架上安装的其他附件如图 2-16 所示。

（2）轿厢体 电梯的轿厢体由轿厢底、轿厢壁、轿厢顶和轿厢门等组成。

轿厢底是轿厢支承负载的组件，它由轿厢壁围裙和底板等组成，如图 2-17 所示。客梯的底板常用薄钢板，面层再铺设塑胶板或地毯等。而货梯的底板常用花纹钢板直接铺成。轿厢底的前沿设有轿厢门地坎，地坎处装有一块垂直向下延伸的光滑挡板，即护脚板，以防人在层站将脚插入轿厢底部造成挤压，甚至坠入井道。其宽度应等于相应层站入口的整个净宽度。护脚板的垂直部分以下

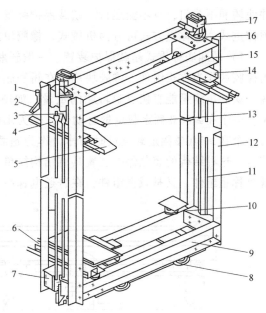

图 2-16 轿厢架上安装的其他附件

1—制动钩 2—提拉臂 3—安全开关打板 4、11—安全钳拉杆 5—轿厢顶 6—轿厢底 7—安全钳 8—缓冲块 9—下梁 10—减振块 12—立柱 13—操纵轴 14—轿厢体固定架 15—上梁 16—导靴 17—油杯

应成斜面向下延伸，斜面与水平面的夹角应大于 60°，该斜面在水平面上的投影深度不得小于 20mm。护脚板垂直部分的高度不应小于 0.75m。

轿厢壁一般采用多块压制成槽形结构的薄钢板拼接，由螺栓连接形成。其内部有特殊形状的纵向筋以提升轿厢壁的强度和刚性，并在拼合接缝处加装饰嵌条，以减少两块壁板间因

振动而产生的噪声，并增加美观；轿厢内壁板面上通常贴有一层防火塑料或不锈钢薄板，或把轿厢壁板面喷漆。

轿厢壁应具有足够的机械强度，国标规定：轿厢内任何位置壁板，将 300N 的力均匀分布在 $5cm^2$ 的圆形或方形面积上，沿轿厢内向轿厢外方向垂直作用于轿壁的任何位置上，轿壁应无永久变形，弹性变形不大于 15mm。

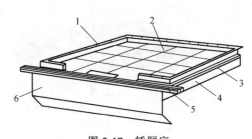

图 2-17 轿厢底
1—轿厢壁围裙 2—塑胶板与夹板 3—薄钢板
4—框架 5—轿厢门地坎 6—护脚板

轿厢顶的结构与轿厢壁相仿，由钢板压制成槽形结构拼接而成。人员需要工作或在工作区域间移动的轿顶表面应是防滑的。轿厢顶通常装有开门机构、门电动机控制箱、风扇、照明、检修操纵箱、平层装置等设备，还设有安全窗，以便在发生故障时，检修人员能上到轿厢顶检修井道内的设备或乘梯人员能通过安全窗撤离轿厢。

（3）轿厢超载保护装置 当轿厢超过额定载荷时，可能造成电梯失控、超速降落事故。为防止电梯超载运行，电梯在轿厢上设置了超载保护装置。超载保护装置能发出警告信号，并使轿厢不关门，且不能运行。超载保护装置按照安装的位置，可分为轿厢底称重式与轿厢顶称重式；按称重方式可分为机械式、橡胶块式和负重传感器式。

1）轿厢底称重式超载保护装置。一般轿厢底是活动的，轿厢底称重式超载保护装置采用橡胶块作为称重组件。橡胶块均布在轿厢底框上，有 6~8 个，整个轿厢支承在橡胶块上，橡胶块的压缩量能直接反映轿厢的重量，如图 2-18 所示。在轿厢底框中间装有两个微动开关，一个在 ≥80% 额定载重量时动作，作为满载直驶控制信号，电梯不响应厅外召唤信号；另一个在 ≥110% 额定载重量时动作，作为超载信号，断开电梯关门控制电路，并发出警告信号。这种结构的超载保护装置具有结构简单、动作灵敏、调节和维护方便等优点，橡胶块既是称重组件，又是减振组件，在普通电梯中广泛使用。

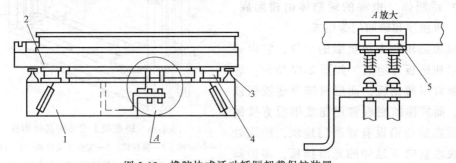

图 2-18 橡胶块式活动轿厢超载保护装置
1—轿厢底框 2—轿厢底 3—限位螺钉 4—橡胶块 5—微动开关

2）轿厢顶机械式超载保护装置。以压缩弹簧组作为称重组件，负载变化时，机械秤杆会上下摆动，当轿厢负重达到超载控制范围时，秤杆头部碰压微动开关触头，发出相应的控制信号。

3）轿厢顶橡胶块式超载保护装置。四个称重橡胶块装在上梁下面，绳头装置承支在橡胶块上，轿厢负重时，橡胶块会产生形变，使相应的微动开关动作，发出相应的控制信号。

4）负重传感器超载保护装置。负重传感器可安装在轿厢顶或轿厢底，它可以检测轿厢的实际载荷，以满足智能电梯控制的要求。如：电梯防捣乱控制，当轿厢登记的指令数目远大于实际乘客人数时，控制系统会消除所有登记的指令信号，需要乘客重新登记指令信号；起动力矩补偿，电梯根据轿厢实际载荷的大小设置相应的起动力矩，避免起动瞬间下坠或提拉，使电梯平稳起动运行；群控系统智能派梯调度，群控系统根据各台电梯轿厢的实际载荷合理分配厅外的召唤信号等。

2. 对重装置

对重装置是曳引电梯不可缺少的部件，在电梯运行中起到平衡轿厢及电梯负载重量的作用，减少电动机功率损耗。当对重与电梯负载十分匹配时，还可以减小曳引钢丝绳与曳引轮绳槽之间的摩擦力（曳引力），延长曳引绳的寿命。

对重装置主要由对重块和对重架组成，如图2-19所示。对重架上下梁两侧装有导靴，对重依靠导靴在导轨上滑行。曳引比为1∶1的电梯在对重架顶部安装绳头组织，而曳引比为2∶1的电梯在对重架顶部安装的是反绳轮。最上面一块对重块要用压板固定，防止电梯运行过程中松动，影响运行平稳性和发出噪声。GB/T 7588.1—2020要求，对重装置应具有能快速识别对重块数量的措施（如：标明数量或总高度等）。

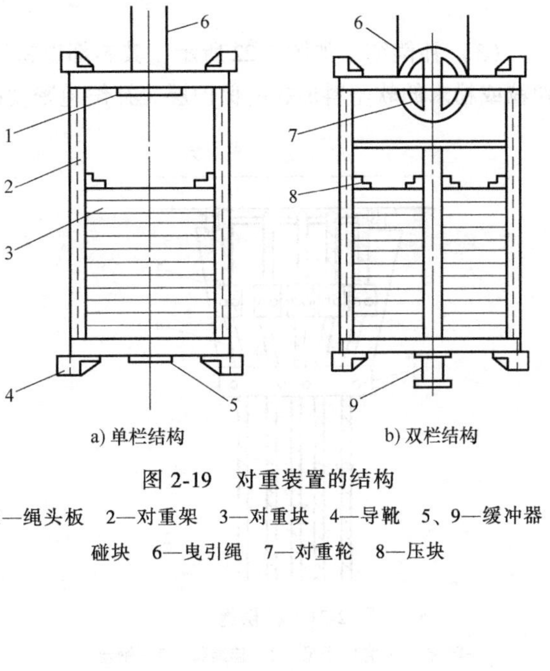

对重块一般由铸铁做成，为便于安装，通常每个对重块为20~75kg。对重的质量必须严格按照电梯额定载重量的要求配置，其质量可由下列公式来计算：

$$P = G + K_N Q_N \qquad (2-2)$$

式中，P 为对重的总质量（kg）；G 为轿厢自重（kg）；K_N 为平衡系数，取 0.4~0.5；Q_N 为电梯的额定载重量（kg）。

a）单栏结构 b）双栏结构

图 2-19 对重装置的结构

1—绳头板 2—对重架 3—对重块 4—导靴 5、9—缓冲器碰块 6—曳引绳 7—对重轮 8—压块

3. 补偿装置与补偿方法

电梯在运行中，轿厢侧和对重侧的钢丝绳以及轿厢下的随行电缆的长度在不断变化。当电梯提升高度超过30m，或建筑物楼层数超过10层时，为减小曳引钢丝绳变化对电梯运行的稳定性及平衡状态的影响，应设置补偿装置。补偿装置有补偿链、补偿绳及补偿缆三种。GB/T 7588.1—2020要求，补偿装置应能承受作用在其上的任何静力，且应具有5倍的安全系数。

（1）补偿链 补偿链以铁链为主体，如图2-20所示。一般在铁链环中穿麻绳，或在铁链外包上聚氯乙烯塑料，以减少运行中铁链碰撞引起的噪声。另外，为防止铁链掉落，应在铁链两个终端分别穿套一根 ϕ6mm 的钢丝绳，从轿厢底和对重底穿过后紧固。补偿链结构简单，广泛用于速度≤1.75m/s 的电梯上。

（2）补偿绳 补偿绳以钢丝绳为主体，如图2-21所示。数根钢丝绳经过钢丝绳卡钳和挂绳架，一端悬挂在轿厢底梁上，另一端悬挂在对重架上。采用补偿绳的电梯运行稳定、噪声小，故常用在额定速度超过 1.75m/s 的电梯上。补偿绳的缺点是需要张紧装置，以防止电梯运行时补偿绳来回摆动。

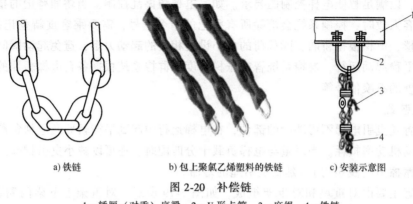

a) 铁链　　　　　　　　b) 包上聚氯乙烯塑料的铁链　　　　　c) 安装示意图

图 2-20　补偿链

1—轿厢（对重）底梁　2—U 形卡箍　3—麻绳　4—铁链

（3）补偿缆　如图 2-22 所示，其芯部以铁链、钢丝绳或钢带承受载荷，外围是含有金属颗粒或粉末的软塑料形成的保护层。补偿缆密度高，运行噪声小，适用于各种速度的电梯。

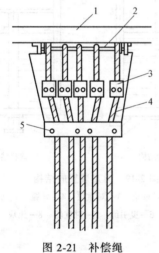

图 2-21　补偿绳

1—轿厢（对重）底梁　2—挂绳架　3—钢丝
绳卡钳　4—钢丝绳　5—定位卡板

图 2-22　补偿缆

补偿装置常见的补偿方法有单侧补偿、双侧补偿和对称补偿，如图 2-23 所示。目前，电梯最常用的是对称补偿法，采用补偿链和补偿缆的电梯一般不需要张紧装置。GB/T 7588.1—2020 要求，对于额定速度大于 1.75m/s 的电梯，未张紧的补偿装置应在转弯处附近进行导向。

2.3.3　门系统

电梯的门系统主要包括轿厢门、厅门（层门）、开关门机构和安全装置。电梯门按其开门方向可分为中分式、旁开式和闸式三种。图 2-24 所示的是中分式门，由中间向两侧分开，具有开关门速度较快、出入方便、可靠性好的优点，在客梯上广泛使用。图 2-25 所示的是旁开式门，具有开门宽度大、对井道宽度要求低的优点，多用在货梯和医用电梯上。图 2-26 所示的是闸式门，门扇不占用井道和轿厢的宽度，能使电梯有最大的开门宽度，主要用在杂物电梯和大吨位的货梯（如汽车电梯）上。

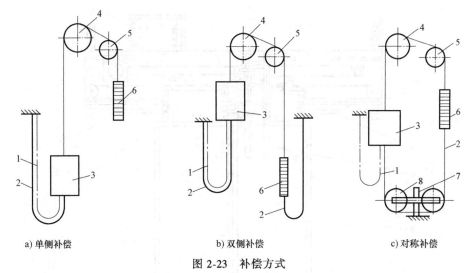

a) 单侧补偿   b) 双侧补偿   c) 对称补偿

图 2-23 补偿方式

1—电缆 2—补偿装置 3—轿厢 4—曳引轮 5—导向轮 6—对重 7—支架 8—张紧轮

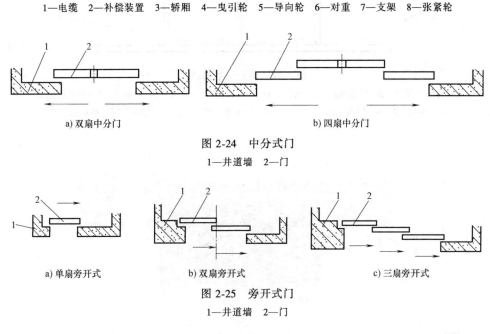

a) 双扇中分门   b) 四扇中分门

图 2-24 中分式门

1—井道墙 2—门

a) 单扇旁开式   b) 双扇旁开式   c) 三扇旁开式

图 2-25 旁开式门

1—井道墙 2—门

1. 轿厢门和厅门

轿厢门和厅门的作用是防止候梯人员和物品坠入井道或是轿内人员和物品与井道相碰撞而发生危险。厅门设在层站入口，厅门的开闭由轿厢门带动，所以轿厢门是主动门，厅门为被动门。只有在轿厢门和所有厅门完全关闭后，电梯才能运行。

电梯的门（厅门、轿厢门）主要由门扇、门挂板、门滑块（也称门导靴）、门地坎、门导轨、门锁装置、轿厢门门刀、厅门自闭装置等部件组成。轿厢门结构如图 2-27 所示，厅门结构如图 2-28 所示。

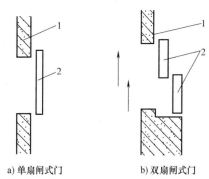

a) 单扇闸式门   b) 双扇闸式门

图 2-26 闸式门

1—井道墙 2—门

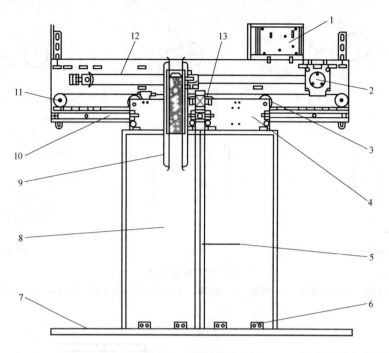

图 2-27　轿厢门结构图

1—门机控制器　2—门电动机　3—吊门滑轮　4—挂板　5—光幕　6—门滑块　7—轿厢门地坎

8—门扇　9—门刀　10—门导轨　11—门绳轮　12—多楔带　13—关门到位触点

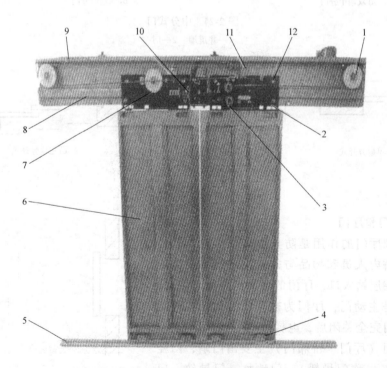

图 2-28　厅门结构图

1—绳轮　2—门挂板　3—厅门门锁装置　4—门滑块　5—厅门地坎　6—门扇　7—厅门自闭装置绳轮

8—门导轨　9—厅门钢丝绳　10—厅门关门到位触点　11—防撞门止动橡胶　12—吊门滑轮

厅门和轿厢门均由门挂板上的吊门滑轮悬挂在各自的导轨上，如图 2-29 所示。厅门和轿厢门下部通过门滑块与各自的地坎配合，如图 2-30 所示。门的上、下两端均受导向和限位。门滑块插入地坎槽内，使其在门的开闭过程中只能沿着地坎槽滑动，使门扇始终保持在铅垂状态。GB/T 7588.1—2020 要求，轿门前缘与层门前缘之间的水平距离≤0.12m。在门扇底部保持装置上或者其附近应设置识别最小啮合深度的标志或标记。

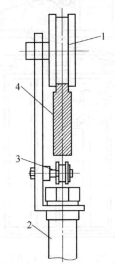

图 2-29　门与门导轨配合示意图
1—吊门滑轮　2—门扇　3—偏心轮　4—门导轨

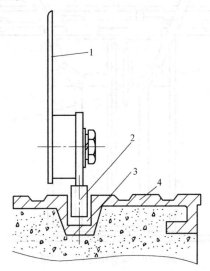

图 2-30　门与地坎配合示意图
1—门扇　2—门滑块　3—地坎槽　4—地坎

2. 自动开门机（开关门机构）

电梯自动开门机装在轿厢门上方，通过传动机构将电动机旋转运动转换为开、关门的直线运动，驱动轿厢门运动，通过轿厢门上的门刀拨动厅门锁的锁臂滚轮，带动厅门与轿厢门同步开门、关门运行。为避免电梯开、关门在起端与终端发生冲击，自动开门机应具有自动调速的功能。常用的自动开门机有直流电动机调速和交流电动机调速两种调速方式。

（1）直流开门机　传统的直流开门机采用切换电阻控制开、关门速度，由安装在曲柄轮上的行程开关（通常开门方向 2 个，关门方向 3 个）来实现开、关门速度切换。常见的有双臂中分门开门机、单臂中分门开门机和双臂旁开开门机。

图 2-31 所示是双臂中分门开门机。电动机不带减速器，而以两级 V 带传动减速，以第二级的大带轮作为曲柄轮。当曲柄轮逆时针方向转动 180°时，左右摇杆同时推动左右门扇，完成一次开门行程；然后，曲柄轮再顺时针方向转动 180°，就能使左右门扇同时合拢，完成一次关门行程。用于速度控制的行程开关装在曲柄轮背面的开关架上，开关打板装在曲柄轮上，在曲柄轮转动时使各开关依次动作，达到调速的目的。改变开关在架上的位置，就能改变各运动阶段的行程。

图 2-32 所示是单臂中分门开门机。连杆的一端铰接在链轮（即曲柄轮）上，另一端与摇杆铰接。摇杆的上端铰接在机座框架上，下端与门连杆铰接，门连杆则与左门铰接（相当于摇杆滑块机构）。当曲柄链轮顺时针方向转动时，摇杆向左摆动，带动门连杆使左门向左运动，进入开门过程。

右门由钢丝绳联动机构间接驱动。两个绳轮分别装在轿厢门导轨架的两端，左门扇与钢丝绳的下边连接，右门扇与钢丝绳的上边连接。左门在门连杆带动下向左运动时，带动钢

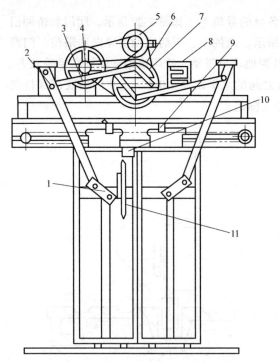

图 2-31 双臂中分门开门机

1—门连杆　2—摇杆　3—连杆　4—传送带轮
5—电动机　6—曲柄轮　7—行程开关　8—电阻箱
9—强迫锁紧装置　10—门锁　11—门刀

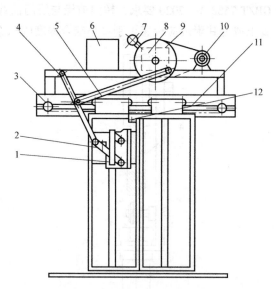

图 2-32　单臂中分门开门机

1—门锁压杆机构　2—门连杆　3—绳轮　4—摇杆
5—连杆　6—电器箱　7—平衡器　8—凸轮箱
9—曲柄链轮　10—带齿轮减速器的直流
电动机　11—钢丝绳　12—门锁

丝绳顺时针方向回转，从而使右门在钢丝绳的带动下向右运动，与左门扇同时进入开门行程。曲柄链轮与凸轮箱相连，凸轮箱装有行程开关，用于控制开、关门速度。

图 2-33 所示是双臂旁开门自动开门机。这种开门机与单臂中分门开门机具有相同的结构，不同之处是多了一条慢门连杆。当曲柄转动时，摇杆带动快门运动，同时慢门连杆也使慢门运动，只要慢门连杆与摇杆的铰接位置合理，就能使慢门的速度为快门的 1/2。其自动调速功能的实现与单臂中分门开门机相同，但由于旁开门的行程要大于中分门，为了提高使用效率，门的平均速度一般高于中分门。

（2）交流（永磁同步）开门机　近些年发展起来的交流开门机有异步电动机驱动与永磁同步电动机驱动两种。永磁同步电动机具有运行速度低、输出转矩大的优点，可以省掉复杂的减速

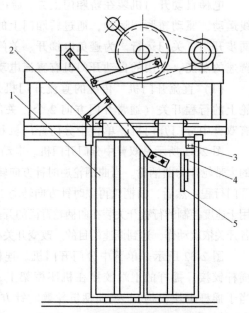

图 2-33　双臂旁开门自动开门机

1—慢门　2—慢门连杆　3—门锁
4—快门　5—开门刀

装置，使开门机结构更简单，开、关门运行更平稳、噪声小，且减少了能耗。永磁同步电动机驱动开门机已在各种电梯上使用，将逐渐取代其他开门机。

图 2-34 所示的永磁同步开门机采用同步带传动。永磁同步电动机转动时，通过同步带带动轿厢门挂板运动，安装在轿厢门挂板上的两扇门刀夹紧层门门锁滚轮，打开层门门锁装置，带动层门运动，从而控制轿厢门与层门的开、关门动作。

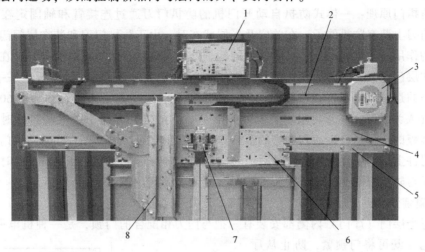

图 2-34　永磁同步开门机

1—变频器　2—同步带　3—门电动机　4—门头板　5—门导轨　6—门挂板　7—门锁装置　8—门刀

（3）一体式防扒自动开门机　GB/T 7588.1—2020《电梯制造与安装安全规范　第 1 部分：乘客电梯和载货电梯》要求电梯具有轿门机械防扒门功能，以防止电梯发生事故时轿厢内人员扒开轿门而造成伤害。为满足国标的要求，新推出一体式防扒自动开门机，如

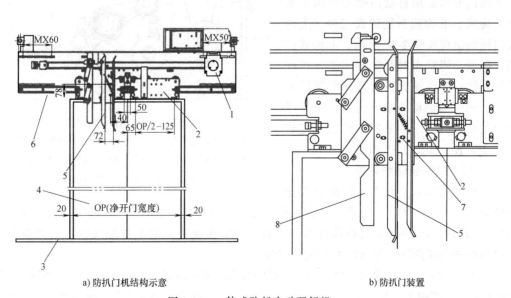

a) 防扒门机结构示意　　　　　　　　　　b) 防扒门装置

图 2-35　一体式防扒自动开门机

1—门机　2—门机挂板　3—轿门地坎　4—轿门板　5—一体式防扒异步门刀　6—导轨　7—紧固螺栓　8—防扒叶片

图 2-35 所示。门刀安装在门机挂板上，其中可动刀片通过连杆和连杆轴固定在门刀底板上，同时可动刀片上装有滚轮组件，轿门动作时，滚轮组件在门刀附件的动作下使可动刀片向固定刀片合拢，夹紧层门锁钩的滚轮，打开层门门锁装置，从而带动层门运动。门运动过程中，门刀始终夹紧滚轮，关门到位后，门刀的滚轮组件在门刀附件的作用下张开，松开滚轮使锁钩锁住层门。

轿门防扒门原理：一体式防扒自动开门机的防扒门刀通过连接臂和轴固定在门刀底板上，防扒门刀上装有防扒钩子，在关门及平层状态时，由于防扒门刀和装在层门门头上解锁滚轮组件的作用，防扒钩子与防扒附件上的钩子处于脱离状态，门可以被打开；在门打开的过程中，在层门门头上的解锁滚轮组件的作用下，防扒门刀一直随门机挂板水平平移运动，无垂直方向的运动；但当轿厢在关门状态、位于非平层区（离平层位置约为 ±260mm），轿门在外力（人为扒开，在开门限制装置处施加 1000N 的力）作用下被逐渐打开时，防扒门刀在门机挂板的水平平移运动和自身的重力作用下有垂直运动的过程，此时防扒门刀上的钩子与防扒附件上的钩子逐渐啮合，最后当轿门板被扒开一定距离（小于 50mm）时，防扒门刀上的钩子与防扒附件上的钩子钩住，使轿门板无法被扒开。

3. 门锁装置

电梯每个层门（厅门）内侧都安装有一把与门刀相配合的门锁，是一种机电联锁装置。层门关闭后，既可将门锁紧，防止从厅门外将厅门扒开出现危险，又可保证只有在全部层门完全关闭后且各门锁开关全部接通时，门锁继电器得电吸合，电梯才能运行。除维修人员利用专用钥匙外，从层门外不能打开层门的机电连锁装置，从而保证了电梯的安全。

现代电梯常用自动门锁的结构主要有上钩式、下钩式和复钩式三种。上钩式门锁的结构如图 2-36 所示。上钩式门锁在机械锁闭状态时可能会因某一机械部件失效，造成锁臂因自重原因而脱开锁钩，使层门能够开启。为此，设计了闭合时自重力向下锁紧的下钩式及复钩式门锁装置，如图 2-37 和图 2-38 所示。

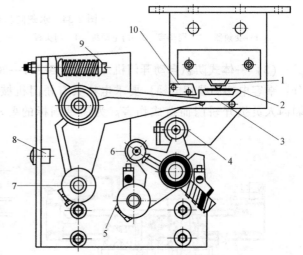

图 2-36 上钩式门锁结构图

1—门锁电气触点 2—门锁导电片 3—锁钩与锁杆
4—夹紧碰轮 5、7—滚轮 6—脱离碰轮 8—限位
挡块 9—复位机件 10—门锁钩挡

4. 门入口安全保护装置

电梯轿门的入口设有关门防夹安全保护装置，正在关闭的门扇受阻时，电梯门能自动打开，以免在关门过程中夹到人或物。常用的关门防夹安全保护装置有接触式保护装置（安全触板）和非接触式保护装置两类，要求比较高的电梯同时配置这两类安全保护装置。

（1）安全触板 安全触板由触板、控制杆和微动开关组成，其结构如图 2-39 所示。平时，触板在自重的作用下凸出门扇 30mm 左右。当门在关闭中碰到人或物品时，触板被推入，控制杆转动，上控制杆端部的凸轮压下微动开关触头，使电梯立即停止关门，并把门重新打开。

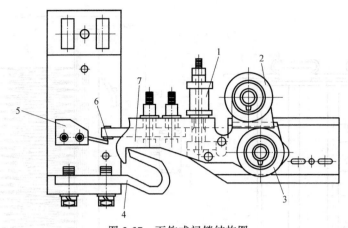

图 2-37 下钩式门锁结构图

1—复位机件 2—开锁门轮 3—滚轮 4—门锁钩挡 5—门锁电气触点

6—门锁导电片 7—锁钩与锁杆

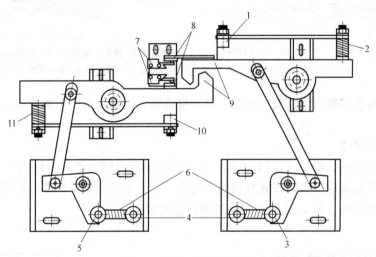

图 2-38 复钩式门锁结构图

1、10—限位挡块 2、6、11—复位机件 3、4、5—滚轮

7—门锁电气触点 8—门锁导电片 9—锁钩与锁杆

（2）非接触式保护装置 非接触式保护装置有光电保护装置、超声波式保护装置、电磁感应式保护装置和红外光幕保护装置。红外光幕保护装置具有不受太阳光和其他直射光的影响、寿命长、可靠性高等优点，在现代电梯中广泛使用。

红外光幕保护装置由安装在电梯轿门两侧的红外发射器和接收器，以及安装在轿顶的主控电路组成，如图 2-40 所示。在发射器内有 32 个（可多达 256 个）红外发射管，在主控器的控制下，自上而下连续扫描轿门区域，形成一个密集的红外线保护光幕。当其中任何一束光线被阻挡时，主控器立即输出开门信号，电梯停止关门，并重新把门打开。GB/T 7588.1—2020 要求，该保护装置的作用可在关门最后 20mm 的间隙时被取消，并且至少能覆盖从轿厢地坎上方 25~1600mm 的区域，能检测出直径不小于 50mm 的障碍物。

任何遮挡（包括粉尘）都会使电梯门重新打开，为了避免因粉尘遮挡或某个红外线发射器/接收器故障影响电梯运行，电梯通常设置了慢速关门功能，在遮挡过长或者超过预设

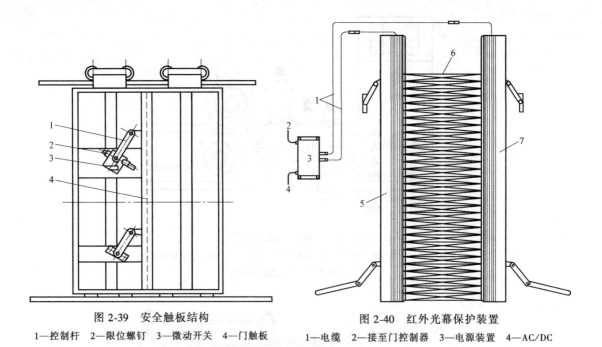

图 2-39　安全触板结构

1—控制杆　2—限位螺钉　3—微动开关　4—门触板

图 2-40　红外光幕保护装置

1—电缆　2—接至门控制器　3—电源装置　4—AC/DC
输入　5—接收装置　6—光束　7—发射装置

时间时，电梯自动切换到慢速关门状态，同时蜂鸣器发出警示声，提醒乘客不要站在遮挡轿门区域。

5. 层门自闭装置

当轿厢不在层站，层门（厅门）无论因什么原因开启时，必须有层门自闭装置使该层门自动关闭。常见的层门自闭装置有利用重锤的重力、通过钢丝绳和滑轮将门关闭，也有利用弹簧来实施关门的。图 2-41 所示为几种层门自闭装置。

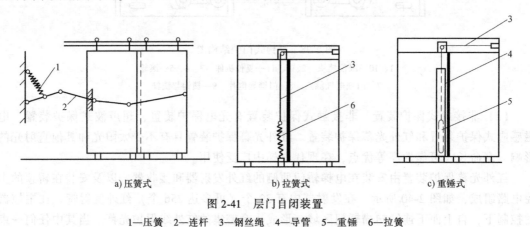

a) 压簧式　　　　　b) 拉簧式　　　　　c) 重锤式

图 2-41　层门自闭装置

1—压簧　2—连杆　3—钢丝绳　4—导管　5—重锤　6—拉簧

2.3.4　导向系统

电梯导向系统的作用是强制轿厢和对重只能沿着各自左右两列导轨上下运行，不会发生水平的摆动。它包括轿厢导向装置和对重导向装置两部分，均由导轨、导靴和导轨架组成，如图 2-42 所示。导轨架作为导轨的支承件，被固定在井道壁上；轿厢导靴安装在轿厢上梁和轿厢底部安全钳座下面，对重导靴安装在对重架的上、下梁，各有四个。根据电梯的类别、运行速度、载重量的不同，导轨、导轨架和导靴的结构和尺寸不尽相同。

1. 导轨

（1）导轨的作用　导轨是轿厢和对重在垂直方向运行时起导向作用的组件。当安全钳动作时，导轨作为固定在井道内被夹持的支承件，承受着轿厢或对重产生的强烈制动力，使轿厢或对重可靠地停止在导轨上，防止由于轿厢的偏载而产生歪斜，保证轿厢运行平稳并减少振动。

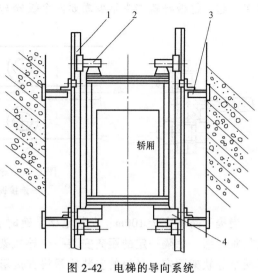

图 2-42　电梯的导向系统

1—导轨　2—导靴　3—导轨架　4—安全钳

（2）导轨的种类　电梯导轨一般采用机械加工方式或冷轧加工方式制作。常见的导轨横截面形状如图 2-43 所示。T 型导轨具有良好的抗弯性能及良好的可加工性，在电梯中广泛使用。L 型导轨的强度、刚度以及表面精度较低，且表面粗糙，因此常用于货梯对重导轨和速度为 1m/s 以下客梯的对重导轨。空心导轨用薄钢板滚轧而成，可作为乘客电梯对重导轨使用。槽型导轨和圆型导轨表面一般不进行机械加工，常用于速度低于 0.63m/s 的电梯。

a) T型导轨　　　b) L型导轨　　　c) 圆型导轨　　　d) 槽型导轨　　　e) 空心导轨

图 2-43　常见的导轨横截面形状

按照国标 GB/T 22562—2008《电梯 T 型导轨》生产的 T 型导轨，其型号组成如下：

GB/T 22562—T △/□

加工方法代号：A 冷拔、B 机械加工、BE 高质量机械加工
导轨宽度（单位为 mm）
导轨代号：T 型

导轨宽度常用规格有：45、50、70、75、78、82、89、90、114、125、127-1、127-2、140-1、140-2、140-3。如：型号 GB/T 22562—T82/A，表示按照国标 GB/T 22562—2008 生产的截面形状为 T 形、底面宽度为 82mm 的冷拔电梯导轨。

有的国家（如日本）是以导轨最终加工后每米长度的质量（kg）作为规格区分，如 8kg、13kg 导轨等。

（3）导轨的连接　国标规定每根 T 型导轨的长度一般为 3~5m，导轨的两端部中心分别有凹凸形样槽，必须把两根导轨端部的凹凸形样槽对接好，然后用连接板将两根导轨固定连

接在一起。每根导轨端头至少需要四个螺栓与连接板固定，如图2-44所示。

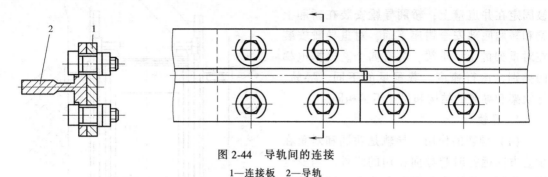

图2-44 导轨间的连接

1—连接板 2—导轨

当提升高度大于100m，安装电梯导轨时，下端与底坑地面应留有一定的间隙，以防导轨热胀冷缩。每隔一定的距离安装一个导轨架，导轨架的间距不大于2.5m，每根导轨至少用两个导轨架固定。导轨的安装质量将直接影响电梯的运行性能。

2. 导轨架与导轨的固定

导轨通过压导板固定在导轨架上。导轨架固定在井道壁上，固定方式有埋入式、焊接式、预埋螺栓或胀管螺栓固定式、对穿螺栓式四种。固定导轨的支架，除有一定的强度外，还应设计有一定调节裕量，以弥补电梯井道建筑误差给导轨安装带来的影响。目前常用的导轨架及其固定导轨的方法如图2-45所示。

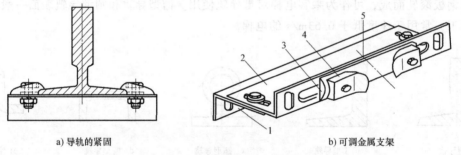

a) 导轨的紧固　　　　　　　　　　b) 可调金属支架

图2-45 导轨架及其固定导轨的方法

1—墙壁托架 2—导轨托架 3—半圆状背衬 4—夹子 5—导轨中心线

3. 导靴

导靴按其在导轨工作面上的运动方式可分为滑动导靴和滚动导靴。滑动导靴又有刚性滑动导靴和弹性滑动导靴两种。为减小滑动导靴与导轨之间的摩擦力，常在轿架上梁和对重装置上方的两个导靴上设置导轨加油杯，通过油捻给导轨工作面润滑。

（1）刚性滑动导靴 它主要由靴衬和靴座组成，如图2-46所示。靴衬常用耐磨性和减振性好的尼龙注塑成型，靴座由铸铁或钢板焊接成形，具有较高的强度和刚度。

由于刚性滑动导靴的靴头是固定的，没有调节机构，因此靴衬底部与导轨端面间要留有一定的间隙，以容纳导轨间距的偏差。随着运行时间增长，其间隙会越来越大，电梯运行中会产生一定的晃动，甚至出现较大的振动和冲击，因此，刚性滑动导靴只用在速度小于1m/s的低速电梯上。

（2）弹性滑动导靴 它由靴座、靴头、靴衬、靴轴、弹簧、靴套及调节螺母等组成，

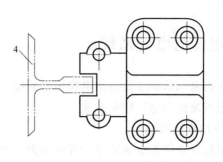

a) 实物　　　　　　　　　　　　　　　b) 结构示意图

图 2-46　刚性滑动导靴

1—靴衬　2—靴座　3—油杯支架　4—导轨

其结构如图 2-47 所示。它与刚性滑动导靴的不同之处在于靴头是活动的，在弹簧的作用下，靴衬的底部始终靠在导轨端面上，使轿厢在运行中保持稳定的水平位置，同时能吸收轿厢与导轨之间的振动，一般用在速度为 $1 \sim 2m/s$ 的电梯上。

（3）滚动导靴　为了减少导轨与导靴之间的摩擦，节省能量，提高乘坐电梯的舒适感，在运行速度大于 $2m/s$ 的高速电梯中，采用滚动导靴。

滚动导靴由滚轮、调节弹簧、靴座等组成，有三个滚轮和六个滚轮两种，如图 2-48 所示。在弹簧力的作用下，使三个滚轮分别紧贴在导轨的正面和两个侧面上，以滚动摩擦代替了滑动摩擦，并能在三个方向上自动补偿导轨的几何形状误差及安装偏差，使轿

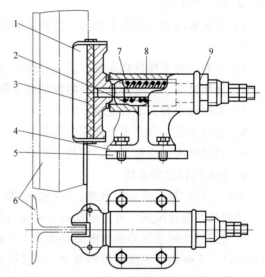

图 2-47　弹性滑动导靴

1—靴头　2—弹簧　3—靴衬　4—靴座　5—轿架或对重架　6—导轨　7—靴轴　8—弹簧　9—靴套

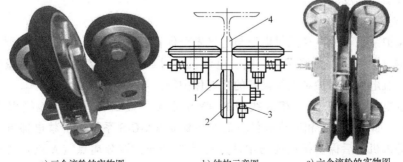

a) 三个滚轮的实物图　　　b) 结构示意图　　　c) 六个滚轮的实物图

图 2-48　滚动导靴

1—靴座　2—滚轮　3—调节弹簧　4—导轨

厢运行更加平稳。对于滚动导靴，不允许在导轨工作面上加润滑油，否则会使滚轮打滑而无法正常工作。

2.4 电梯的电气系统

电梯的电气系统主要包括电梯拖动系统、电梯运行控制系统，以及供电与保护系统，电梯行业习惯统称为电气控制系统。

1. 电梯拖动系统

电梯拖动系统为电梯的运行提供动力，并控制电梯的起动加速、稳速运行、制动减速、停车等工作程序。根据使用电动机的不同，电梯拖动系统主要有直流拖动和交流拖动两种方式。电梯在垂直升降运行过程中，其运行区间较短，要频繁地进行起动和制动，经常处于过渡过程运行状态。此外，电梯的负载经常在空载与满载之间随机变化。因此，对电梯拖动系统的基本要求如下：

1）有足够的驱动力和制动力，能满足满载起动、制动及正、反转运行，断续周期性工作方式。

2）不会因为电梯负载变化造成运行速度变化，有良好的舒适性和平层准确度。

3）动作灵活、反应迅速，在特殊情况下能迅速制停。

4）运行效率高，节省能量。

5）运行平稳，噪声小于国家标准要求。

6）可靠性高，维修量小，使用寿命长。

2. 电梯运行控制系统

电梯运行控制系统由操纵盘、层楼指示器、外呼盒、检修盒、平层装置、选层器、控制柜、开门机等部件组成，可对电梯的运行实行操纵和控制。

电梯运行控制系统的具体电路是根据电梯的性能以及功能多少确定的。电梯不可缺少的控制电路有主电路及其拖动控制电路、开关门电路、轿内指令信号登记电路、厅外召唤信号登记电路、楼层信号递推电路、定向与换速电路、平层电路、检修运行电路、照明电路，以及其他控制电路。

对运行控制系统的基本要求是安全可靠、所用元器件少、线路简单、使用寿命长，维修保养方便，自动化程度高等。

3. 供电与保护系统

供电与保护系统可为电梯提供电源与电气安全保护。电气安全保护功能主要有供电系统错相和断（缺）相保护、短路保护、曳引电动机的过载保护、控制系统中的短路保护、系统安全保护、机电联锁保护和电气设备的接地保护等。

电梯供电电源要求采用三相五线制的 TN-S 系统，直接将保护接地线引入机房，如图 2-49a 所示。如果采用三相四线制供电的接零保护 TN-C-S 系统，严禁电梯电气设备单独接地。电源进入机房后保护接地线与中性线应始终分开，该分离点（A 点）的接地电阻值不应大于 4Ω，如图 2-49b 所示。图中，L1、L2、L3 为电源相线，N 为中性线，PE 为保护接地线，PEN 为保护中性线（接地线与中性线共享）。

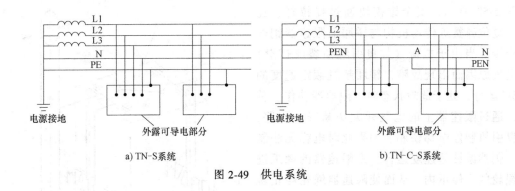

图 2-49 供电系统

2.5 电梯的安全保护系统

为保证电梯安全可靠地运行，电梯设置了齐全的安全保护系统，可分为机械安全装置和电气安全装置两大部分。电气安全装置包括各种安全保护开关（装置）及相关的保护电路。最主要的保护电路有安全回路、门锁回路与制动器线圈回路等。只有在安全回路中所有安全开关都接通、轿门与所有各层厅门都关闭的情况下电梯才能运行。机械安全装置主要有限速器、安全钳、缓冲器、终端超越保护装置、制动器、门锁等，这些装置通常设有对应的电气安全开关。此外，还有轿顶安全护栏、轿厢护脚板、底坑对重侧防护栏等机械保护设施，以防止任何不安全的情况发生。图 2-50 所示是电梯安全保护系统流程图。

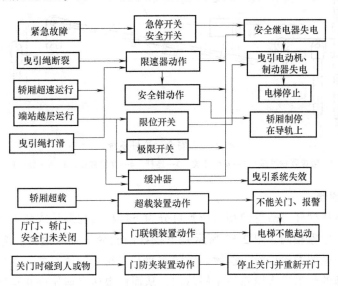

图 2-50 电梯安全保护系统流程图

安全钳与限速器必须联合使用才能对电梯曳引绳断绳、超速的情况起保护作用，其联动原理如图 2-51 所示。限速器一般安装在机房内，限速器绳轮上的钢丝绳下放到井道，与轿厢上横梁安全钳连杆相连接，再通过井道底坑张紧装置的张紧轮返回到限速器绳轮上。这样，电梯限速器的绳轮就随轿厢运行而转动。安全钳安装在轿厢架的下梁上，其位置在下导靴之上，下梁两端各装一副，随着轿厢沿导轨上下运动。安装在轿厢上梁的安全钳连杆系统如图 2-52 所示，安全钳楔块通过提拉杆、连杆、复位弹簧等传动机构与轿厢上限速器钢丝绳连接。当由于机械（如曳引绳断裂或打滑）或电气原因而出现故障，轿厢超过额定速度的 115% 运行，处于危险状态时，限速器动作。首先，通过限速器上的电气开关切断安全回路，使曳引机制停电梯轿厢。如果此时电梯无法制停，仍然继续超速度运行，则限速器的棘爪进入绳轮的止停爪内，从而使限速器绳轮停止转动。这时，限速器钢丝绳借助绳轮摩擦力或夹绳机构，通过连杆系统拉动安全钳，将轿厢制停在导轨上，并通过连杆机构上的电气开关切断安全回路，完全停止轿厢运动。

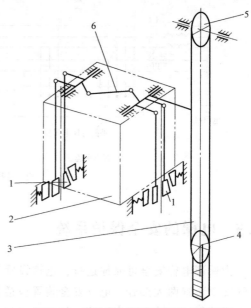

图 2-51　安全钳与限速器的联动原理
1—安全钳钳块　2—轿厢　3—限速器钢丝绳
4—张紧轮　5—限速器　6—连杆系统

2.5.1　限速器

限速器按其动作原理可分为摆锤式限速器和离心式限速器两类。

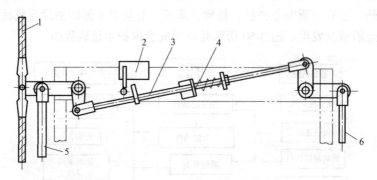

图 2-52　安全钳连杆系统
1—限速器钢丝绳　2—安全开关　3—连杆　4—复位弹簧　5、6—提拉杆

1. 摆锤式限速器

摆锤式限速器按摆杆与凸轮的相对位置可分为下摆杆凸轮棘爪式和上摆杆凸轮棘爪式限速器，两者的工作原理相同。图 2-53 所示是下摆杆凸轮棘爪式限速器。绳轮上的凸轮在旋转过程中与摆锤一端的滚轮接触，摆锤摆动的频率与绳轮的转速有关，当摆锤的振动频率超过预定值时，摆锤的棘爪进入绳轮的止停爪内，从而使限速器绳轮停止运转。限速器上的超速安全开关在止停爪动作之前被触动，断开安全回路，使电梯停止运行。若电梯还不能停止，才使机械制停机构动作。摆锤式限速器结构简单，维护方便，但缺乏可靠的夹绳装置，多与瞬时式安全钳配合用在电梯速度不大于 1.0m/s 的低速电梯上。

2. 离心式限速器

离心式限速器按其结构型式的不同可分为刚性甩锤式、弹性甩锤式和甩球式三种。

（1）刚性甩锤式限速器　如图 2-54 所示，限速器轮盘上有两个离心甩块，用弹簧将其拉向限速器轮轴。轿厢的运行速度越大，甩锤的离心力也就越大，甩锤摆角越大。当轿厢的运动速度达到其额定速度的115%以上的预定值时，甩锤的突出部位（棘齿）就会卡入制动圆盘的突出部位，推动绳轮、制动圆盘、压绳舌往前走一个角度，压绳舌把限速器钢丝绳夹住，使钢丝绳停止转动。刚性甩锤式限速器夹持力不可调，动作时对钢丝绳损伤较大，只能与瞬时式安全钳配合用在电梯速度不大于1.0m/s的低速电梯上。

（2）弹性甩锤式限速器　如图2-55所示，它与刚性甩锤式甩块限速器的不同是设置了超速开关，当轿厢向下运行的速度大于额定速度的110%时，甩锤向外摆角增大到触动超速开关，切断安全回路，促使电梯停止运行。当电气控制系统失灵时，电梯继续加速，甩锤向外摆角继续增大，当轿厢的速度达到额定速度的115%以上的预定值时，

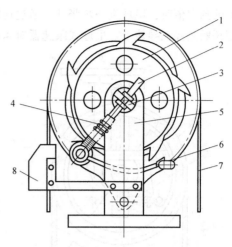

图 2-53　下摆杆凸轮棘爪式限速器
1—制动轮　2—拉簧调节螺钉　3—制动轮轴
4—调速弹簧　5—支座　6—摆杆
7—限速器绳　8—超速开关

夹绳钳将限速器钢丝绳夹持在绳槽中，使钢丝绳停止转动。弹性甩锤式限速器夹持力可通过压簧进行调整，动作时对钢丝绳损伤较小，常用在速度为1.0m/s以上的电梯上。

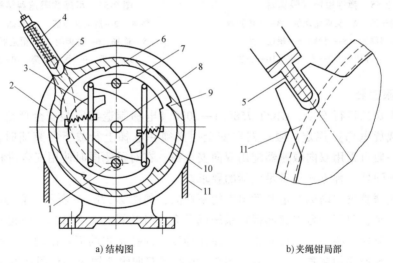

a) 结构图　　　　　　　　　　　　　　b) 夹绳钳局部

图 2-54　刚性甩锤式限速器
1—销轴　2—限速器绳轮　3—连接板　4—绳钳弹簧　5—压绳舌　6—制动圆盘（棘齿罩）
7—甩锤（离心重块）　8—心轴　9—棘齿　10—拉簧　11—限速器钢丝绳

（3）甩球式限速器　如图2-56所示，轿厢运行时钢丝绳带动限速器的绳轮运行，绳轮通过锥齿轮带动甩球转动。当电梯正常运行时，甩球转动，在离心力的作用下向上压缩转轴弹簧，并带动活动套向上移动，使杠杆向上提起，此时甩球甩开的角度不大。当轿厢向下运行的速度大于额定速度的110%时，连杆系统使超速开关动作，切断安全回路，促使电梯停止运行。如果控制系统失灵，电梯继续加速，当轿厢向下运行的速度达到额定速度的115%以

上的预定值时，甩球进一步张开，通过连杆推动卡爪动作，卡爪把钢丝绳卡住，拉起安全钳，把轿厢制停在导轨上。甩球式限速器对速度的容量大，反应灵敏，适用于各种速度的电梯。

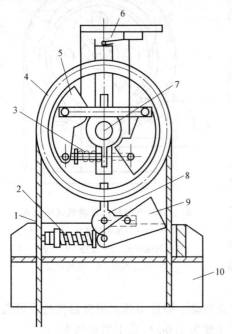

图 2-55 弹性甩锤式限速器

1—限速器钢丝绳 2—夹绳钳压簧 3—甩锤弹簧
4—限速器绳轮 5—甩锤 6—超速开关
7—心轴 8—绳钳钩 9—夹绳钳 10—底座

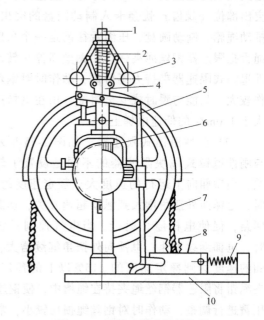

图 2-56 甩球式限速器结构图

1—转轴 2—活动套弹簧 3—甩球 4—活动套
5—连杆 6—锥齿轮 7—限速器钢丝绳
8—卡爪 9—绳钳弹簧 10—底座

3. 双向限速器

为保证电梯的运行安全，GB/T 7588.1—2020《电梯制造与安装安全规范 第 1 部分：乘客电梯和载货电梯》规定，限速器和安全钳必须在电梯上行或下行超速时都能起作用。现在，电梯一般可采用双向限速器配用双向安全钳、在对重侧同时使用安全钳和在机房或轿顶加装超速夹绳器三种方式来满足国标的要求。

双向限速器是根据国标规定开发出来的新产品，如图 2-57b、c 所示。它与常规（下行）限速器的区别是，仅用一台限速器提拉系统就可完成对轿厢上、下行的双向超速保护，既可防止电梯超速坠落、蹾底，又可防止电梯超速冲顶，即把常规的下行制动安全系统与现行标准增加的上行超速保护装置合二为一。图 2-57b 所示双向限速器用一台限速器实现电梯双向测速，轿厢上行超速与下行超速分别触动双向限速器左侧或右侧的夹绳钳，拉动双向安全钳，从而实现双向限速功能。

4. 限速器的技术要求

1) 限速器钢丝绳应有足够的强度和耐磨性，绳径不小于 6mm，安全系数不小于 8。限速器绳轮和张紧轮的节圆直径应不小于所用限速器钢丝绳直径的 30 倍。为了防止限速器钢丝绳断裂或过度松弛而使张紧装置丧失作用，在张紧装置上应设置电气安全触点（限速器断绳开关），当发生上述情况时能切断安全回路，使电梯停止运行。

2) 当轿厢向下运行的速度大于额定速度的 110% 时，限速器超速开关应先被触发，切

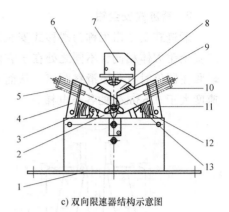

a) 单向限速器实物图　　　b) 双向限速器实物图　　　c) 双向限速器结构示意图

图 2-57　限速器

1—底板　2—制动棘轮　3—上向压块　4—上向压杆　5—上向压紧弹簧　6—上向触杆　7—双向电气开关
8—双向开关拨架　9—绳轮　10—下向压紧弹簧　11—下向压杆　12—下向压块　13—下向触杆

断电梯的安全回路，使曳引电动机和制动器断电，制停电梯。如果电梯速度大于额定速度的115%（达到预先设定值），限速器机械装置动作，拉动安全钳把轿厢制停在导轨上。对重限速器的动作速度应大于轿厢限速器的动作速度，但不应超过10%。

3）当限速器动作时，限速器对限速器钢丝绳的最大制动力应不小于300N，同时不小于安全钳动作所需提拉力的2倍。

4）操纵轿厢安全钳限速器动作速度应不低于电梯额定速度的115%，且应小于下列数值：

① 对于除了不可脱落滚柱式以外的瞬时式安全钳为0.8m/s。

② 对于不可脱落滚柱式瞬时式安全钳为1m/s。

③ 对于额定速度小于或等于1m/s的渐进式安全钳为1.5m/s。

④ 对于额定速度大于1m/s的电梯，建议选用接近 $1.25V_N+0.25/V_N$ 的动作速度值（V_N 为电梯额定速度）。

2.5.2　安全钳

安全钳按其动作过程的不同可分为瞬时式安全钳和渐进式安全钳。根据制动元件结构型式的不同，瞬时式安全钳又可分为楔块型、偏心块型和滚柱型三种；渐进式安全钳可分为双楔渐进式、U形板簧渐进式、侧支碟形渐进式等多种形式，但它们的工作原理相差不多。安全钳按其功能可分为单向安全钳和双向安全钳。

1. 瞬时式安全钳

瞬时式安全钳如图2-58所示，其中拉杆经轿厢上梁的连杆系统与限速器的钢丝绳相连。在正常情况下，由于拉杆弹簧的张力大于限速器钢丝绳的拉力，因而安全钳处于静止状态，楔块和导轨之间保持一个恒定的间隙（2~3mm）。当电梯出现故障，轿厢超速下降时，限速器动作，带动连杆系统，继而使安全钳的楔块相对上提，将轿厢卡在导轨上。

瞬时式安全钳制停距离短，从限速器卡住钢丝绳到安全钳的楔块卡住导轨，轿厢移动的距离一般只有几厘米到十几厘米，对轿厢及乘载的人或物会产生较大的振动与冲击，同时对导轨的损伤较大，因此只适用于额定速度不超过0.63m/s的电梯。

2. 渐进式安全钳

渐进式安全钳也称为滑移式安全钳，如图 2-59 所示。渐进式安全钳的工作原理与瞬时式安全钳大体相同，不同之处在于它装有弹性元件，能使制动力限制在一定的范围内，并使轿厢在制停时有一段滑移距离，从而避免了因轿厢急停而引起的强烈振动，因此适用于额定速度大于 0.63m/s 的各类电梯。

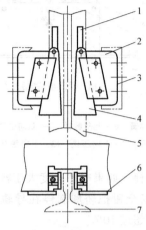

图 2-58 瞬时式安全钳
1—拉杆 2—安全钳座 3—轿厢下梁
4—楔（钳）块 5、7—导轨 6—盖板

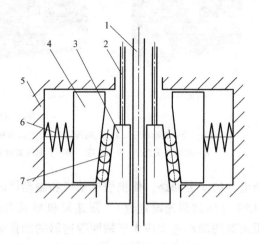

图 2-59 渐进式安全钳
1—导轨 2—拉杆 3—楔块 4—导向模块
5—钳座 6—弹性元件 7—导向滚柱

为了保证乘客、货物以及电梯的安全，安全钳对电梯制停的减速度必须加以限制，渐进式安全钳制动时的平均减速度（国标规定）应为 $0.2g \sim g$（g 为重力加速度 9.8m/s^2）。

3. 双向安全钳

双向安全钳如图 2-60 所示，它是根据国标规定"向上超速保护"的要求开发出来的新

a) 实物图

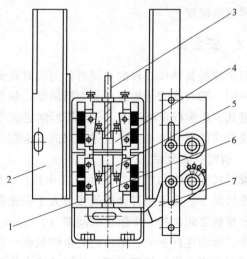

b) 结构图

图 2-60 双向安全钳
1—安全钳壳体 2—轿厢侧梁 3—下向安全钳拉杆 4—下向楔块 5—上向楔块 6—上向拉杆 7—上向安全钳拉手

产品，用一台双向限速器和一套安全钳提拉系统完成对轿厢的上、下行双向超速进行保护。双向安全钳安装在轿厢上，上、下行超速双向分别制动，当轿厢上行速度达到限速器动作速度时，限速器动作，拉动上行方向安全钳动作，使轿厢减速制停。双向安全钳比较复杂，目前国内还未普及应用。

2.5.3 缓冲器

缓冲器是电梯端站越层运行的最后一道安全装置。电梯在运行中，当出现机械故障、控制系统失灵或制动器失效等故障，轿厢或对重撞底时，缓冲器将吸收轿厢或对重的动能，提供最后的保护。缓冲器位于轿厢和对重的正下方，若底坑下是人能进入的空间，井道底坑的底面应至少按 $5000N/m^2$ 载荷设计，且对重（或平衡重）上应设置安全钳（旧国标 GB 7588—2003 规定：对重在不设安全钳时，对重缓冲器的支座应一直延伸到底坑下的坚实地面上）。

缓冲器按照其工作原理不同，可分为蓄能型和耗能型两种。常见的蓄能型缓冲器有弹簧缓冲器和聚氨酯缓冲器。

1. 弹簧缓冲器

弹簧缓冲器如图 2-61 所示，一般由缓冲橡胶、缓冲座、缓冲弹簧、弹簧座等组成，用地脚螺栓固定在底坑基座上。弹簧缓冲器在受到冲击后，能将轿厢或对重的动能转化为弹性变形能（弹性势能），由于弹簧的反力作用，使轿厢或对重得到缓冲、减速。但当弹簧压缩后要释放缓冲过程中的弹性变形能，使轿厢反弹上升，撞击速度越高，反弹速度越大，所以弹簧缓冲器仅适用于速度小于或等于 1m/s 的电梯。

2. 聚氨酯缓冲器

聚氨酯缓冲器如图 2-62 所示，是为了克服弹簧缓冲器容易生锈腐蚀的缺陷，近年开发的新产品。它具有体积小、自重轻、软碰撞无噪声、防水防腐耐油、安装及维护方便、可减少底坑深度等优点，广泛应用在速度小于或等于 1m/s 的电梯上。

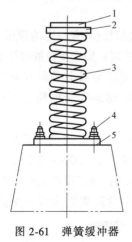

图 2-61 弹簧缓冲器
1—缓冲橡胶 2—缓冲座 3—缓冲弹簧 4—地脚螺栓 5—弹簧座

图 2-62 聚氨酯缓冲器

3. 耗能型缓冲器

耗能型缓冲器又称为液压缓冲器，如图 2-63 所示，主要由缸体、柱塞、缓冲橡胶垫和复位弹簧等组成，缸体内注有缓冲器油。

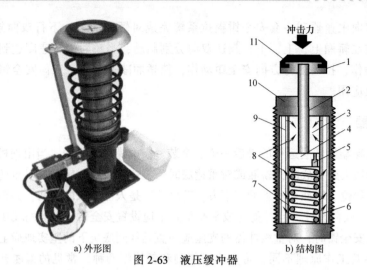

a) 外形图　　　　　　　　　　b) 结构图

图 2-63　液压缓冲器

1—受撞头　2—轴心　3—柱塞腔　4—柱塞　5—单向阀　6—内管
7—复位弹簧　8—油孔　9—蓄压器　10—外管　11—缓冲橡胶垫

当液压缓冲器受到轿厢和对重的冲击时，轴心向下运动，压缩缸体内的液压油通过环形节流油孔喷向柱塞腔（沿图中箭头方向流动）。当油通过环形节流油孔时，由于流动截面积突然减小，就会形成涡流，使液体内的质点相互撞击、摩擦，将动能转化为热量散发掉，从而消耗了电梯的动能，使轿厢或对重逐渐缓慢地停下来。当轿厢或对重离开缓冲器时，轴心在复位弹簧的作用下向上复位，油重新流回液压缸体，恢复正常状态。

液压缓冲器利用液体流动的阻尼作用，以消耗能量的方式缓冲轿厢或对重的冲击，因此无回弹作用。同时，柱塞在下压时，环形节流油孔的截面积逐步变小，能使电梯的缓冲接近匀减速运动。因而，液压缓冲器具有缓冲平稳的优点，在使用条件相同的情况下，液压缓冲器所需的行程可以比弹簧缓冲器减少一半，所以液压缓冲器适用于各种速度的电梯。

4. 缓冲器的技术要求

1）液压缓冲器的复位弹簧在轴心（柱塞）全伸长位置时应具有一定的预压缩力，在全压缩时，反力不大于1500N，并应保证缓冲器受压缩后轴心（柱塞）完全复位的时间不大于120s。

2）为了验证轴心（柱塞）完全复位的状态，耗能型缓冲器上必须有电气安全开关。安全开关在轴心（柱塞）开始向下运动时即被触动切断电梯的安全回路，直到轴心（柱塞）完全复位时开关才接通。

3）当载有额定载重量的轿厢或对重自由下落并以115%额定速度撞击缓冲器时，非线性蓄能型缓冲器按照GB/T 7588.2—2020确定的减速度不应大于1.0gn；2.5gn以上的减速度时间不应大于0.04s；轿厢或对重反弹的速度不应超过1.0m/s；减速度最大峰值不应大于6.0gn。

4）轿厢底下梁碰板、对重架底的碰板至缓冲器顶面的距离称为缓冲距离，对于蓄能型缓冲器应为200~350mm，对于耗能型缓冲器应为150~400mm。

2.5.4　终端超越保护装置

为了防止电梯由于电气系统故障，轿厢超越上、下端站继续运行，继而发生冲顶或撞底事故，在轿厢导轨的上、下终端支架上设置终端超越保护装置，一般由强迫减速开关、限位开关、极限开关及开关打板等组成。现代电梯终端超越保护装置如图2-64a所示。

（1）强迫减速开关　它是防止电梯超越端站继续运行的第一道保护，由上、下两个开关组成，分别装在顶层和底层端站正常减速（开关）位置之后。当电梯运行到达顶层或底层正常减速位置而没有减速时，装在轿厢上的开关打板首先碰及上（或下）强迫减速开关而动作，使电梯减速运行，并在上（或下）端站平层位置停车。在速度较高的电梯中，通常设有多个强迫减速开关，用于不同行程的强迫减速。

（2）限位开关　它是防止电梯超越端站继续运行的第二道保护。当轿厢超出顶层或底层的平层位置 50mm 时，上限位开关或下限位开关动作，迫使电梯停止运行。此时，电梯越层方向运行操作无效（自动、检修方式），但反方向的运行操作正常。

（3）极限开关　它是防止电梯超越端站继续运行的第三道保护。当前面两道保护均不能使电梯停止越程运行时，轿厢的开关打板就会碰及上（或下）极限开关，极限开关动作断开电梯的安全回路，使曳引电动机和制动器断电，电梯立即停止运行。此时，电梯自动与检修操作均无效。

老式电梯终端超越保护装置如图 2-64b 所示，与现代电梯不同的是，极限开关同时是电梯主电源开关。当轿厢的开关打板碰及上（或下）极限开关碰轮，通过钢丝绳拉动极限开关切断电梯的主电源，使电梯立即停止运行。这种极限开关动作，在故障排除后必须手动复位，即重新合闸送电，电梯才能运行。

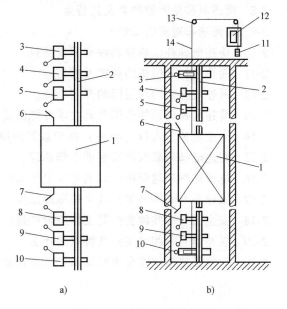

a)　　　　　　　b)

图 2-64　终端超越保护装置

1—轿厢　2—导轨　3—上极限开关（碰轮）　4—上限位开关
5—上强迫减速开关　6—上开关打板　7—下开关打板
8—下强迫减速开关　9—下限位开关　10—下极限开关（碰轮）
11—张紧配重　12—极限开关　13—导轮　14—钢丝绳

终端超越保护装置只能防止电气故障造成的越程运行，不能对曳引钢丝绳打滑、制动器失效或制动力不足等机械故障造成的端站越程运行进行保护。

本　章　小　结

本章简要地介绍了电梯的基本结构和运行原理，比较详细地介绍了电梯各系统的组成及作用，特别是对电梯安全保护系统的工作原理和基本要求进行了深入的分析，并对电梯的拖动系统与运行控制系统进行了综合说明。

思　考　与　练　习

2-1　电梯可划分为几个系统？各系统的作用是什么？

2-2 电梯可划分为几个空间？各空间部分装有什么电梯部件？

2-3 电梯曳引机的主要组成是什么？

2-4 何为电梯的曳引力（驱动力）？曳引力的大小与哪些因素有关？

2-5 电梯常见的曳引比有哪几种？请画出各种曳引比的结构图。

2-6 简述电梯制动器的工作原理及其技术性能的要求。

2-7 电梯导轨的作用是什么？常见的导轨有哪些种类？

2-8 简述电梯导靴的种类及其特点。

2-9 如何选择对重的质量？

2-10 简述电梯补偿装置的种类及其特点。

2-11 简述电梯开门机的种类及其特点。

2-12 简述电梯轿门与层门的开闭原理。

2-13 简述电梯门锁的作用及其技术性能的要求。

2-14 简述电梯门入口（防夹）保护装置的种类及其工作原理。

2-15 简述电梯超载保护装置的工作原理。

2-16 电梯终端超越保护装置的组成是什么？其保护功能是什么？

2-17 限速器有哪些种类？其工作原理如何？

2-18 安全钳有哪些种类？其工作原理如何？

2-19 缓冲器有哪些种类？其特点是什么？

2-20 简述限速器与安全钳联动保护的工作原理。

第3章

电梯拖动系统

3.1 电梯拖动系统简介

3.1.1 负载的特点

电梯是一种频繁起动和制动的设备，其运行过程中大量时间处在加、减速的过渡过程中。与起重机不同，电梯带有对重，当轿厢静止或匀速运动时，负载为系统的静态负载；当电梯轿厢加、减速运动时，负载除了静态负载外，还包含由于加速度造成的动态负载。

1. 电梯的静态负载

电梯的静态负载机械特性中的负载转矩主要是由轿厢与对重的质量差造成的，如图 3-1 所示。

当电梯轿厢重载运行时，轿厢侧的负载大于对重侧，这时电梯的静态负载机械特性由两部分组成：一部分是由轿厢、对重的质量差引起的位能性负载转矩（图 3-1 中的曲线 1），另一部分是由传动系统的摩擦阻力（超高速梯还有较大的风阻）引起的反抗性负载转矩（图 3-1 中的曲线 2），这两部分转矩之和为电梯轿厢重载运行时的静态负载转矩（图 3-1 中的曲线 3）。

当电梯轿厢轻载运行时，轿厢侧的负载小于对重侧，引起的位能性负载转矩是负值（图 3-1 中的曲线 1″），加上摩擦力引起的反抗性负载转矩（图 3-1 中的曲线 2）得到电梯轿厢轻载运行时的静态负载转矩（图 3-1 中的曲线 3″）。

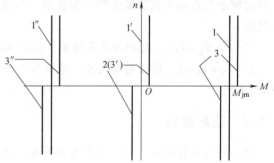

图 3-1 电梯静态负载机械特性

1—重载时的位能性负载转矩 2—摩擦、风阻造成的反抗性负载转矩 3—重载时的总负载转矩 1′—轿厢、对重两侧平衡时的位能性负载转矩（其值为 0） 3′—平衡时的总负载转矩 1″—轻载时的位能性负载转矩 3″—轻载时的总负载转矩

当电梯轿厢"半载"运行时，轿厢侧与对重侧重量相等（即平衡），位能性负载转矩为零（图 3-1 中的曲线 1′），这时电梯的静态负载转矩只有摩擦力引起的反抗性负载转矩，电

梯平衡运行时的静态负载转矩如图 3-1 中的曲线 3′（曲线 3′就是曲线 2）。

2. 电梯的动态负载

当电梯起动加速或停车前制动减速时，由于速度的变化而引起动态负载转矩：

$$T = \frac{GD^2 \mathrm{d}n}{375 \mathrm{d}t} \tag{3-1}$$

由于电梯设有对重，使传动系统的惯性增大（飞轮矩 GD^2 较大），从而使动态转矩增大，通常电梯动态转矩可达最大静态转矩的 1.5~3 倍。为了得到较好的舒适感，要求轿厢按预定的速度曲线平滑地改变电梯的运行速度。因此，电梯在起动和制动过程中的动态转矩并不是恒定值，而是随加速度变化而变化的值。

3. 电梯的运动方程

假设电梯运动系统为单轴拖动系统，当电梯电动机在旋转运动时，原动力矩既要用来克服机械系统所产生的阻转矩，又要克服其动态转矩。电动机电磁转矩是驱动转矩，正方向与转速 n 正方向相同；静阻力矩 T_L 是阻转矩，正方向与 n 正方向相反，如图 3-2 所示。

根据旋转定律可写出该系统运动方程：

$$T_M - T_L = J \frac{\mathrm{d}\omega}{\mathrm{d}t} \tag{3-2}$$

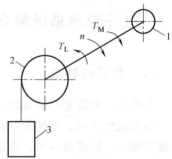

图 3-2　单轴拖动系统
1—驱动轮　2—曳引轮　3—轿厢

式中，T_M 为原动力矩（N·m）；T_L 为静态负载力矩（N·m）；J 为电动机轴上总的转动惯量（N·m/s²）；$\mathrm{d}\omega/\mathrm{d}t$ 为角加速度（rad/s²）。

1）$T_M - T_L > 0$ 时，角加速度为正值，驱动转矩超过静阻力矩的剩余力矩用来克服系统的动态转矩，系统处于加速运动状态。

2）$T_M - T_L < 0$ 时，角加速度为负值，即产生减速运动，其结果最终使系统的运动停止。

3）$T_M = T_L$ 时，角加速度为零，系统处于静止或者匀速运动状态。若是在起动时，系统不能起动。

3.1.2　速度曲线

电梯作为一种交通工具，存在着舒适感（性）与快速性的矛盾。乘客从走进电梯至目的楼层走出电梯的时间越短，即电梯的快速性越好。

电梯是一个频繁起动和制动的设备，它的加速、减速所用时间往往在运行时间中占很大比重，电梯单层运行时，几乎全处在加速、减速运行中。尽可能缩短加、减速阶段所用时间，便可以缩短电梯运行时间，满足快速性要求。因此，国家标准 GB/T 10058—2009《电梯技术条件》中规定：当电梯额定速度为 1.0~2.0m/s 时，其平均加、减速度不应小于 0.5m/s²；当电梯额定速度为 2~6m/s 时，其平均加、减速度不应小于 0.7m/s²。

电梯的舒适性主要体现在电梯加速起动和减速制动两个过程中。乘客在电梯轿厢加速下降或减速上升时会产生失重感，而在加速上升或减速下降时会产生超重感，这都会使乘客感觉不舒适，直接反应如头晕目眩、恶心或心脏剧烈跳动等，加、减速度越大，反应越强烈。因此，国家标准 GB/T 10058—2009 中规定：乘客电梯起动加速度和制动减速度不应大于

$1.5 \mathrm{m/s^2}$。加速度变化率较大时，也会引起人的不适，电梯行业一般把加速度变化率限制在 $1.3 \mathrm{m/s^3}$ 以内。

电梯运行过程既要考虑快速性的要求，又要兼顾舒适感（性）的要求。也就是说，加、减速过程既不能过快，也不能过慢。因此，选择合理的电梯运行速度曲线，让轿厢按照预定的速度曲线运行，既能满足快速性的要求，也能满足舒适性的要求，科学、合理地解决快速性与舒适性的矛盾。电梯采用的速度曲线有抛物线-直线形与正弦波-直线形两种。

1. 抛物线-直线形速度曲线

图 3-3a 所示为抛物线-直线形速度曲线。其中，$OABC$ 段是由静止起动到匀速运行的加速段速度曲线；CD 段是匀速运行段，其速度为电梯的额定速度；$DEFG$ 段是由匀速运行制动到静止的减速段速度曲线，通常是一条与起动段对称的曲线。

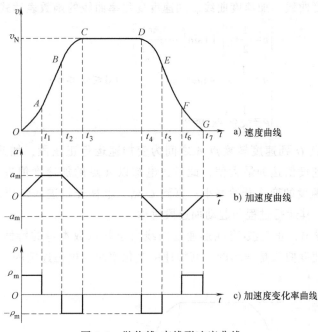

图 3-3 抛物线-直线形速度曲线

加速段速度曲线 $OABC$ 段的 OA 段是一条抛物线，AB 段是一条在 A 点与抛物线 OA 相切的直线，而 BC 段则是一条反抛物线，它与 OA 段抛物线关于 AB 段直线的中点相对称。而 $DEFG$ 段曲线与 $OABC$ 段曲线镜像对称，CD 段为恒速段，其速度为额定速度。

图 3-3b、c 所示为速度曲线的加速度、加速度变化率曲线。各小段的速度曲线、加速度曲线、加速度变化率曲线的函数表达式分别如下：

1）OA 段速度曲线（抛物线段）为 $v = kt^2$，其加速度曲线（斜线段）为 $a = \dfrac{\mathrm{d}v}{\mathrm{d}t} = 2kt$，其加速度变化率曲线（水平直线段）为 $\rho = \dfrac{\mathrm{d}a}{\mathrm{d}t} = 2k = \rho_\mathrm{m}$。

2）AB 段速度曲线（直线段）为 $v = v_A + a_A(t - t_A)$，其加速度曲线（水平直线段）为 $a = \dfrac{\mathrm{d}v}{\mathrm{d}t} = a_A = a_\mathrm{m}$，其加速度变化率曲线（与横轴重合直线段）为 $\rho = \dfrac{\mathrm{d}a}{\mathrm{d}t} = 0$。

3）BC 段速度曲线（反抛物线段）为 $v=v_N-k(t_C-t)^2$，其加速度曲线（斜线段）为 $a=\dfrac{\mathrm{d}v}{\mathrm{d}t}=2k(t_C-t)$，其加速度变化率曲线（水平直线段）为 $\rho=\dfrac{\mathrm{d}a}{\mathrm{d}t}=-2k$。

式中，ρ_m 为加速度变化率最大值，应小于设定值；a_m 为加速度最大值，应小于国家标准规定值；v_N 为电梯的额定速度；k 为常数，具体数值根据设计的电梯速度曲线确定。

由图 3-3b 可以看出，抛物线-直线形速度曲线在由抛物线向直线、直线向抛物线过渡及电梯起动和制停时，虽然加速度曲线是连续的，但是其加速度变化率却产生了跳变，影响了电梯运行的舒适性。

2. 正弦波-直线形速度曲线

正弦波-直线形速度曲线如图 3-4 所示。图 3-4a 是一条带有直线加速段的正弦函数速度曲线。起动段的速度曲线、加速度曲线、加速度变化率曲线的函数表达式如下：

$$\begin{cases} v=\dfrac{1}{2}v_N\left[1+\sin\left(\omega t-\dfrac{\pi}{2}\right)\right] \\[2mm] a=\dfrac{1}{2}\omega v_N\sin\omega t \qquad\quad (0\le\omega t\le\pi) \\[2mm] \rho=\dfrac{1}{2}\omega^2 v_N\cos\omega t \end{cases} \tag{3-3}$$

速度曲线由起点 O 到速度转换点 A 之间为变加速运行正弦段，加速度由零线性上升，当到达 A 点时，加速度值达到最大值；此后，电梯以 A 点的加速度值进入匀加速线性运行段；到达 B 点时，速度的变化开始减小；直到 C 点，电梯开始进入匀速运行段。从 D 点到 G 点为制动减速段，其运行过程与起动加速段对称。

由图 3-4 可以看出，正弦波-直线形速度曲线由于其函数本身的特性，在正弦曲线与直线过渡时，不但加速度曲线是连续的，其加速度变化率曲线也是连续的，仅在电梯起动和制

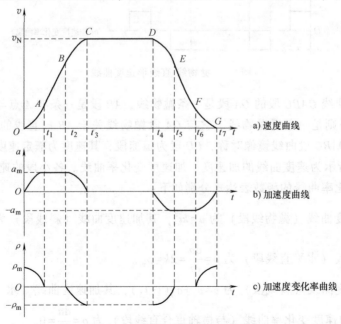

图 3-4　正弦波-直线形速度曲线

停时加速度变化率有一次跳变，舒适性明显好于抛物线-直线形速度曲线。因此，现代电梯通常采用正弦波-直线形速度曲线。

3.1.3　电梯常见的拖动方式

随着科学技术的发展，电梯的电力拖动方式也有了很大发展，最先进的电力拖动技术一出现，便很快在电梯中应用。电梯的电力拖动方式分为直流拖动与交流拖动两大类。

1. 直流拖动系统

直流电动机具有调速性能好、调速范围大的特点。19 世纪中叶之前，电梯唯一的电力拖动方式是直流拖动。常用的有两种系统：一是晶闸管励磁的直流发电机-电动机系统，通过调节发电机的励磁来改变发电机的输出电压，实现电动机调速，由于该系统能耗大、技术落后已被淘汰；二是晶闸管整流直接供电的晶闸管-直流电动机系统，省去了发电机组，降低了造价，结构更紧凑，且降低了能耗。但直流拖动系统由于结构复杂、维护成本高，已逐步被交流变频拖动系统所取代。

2. 交流拖动系统

目前用于电梯的交流拖动系统主要有如下三种：

（1）交流变极调速系统　通过改变电动机的磁极对数就可改变电动机的转速。常用的变极调速电梯是交流双速电动机拖动系统，快速绕组作为电梯起动与稳速运行之用，而慢速绕组作为电梯制动减速和慢速平层停车之用，以使电梯准确平层。这种系统采用开环控制方式，线路简单、价格低，但磁极数只能成倍变化，转速也只能成倍变化，乘坐舒适感差、能耗大，现在只在额定速度不大于 1m/s 的货梯上使用。

（2）交流调压调速（ACVV）拖动系统　通过改变交流异步电动机定子电压实现调速。常用反并联晶闸管或双向晶闸管组成调压电路，通过改变晶闸管的导通角来调节输出电压的高低，从而改变电动机转速。这种系统结构简单、运行较平稳，但是当电梯低速运行（电压较低）时，最大转矩锐减，低速运行性能差，功率因数降低，而且会产生高次谐波的电磁干扰和电磁噪声，已逐步被淘汰。

（3）交流变压变频调速（VVVF）拖动系统　交流异步电动机转速与电源频率有关，连续均匀地改变供电电源的频率，可平滑地改变电动机的转速。现代（矢量型、转矩直接控制型）变频调速拖动系统的调速性能可以和直流拖动系统相媲美，已在各种电梯上广泛应用。目前，永磁同步电动机无齿轮传动的变频调速拖动系统已成为各类电梯的主流拖动方式。直线电动机驱动的变频调速拖动系统将是未来电梯的发展方向之一。

3.2　直流电梯拖动系统

直流电梯都是采用调压方式实现调速。一类是由交流电动机-直流发电机机组供电的直流电梯，由于其效率低、耗能大，已被淘汰，这里不做介绍。另一类是由晶闸管整流器供电的直流电梯，这种电梯的拖动控制方式主要有以下两种：

1. 电枢电路由单向整流桥供电、励磁电路由双向整流桥供电的直流电梯拖动系统

这种类型电梯的拖动系统如图 3-5 所示。一组三相全波可控整流桥 UC 为直流电动机电枢绕组供电，如图 3-6 所示，它只能产生单方向的电枢电流。励磁绕组 WM 则由两个反并联

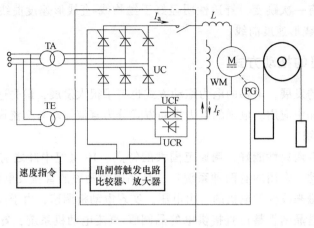

图 3-5 电枢单向供电、励磁双向供电的直流电梯拖动系统

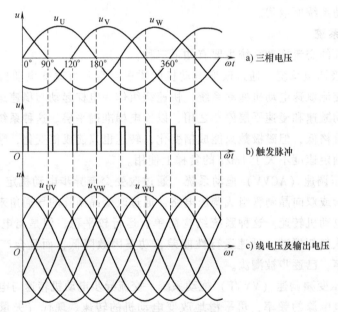

图 3-6 整流桥 UC 的输出电压

的整流桥供电。当正向励磁整流桥 UCF 工作时，给励磁绕组提供正向励磁，产生正向磁通 ϕ，电动机电枢电流 I_a 在正向磁通 ϕ 的作用下产生正向转矩。当反向励磁整流桥 UCR 工作时，则为励磁绕组提供反向励磁电流，产生反向磁通 $-\phi$，于是正向的电枢电流 I_a 在反向磁通 $-\phi$ 作用下，产生反向转矩。控制整流桥 UC 的晶闸管触发延迟角 α 可以改变整流桥及电动机的工作状态。当 $\alpha<90°$ 时，整流桥 UC 工作在整流状态，输出电压上正下负，其波形如图 3-6c 所示，向电动机提供直流电，电动机则将电能转变成机械能带动轿厢运动，这时电动机工作在电动状态。当 $\alpha>90°$ 时，整流桥 UC 工作在逆变状态，输出电压下正上负，这时如果电动机由于励磁改变了方向（或者电动机转向是负的），感应电动势也变成了下正上负，而且若数值上大于整流桥 UC 的逆变电压，那么电动机就将通过整流桥 UC 向交流电源回馈电能，这时电动机工作在回馈制动状态，即发电制动状态。通过上面的分析知道，改变励磁电流方向就可以改变电动机转矩的方向，在正转时，改变励磁电流方向，同时将 UC 的

触发延迟角推向逆变（即 $\alpha > 90°$），就将使电动机进入回馈制动状态。或者在反转、正向励磁的情况下，使 $\alpha > 90°$，也可以使电动机进入回馈制动状态。这些关系如图3-7所示。由于电动机转矩与电枢电流、转矩与励磁电流均是线性关系，因此控制规律比较简单，控制精度容易保证。

2. 电枢电路由两组反并联可控整流桥供电的直流电梯拖动系统

　　这种类型电梯的拖动系统如图3-8所示。两组晶闸管整流桥反向并联，为电枢电路提供正、反向电流。励磁回路施加一个恒定的电流，使电动机的磁通保持额定值。电动机的运行状态与正组整流桥 UCF、反组整流桥 UCR 的控制关系如图3-9所示。

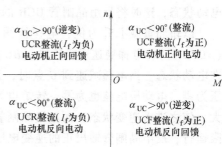

图 3-7　电动机四象限运行与整流桥的控制关系

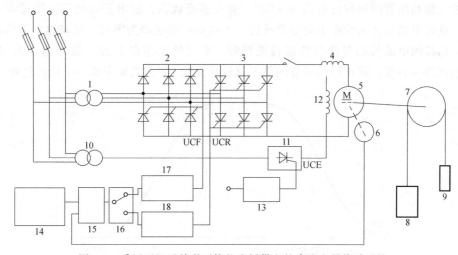

图 3-8　采用两组反并联可控整流桥供电的直流电梯拖动系统

1—主变压器　2—正组晶闸管　3—反组晶闸管　4—平波电抗器　5—直流电动机　6—测速发电机　7—曳引轮
8—轿厢　9—对重　10—励磁变压器　11—励磁晶闸管整流器　12—励磁绕组　13—励磁指令及励磁控制器
14—速度指令　15—比较器　16—控制切换开关　17—正组晶闸管触发电路　18—反组晶闸管触发电路

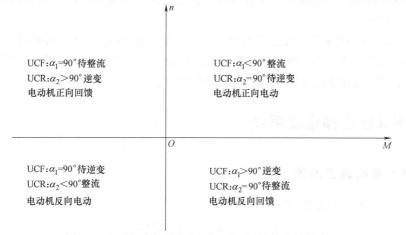

图 3-9　电动机运行状态与正、反组晶闸管的控制关系

当正组晶闸管 UCF 的触发延迟角小于 90°时，UCF 工作在整流状态，向直流电动机提供正向电压、电流，电动机正转，驱动轿厢向上运动，电动机把电能变成机械能，工作在正向电动状态，这时将反组晶闸管 UCR 的触发延迟角控制在 90°，使其处于待逆变状态。

以轿厢重载上升为例，电梯按图 3-10 所示的速度曲线运行时，在电梯起动加速阶段（*AEFB* 段）、电梯稳速运行阶段（*BC* 段）和部分减速阶段（*CG* 段和 *HD* 段），电动机工作在电动状态。当电梯减速到 *G* 点时，正组晶闸管的触发延迟角 α_1 刚好增加到 90°，整流电压为零，电动机电流也为零，转矩也为零。随后将待逆变的反组晶闸管的触发延迟角 α_2 增大，使之进入逆变状态，而正组晶闸管的触发延迟角 α_1 保持 90°，这时电动机进入第二象限运行，反组晶闸管输出正的逆变电压，随着逆变电压的降低，电动机的速度沿 *GF'E'H* 段减速，在这个阶段中电动机工作在正向回馈状态。当电动机速度降到 *H* 点时，反组晶闸管触发延迟角刚好减小到 90°，输出电压为零，电动机的电流、转矩也均为零。随后处在待整流状态的正组晶闸管的触发延迟角 $\alpha_1 < 90°$，进入整流状态，输出正向电压，驱动电动机减速正转，这时电动机又工作在正向电动状态。当电动机转速降为零时，保持这时的输出电压不变，电动机的电磁转矩与静态负载转矩相等，电动机工作在 *D* 点，发出指令抱闸停车，切断电枢回路接触器，将正组晶闸管的触发延迟角置为 90°，电梯完成一个运行过程。

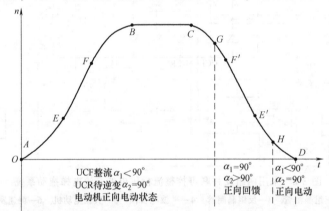

图 3-10　重载上升过程中正反组晶闸管及电动机的工作状态

对于各种负载情况下电梯升、降运行时，正组、反组可控整流器及电动机的运行状态，读者不难自行分析。

这种方式在电枢回路中采用正反两组晶闸管来实现电枢电流及电动机转矩的正、负过渡，由于电枢回路电感较小，因而快速响应性、舒适感更好些。直流电梯拖动系统因结构复杂、维护成本高，已逐步被交流变频拖动系统所取代。

3.3　交流双速电梯拖动系统

3.3.1　交流变极调速原理

三相异步电动机的转速公式为

$$n = (1-s)\,n_0 = (1-s)\,\frac{60f}{p} \tag{3-4}$$

式中，f 是电源频率（Hz）；p 是电动机极对数；n_0 是异步电动机的同步转速（r/min）；s 是异步电动机的转差率，它反映了异步电动机的实际转速与旋转磁场转速的差异程度，有

$$s = \frac{n_0 - n}{n_0} \tag{3-5}$$

当电动机转速 $n > n_0$ 时，$s < 0$，电动机工作在回馈制动状态，实际上是工作在异步发电状态。当 $0 < n < n_0$ 时，$1 > s > 0$，异步电动机工作在电动状态。从式（3-4）可以看出，改变电动机绕组的极对数就可以改变电动机转速。变极调速是一种有级调速，调速范围不大，因为过大地增加电动机的极数，就会显著增大电动机的外形尺寸。

3.3.2　交流双速电梯主电路

电梯用的双速电动机极数一般为 4/16 极或 6/24 极，电动机极数少的绕组称为快速绕组，极数多的称为慢速绕组。交流双速电梯主电路如图 3-11 所示，三相交流电动机快速绕组引出端为 XK1、XK2、XK3，用于起动和稳定速度运行，而慢速绕组引出端为 XM1、XM2、XM3，用于制动减速和慢速平层停车。起动过程中，为了限制起动电流，以减小其对电网电压波动的影响，在快速绕组中串入电阻 R_K、电抗器 X_K，并按时间进行一（或二）级加速；减速制动时，在慢速绕组中串入电阻 R_M、电抗器 X_M，并按时间进行二（或三）级再生发电制动减速，然后以慢速绕组进行低速稳定运行，直至平层停车。

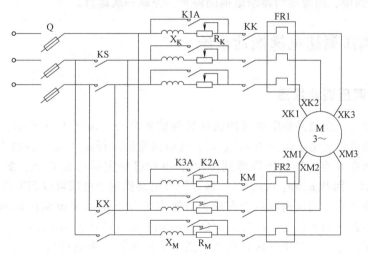

图 3-11　交流双速电梯主电路

下面以轿厢满载上行运动为例，说明交流双速电梯起动加速、满速运行、减速制动、停车过程主电路的工作过程。

首先合上开关 Q，接通三相电源。当电梯的轿内指令信号或厅外召唤信号登记、定向上运行时，并确认电梯轿门、厅门全部关闭（门锁继电器得电吸合）后，控制系统使上行接触器 KS 与快速接触器 KK 得电吸合，电动机快速绕组串联阻抗 R_K、X_K 后接到电源上，此时制动器通电松闸，电动机沿图 3-12 所示的机械特性 1，从 a 点开始起动加速到 b 点时，加速接触器 K1A 得电吸合，K1A 的常开触点（即动合触点）将 R_K、X_K 短接，电动机快速绕组直接接到电源上，电动机由机械特性 1 上的 b 点转移到固有特性 2 上 c 点后再继续加速，

直到 d 点电动机的转矩与负载的静态转矩相等，电梯进入稳速（额定值）运行。当轿厢运行到目的楼层的减速位置时，控制系统发出减速信号，首先使快速接触器 KK 失电（K1A 也失电），快速绕组断电，同时使慢速接触器 KM 得电吸合，电动机慢速绕组串联阻抗 R_M、X_M 接到电源上，电动机从 d 点转移到低速绕组串联阻抗的机械特性 3 的 e 点上。这时电动机电

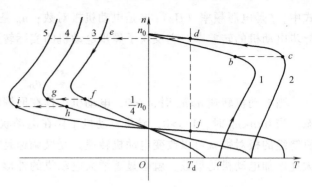

图 3-12　交流双速电梯上升运行的机械特性

磁转矩 T_e 是负值，在 T_e 与负载的静态转矩（T_d）作用下，电动机沿机械特性 3 减速到 f 点。这时减速接触器 K2A 得电吸合，切除电阻 R_M，电动机由 f 点转移到机械特性 4 的 g 点上，在 T_g 与负载的静态转矩（T_d）作用下，电动机减速运行到 h 点。这时减速接触器 K3A 得电吸合，K3A 的常开触点将 R_M、X_M 短接，慢速绕组直接接到电源上，于是电动机由 h 点转移到慢速绕组固有特性曲线 5 的 i 点上。电动机继续减速，直到 j 点，电动机的电磁转矩与负载的静态转矩相平衡，$T_j = T_d$，电梯进入额定的低速运行。直到轿厢运动到平层位置，控制系统发出停车指令，使慢速接触器 KM、上行接触器 KS 断电释放（K2A、K3A 也失电），电动机断电，同时制动器断电抱闸停车，完成一次运行。

3.4　交流调压调速电梯拖动系统

3.4.1　交流调压调速原理

改变电源电压，交流异步电动机的机械特性就将改变，如图 3-13 所示。电动机拖动一恒转矩负载，当电动机定子电压 $U = U_{1N}$ 时，电动机稳定运行在 A 点，当电压降低到 U_1' 时，电动机稳定运行在 B 点，当电压降低到 U_1'' 时，电动机稳定运行在 C 点，如图 3-13a 所示，由于 $U_{1N} > U_1' > U_1''$，因此 $n_A > n_B > n_C$，可见通过调节电动机定子电压可以调节转速。

对于恒转矩负载，调压调速只能在最大转矩点 P 以上的速度范围内调速，否则系统不能稳定运行，即调压调速稳定运行的范围是 $s_m > s > 0$，也可描述为 $n_0 > n > n_P$。

为了增大调速范围，对于恒转矩负载，通常采用高转差率电动机。$s_m > 1$ 时，电动机调压调速的机械特性如图 3-13b 表示，这时电动机可以在 $0 \sim n_0$ 范围内稳定运行。

电梯通常采用的调压方法如图 3-14 所示。采用三对彼此反并联的晶闸管为星形联结的电动机供电。在这种接线方式下，只有一个晶闸管被触发是不能构成回路的。也就是说，当一相的正向晶闸管被触发时，在另两相中至少得有一个反向的晶闸管被触发才能将电源电压加到电动机绕组上。六个晶闸管的触发脉冲彼此间隔 60° 电角度。规定三相电源电压 U_{U0}、U_{V0}、U_{W0} 中 U_{U0} 的正向过零点为 $\alpha = 0°$ 点，则 1 号晶闸管脉冲的前沿与该点的间隔就被称为晶闸管的触发延迟角。当触发延迟角 $\alpha < 0°$ 或 $\alpha > 180°$ 时，晶闸管承受反向电压，不具备导通条件；当 $150° < \alpha < 180°$ 时，没有任何两个晶闸管可以同时导通，因此不会有输出电压，也就不会有电流，可见实际可用的 α 角范围为 $0° < \alpha < 150°$。通过调节晶闸管的触发延迟角 α，可调节电动机的定子电压，实现调节转速。

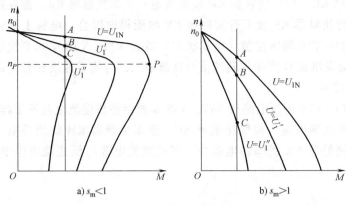

a) $s_m < 1$

b) $s_m > 1$

图 3-13　交流异步电动机改变电源电压的机械特性

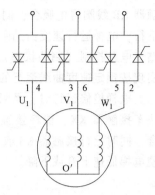

图 3-14　三相（星形）调压电路

3.4.2　交流调压调速电梯主电路

　　交流调压调速电梯按制动方式划分有能耗制动、涡流制动和反接制动。采用双速电动机作为电梯曳引电动机，对高速绕组实行调压控制，对低速绕组实施能耗制动控制，这是调压调速电梯最常用的拖动方式。调压-能耗制动拖动方式的主电路如图 3-15 所示。上行接触器 KS 和下行接触器 KX 控制电动机转向，晶闸管 VT1～VT6 调节电压控制电动机转速。晶闸管 VT7、VT8 和二极管 VD1、VD2 构成单相半控桥整流电路，为低速绕组提供能耗制动时的励磁电流。

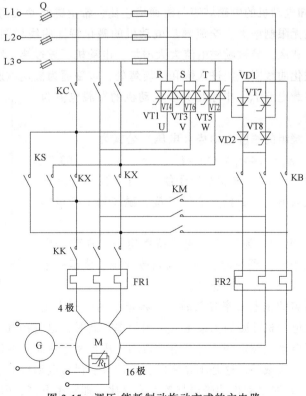

图 3-15　调压-能耗制动拖动方式的主电路

电梯正常运行时，检修接触器 KC、慢车接触器 KM 线圈失电；快车接触器 KK、能耗接触器 KB 线圈得电吸合，同时上行接触器 KS 或下行接触器 KX 线圈得电吸合，电梯上行或下行，电梯运行速度由晶闸管 VT1～VT6 调压控制（电动状态）或由 VT7、VT8 单相半控桥整流电路控制（制动状态）。测速发电机 G 产生的转速信号反馈输入，与给定速度比较，以实现按预定速度曲线运行的闭环控制。

电梯检修运行时，晶闸管 VT1～VT6 调压电路与 VT7、VT8 单相半控桥整流电路不工作，快车接触器 KK、能耗接触器 KB 线圈失电。检修接触器 KC、慢车接触器 KM 线圈得电吸合，同时上行接触器 KS 或下行接触器 KX 线圈得电吸合，三相交流电源给低速绕组供电，使电梯低速上升或下降。

3.5 VVVF 调速电梯拖动系统

3.5.1 VVVF 调速原理

1. VVVF 调速基础知识

由交流异步电动机转速公式（3-4）可知，如果均匀、连续地改变施加在电动机定子绕组的电源频率 f，就可以连续平滑地改变电动机转速 n。异步电动机的电磁转矩公式为

$$T = K_{\mathrm{T}} \Phi I_2 \cos\varphi_2 \tag{3-6}$$

式中，K_{T} 是一个与电动机的结构有关的常数；$I_2\cos\varphi_2$ 是转子电流的有功分量；Φ 是定子旋转磁场每极的磁通。

由式（3-6）可知电动机的电磁转矩与磁通成正比，希望磁通 Φ 尽量大，但是铁心存在磁饱和性，磁通不能无限制增大。交流异步电动机的磁化特性曲线如图 3-16 所示，磁通过大将使铁心进入过饱和区，导致励磁电流大大增加，电动机严重过热。因此，在设计电动机时都将磁通选择在磁化曲线刚开始进入饱和的转弯处，该磁通为额定磁通，此时的励磁电流近似等于电动机的空载电流 I_0，中小型异步电动机的空载电流为额定电流的 $1/3 \sim 1/2$。

异步电动机定子绕组的感应电动势（电压）公式为

$$E_1 = 4.44 f_1 N_1 \Phi_{\mathrm{m}} \approx U_1 \tag{3-7}$$

式中，f_1 是电源的频率；N_1 是电动机定子绕组的匝数；Φ_{m} 是通过每相绕组的磁通最大值，在数值上它等于旋转磁场每个磁极的磁通。

从式（3-7）可以看出，为了使磁通保持额定值，在改变电动机定子绕组的供电频率 f_1 调速时，必须同时改变定子绕组的电压 U_1（电动势 E_1），使 U_1/f_1 保持常数。

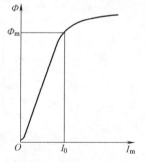

图 3-16 交流异步电动机磁化特性曲线

当电动机定子绕组的供电频率降低时，应将定子的电压成比例地降低，从而保证电动机的磁通为额定值。当频率升高时，也应将电动机电动势相应地升高。但是当频率高于电动机额定频率时，电动机的电压也相应地高于额定电压。电动势高于额定值对电动机绝缘造成威胁，这是不允许的，因此只能保持电动机的电压为额定值。根据式（3-7）可以看出，这时电动机的磁通与频率成反比，即频率升高，磁通减小。

当频率高于额定频率时，由于保持电动机的电压 U_1 不变，因而磁通 Φ 将下降，这时异步电动机的机械特性类似于直流电动机的弱磁调速，频率升高转速加快，但转矩减小，功率近似不变，接近于恒功率调速。由于电梯属于恒转矩负载，因此，变频调速电梯只在额定频率以下调速，在变频的同时改变电压，所以通常称为 VVVF（vary voltage vary frequency）电梯，即为变压变频调速电梯。

在频率较低时，由于电动机定子漏电抗压降 ΔU 在 U_1 中占有较大比重，使电动机的电动势 E_1 低于应有的大小，因而电动机磁通减小，造成转矩下降，使电梯起动比较困难，因此，实际应用中，电梯在频率较低时，要对 U_1 加以补偿。

2. 变频器种类

（1）按有无直流环节分类　变频器可分为交-交变频器、交-直-交变频器。交-交变频器的输出频率只能在比输入频率低得多的范围内（$1/3 \sim 1/2$ 工频以下）改变，因此交-交变频调速不适合电梯调速使用。

交-直-交变频器的主电路由整流器、中间滤波环节和逆变器三部分组成，典型的电路结构图如图 3-17 所示，可控晶闸管 VT1 ~ VT6 负责调压、将工频交流电整流成直流电，然后由晶闸管或功率晶体管 VT7 ~ VT12 负责调频，将直流电压逆变成交流电，实现变频变压调速。

（2）按直流环节电压、电流特点分类　交-直-交变频器分为电压型和电流型两类。若直流环节中电容器 C 的电容量较大，而电感 L 的电感量较小（或不接电感），那么直流侧的电压将不能突变，这种变频器称作电压型变频器。反之，如果电容量较小，而电感量较大，那么直流侧的电流就不能突变，这种变频器称作电流型变频器。

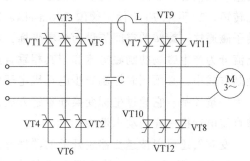

图 3-17　交-直-交变频调速
主电路结构图

交-直-交变频器根据改变逆变器输出电压大小（调制）的不同方式，可分为脉冲幅度调制（PAM）和脉冲宽度调制（PWM）两类。PAM 变频器输出交流电压是通过改变直流电压的大小（可控整流），使逆变器输出脉冲的幅度发生改变来实现的。这种变频器要同时对整流电路和逆变器进行控制，其控制电路复杂，低压时电网功率因数很低，电网供电波形畸变大，且低速运行时转速波动大，故电梯不采用 PAM 变频器。为了克服这些缺点，交-直-交变频器通常采用二极管桥式整流，而调压、调频都由逆变器依靠脉冲宽度调制（PWM）控制来实现，典型的电路结构图如图 3-18 所示，图中逆变桥中反并联的二极管为电动机在回馈制动产生的感应电流提供通路，并把它转变为直流向电容器 C 充电，当电容器两端电压超过设定值时，开关管 V 导通，电容器 C 向 R 放电，以防止产生过电压损坏电路器件。中低速电梯广泛采用这种结构的变频器调速。

（3）按控制方式分类　变频器分为 U/f 控制方式、转差频率控制方式和矢量控制方式三类。

U/f 控制方式的基本特点是使 U/f 的值保持一定而得到所需的转矩特性，属于开环控制，电路成本低，多用于精度要求不高的通用变频器。

转差频率控制方式是对 U/f 控制的一种改进。因为在 U/f 控制方式下，转速会随着负载

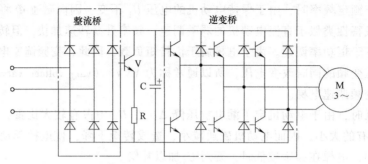

图 3-18　PWM 变频调速主电路结构图

的变化而改变，其变化量与转差率成正比。为了提高调速精度，就需要控制转差率。通常是用速度传感器检测电动机的速度，以求出转差角频率，再把它与逆变器的频率设定值 f 叠加以得到新的频率设定值 $(f+\Delta f)$，实现转差补偿，所以转差频率控制属于开环控制。它与 U/f 控制方式相比，在负载发生较大变化时，能达到较高的速度精度和较好的转矩特性。

上述两种控制方式共同存在着动态性能指标不高的问题，而且交流异步电动机是一个多变量、强耦合、非线性的时变参数系统，很难直接通过外加（设定）信号来准确控制其电磁转矩。20 世纪 70 年代，德国 F. Blaschke 等人首先提出了矢量控制理论，基本出发点是以转子磁通这一旋转的空间矢量为参考坐标，利用从静止坐标系到旋转坐标系的变换，将定子电流分为产生磁场的励磁电流和与其相垂直产生转矩的转矩电流，并分别加以控制。在这种控制方式中，必须同时控制异步电动机定子电流的幅值和相位，即控制定子电流的矢量，故称为矢量控制。它通过坐标变换和重建方法，把交流电动机模型等效为直流电动机，以获得像直流电动机一样的动态性能。

变频器还可以按逆变器主开关的器件分为普通晶闸管（SCR）、大功率晶闸管（GTR）、可关断晶闸管（GTO）、绝缘栅双极晶体管（IGBT）、智能功率集成模块（IPM）等类型。IGBT 大大提高了可控器件的性能；IPM 使变频器的功能更加完善，体积和重量都得到减小。它们的特点可参考其他书籍。

3. PWM 变频器

PWM 变频器输出电压波形为等幅不等宽的矩形脉冲列，如图 3-19 所示。将标准正弦波等分成很多份，每个片段的面积分别与对应的一系列等幅不等宽的矩形电压窄脉冲面积相等，于是等幅不等宽的脉冲电压波等效为正弦波电压。

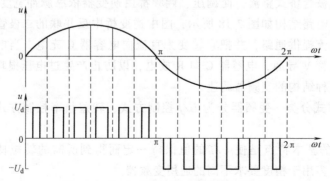

图 3-19　PWM 波形与正弦波的对应关系

（1）PWM变频器的基本特点

1）变频器主电路及控制电路结构简单，体积小、自重轻、可靠性高、使用方便。

2）由二极管整流代替晶闸管整流，减少了对电网功率因数的影响，有利于提高电网供电质量。

3）变频器输出的等效正弦波电压幅值及频率都在逆变器内实行协调控制，因此调节速度快、精度高、动态性能好。

4）PWM变频器有较好的输出电压和电流波形（近似正弦波形），从而克制了由矩形波电压供电时异步电动机的发热及转矩降低的弊病，提高了异步电动机的运行性能。

（2）PWM变频器的工作原理　PWM变频器通过脉冲宽度的调制实现输出电压幅值的调节，并通过改变调制周期实现输出电压频率的调节，其输出电压的幅值及频率的调节都在变频器中的逆变器内完成。逆变器控制电路按一定规律控制开关器件通断，从而在输出端获得一组等幅而不等宽的矩形脉冲波形，即为电压大小与频率调节后的正弦交流电压。

单相PWM变频器工作原理与输出波形如图3-20所示。参考信号为正弦波的脉宽调制称为正弦波脉宽调制（SPWM），以三角波与正弦波相交方法来确定各分段矩形脉冲的宽度。两个桥臂用一个调制波 u_r，V_1、V_2 桥臂的三角载波是 u_c，而 V_3、V_4 桥臂使用的三角载波是将 u_c 反相或移相180°得到的 $-u_c$。V_1、V_2 和 V_3、V_4 桥臂的驱动脉冲（开关管基极控制信号 u_G）的变化时刻就是图3-20c所示的调制波和各自载波的交点时刻。

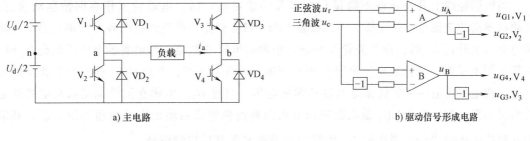

a) 主电路　　　　　　　　　　　　　　b) 驱动信号形成电路

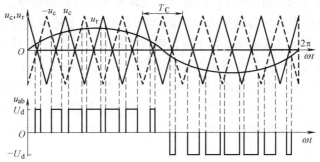

c) 开关时刻的确定与SPWM电压波形

图3-20　单相PWM工作原理与输出波形

当 $u_r > u_c$ 时，使 V_1 导通，V_2 截止，这时 $u_{an} = U_d/2$，当 $u_r < u_c$ 时，使 V_1 截止，V_2 导通，这时 $u_{an} = -U_d/2$；当 $u_r > -u_c$ 时，使 V_3 截止，V_4 导通，这时 $u_{bn} = -U_d/2$，当 $u_r < -u_c$ 时，使 V_3 导通，V_4 截止，这时 $u_{bn} = U_d/2$。由于输出电压 $u_{ab} = u_{an} - u_{bn}$，所以 u_{ab} 可能出现 U_d、0、$-U_d$ 这三种情况。这三种电压分别对应当 V_1、V_4 同时导通（V_2、V_3 截止）时，

$u_{ab} = U_d$；当 V_2、V_3 同时导通（V_1、V_4 截止）时，$u_{ab} = -U_d$；当 V_1、V_3（V_2、V_4）同时导通（截止）或 V_2、V_4（V_1、V_3）同时导通（截止）时，$u_{ab} = 0$。按此原理可得到图 3-20c 所示的单相正弦波脉宽调制波形 u_{ab}。

对于三相逆变器，必须产生互差 120° 的三相调制波，三角波可以共用，但必须有一个三相可变频、变幅的正弦波发生器，产生可变频、变幅的三相正弦波参考信号，然后分别与三角波相比较产生三相脉冲调制波，便可使逆变器输出电压的大小与频率可调的三相电压。

3.5.2　VVVF 调速电梯主电路

在变频调速中，对电梯再生能量的处理主要有直流侧能耗与返送电网两种方式，显然后者节能效果好、运行效率高。

1. 再生能量直流侧能耗方式

在梯速低于 2m/s 的变频调速电梯中，由于可回馈的能量相对较少，因此目前大多数电梯采用直流侧能耗方式。直流侧能耗方式的变频调速电梯主电路如图 3-21 所示，在直流侧设置了开关管 V 与能耗电阻 R。当电动机工作在电动状态时，整流桥 1 将电网的三相交流电转变为直流电，整流元件常用二极管或晶闸管。直流侧采用电容 C 滤波，使输出的直流电压平滑。逆变桥 2 在控制电路的作用下，将平滑的直流电变换为频率和电压都任意可调的交流电，实现对异步电动机的调速控制。

当轿厢轻载上升或重载下降运行（以及减速过程）时，电动机工作在回馈制动状态，电动机发出的交流电经逆变桥 2 中二极管 VD1～VD6 整流，向直流侧电容 C 充电，当电容两端的电压上升到 U_1 时，令开关管 V 导通，电容向电阻 R 放电，当电容的电压降低到 U_2 时，则开关管 V 关断，停止放电，电容 C 再次充电，电压又上升，上升到 U_1 时，开关管又触发导通，使电容放电……如此保持电容 C 两端电压不超过 U_1。电梯在回馈制动状态能耗放电的情况如图 3-21b 所示。U_3 是电源三相电压经整流桥整流后输出直流电压的最大值，其值为电源线电压的 $\sqrt{2}$ 倍。图中的 U_G 曲线为开关管 V 的基极控制信号。

由于直流侧电容 C 的容量很大，在其电压为零时，突然接通电源将产生很大的充电电流，造成整流二极管过流损坏，为了保护整流二极管，图 3-21 中设置了预充电电路 12。当接通电源时，首先由预充电电路向电容 C 充电，由 R_1 限制最大的充电电流，当电容 C 两端电压上升到一定值时，使接触器 KM 得电吸合，整流桥投入工作，电梯才可以正常运行。目前市售变频器中通常不专门设置预充电电路，而通过在直流侧串入限流电阻来实现预充电。预充电完毕，接通一个接触器（或开关管），接触器的常开触点将限流电阻短路，变频器转入正常运行状态，如图 3-21a 所示。

图 3-21 中，电流互感器 3 测得的电流信号送到 SPWM 控制电路 9，速度检测器 6 测得的转速信号送到辅助微机 11 中，经辅助微机作矢量变换及控制运算后输出逆变器晶体管的正弦脉宽调制（SPWM）控制信号，逆变器输出所需要的频率、电压的三相交流电供给电动机 4，进而拖动轿厢 7 按照预定速度曲线运行。

主控微机 10 进行电梯运行的交通控制，它根据电梯的轿内指令信号、厅外召唤信号、轿厢位置信号以及轿厢运行方向来决定电梯的运行状态，将起动、减速、停车等指令发送给辅助微机 11，使电梯按预定的运行曲线运行。

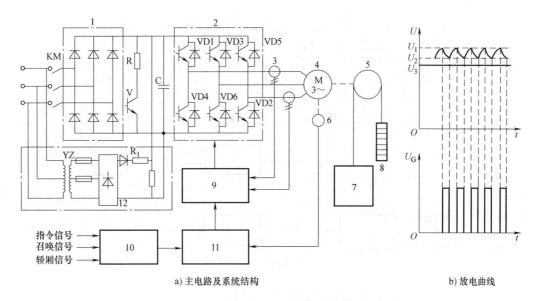

a) 主电路及系统结构　　　　　　　　　　　　b) 放电曲线

图 3-21　采用直流侧能耗方式的变频调速电梯主电路

1—整流桥　2—逆变桥　3—电流互感器　4—电动机　5—曳引轮　6—速度检测器　7—轿厢　8—对重　9—SPWM 控制
电路　10—主控微机（运行控制）　11—辅助微机（矢量控制）　12—预充电电路

2. 再生能量返送电网方式

对于速度高于 2m/s 的电梯，在轿厢重载下降、轻载上升和减速停车过程中有大量的回馈能量，这时如果采用直流侧能耗的方式，则能量损失过大，很不经济，还会造成机房温度升高。最佳的解决方案是采用逆变技术，把回馈能量直接返送给电网，如图 3-22 所示。

图 3-22a 是电压型变频调速电梯主电路原理图。在电容 C 的电压为零时，电梯刚接通电源瞬间，二极管整流桥与直流侧中间串入了限流 R，可以削弱冲击电流的影响；正常运行时晶闸管 VT 导通，把 R 短接（也可用接触器触点控制），以免损耗电能。

电动机工作在电动状态的原理同图 3-21。当轿厢轻载上升或重载下降运行（以及减速过程）时，电动机发出的交流电经逆变桥 2 中二极管整流桥整流，向直流侧电容 C 充电，当电容器电压上升到设定值时，逆变桥 12 工作，将直流电"逆变"成三相交流电返送到电网。

图 3-22b 是电流型变频调速电梯主电路原理图。当电动机工作在电动状态时，整流桥 1 将电网的三相交流电变换为直流电，这时直流侧电压上正下负，逆变桥 2 在控制电路的作用下，将直流电变换为频率和电压都任意可调的交流电，实现对异步电动机的调速控制。当电动机工作在回馈制动状态时，逆变桥 2 拉向整流状态，将电机发出的交流电整流成直流电，这时直流侧电压变成下正上负，同时将整流桥 1 推向逆变，从而把直流侧电能返送到电网。

图 3-22b 中采用 SPWM 整流器和 SPWM 逆变器，提高了系统功率因数，减小了对电网的谐波污染，并且实现了电动机的四象限运行，但是控制系统复杂。这种方式是电梯再生电能利用的主要发展方向。目前比较成熟的产品有 VACON 公司的 CXR 系列变频器、富士电机的 RHC 系列变频器、ABB 公司的 ACS611 系列变频器、西门子公司的 G120 系列变频器、GE 公司的 INNOVATION 系列等四象限运行变频器。

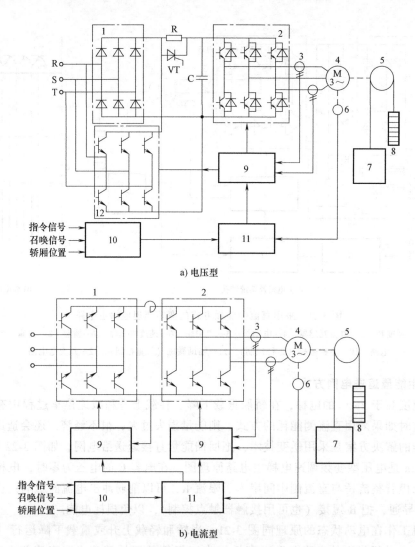

a) 电压型

b) 电流型

图 3-22　再生能量返送电网的变频调速电梯主电路

1—整流桥　2—逆变桥　3—电流互感器　4—电动机　5—曳引轮　6—速度检测　7—轿厢　8—对重

9—SPWM 控制电路　10—主控微机（运行控制）　11—辅助微机（矢量控制）

12—（回馈）逆变桥

3. 电梯再生能量的其他利用方案

目前在大部分的通用变频器还不能实现再生能量回馈电网的情况下，可以采用加装电能回馈装置、共用直流母线的方式充分利用电梯的再生能量。

（1）加装电能回馈装置　对于采用通用变频器的电梯，把专用的电能回馈装置作为变频器的一个外围装置，并联到变频器的直流侧，同时取消制动单元，如图 3-23 所示。电能回馈装置的输入端与电梯变频器的直流母线相连，输出端与电网侧相连。

当曳引电动机工作在电动状态时，电能回馈装置处于关断状态。三相交流电源经变频器的整流桥变换为直流电，逆变桥将直流电变换为频率和电压为所需的交流电，对电动机进行调速控制。当曳引电动机工作在发电制动状态时，电动机发出的交流电经逆变桥中二极管整

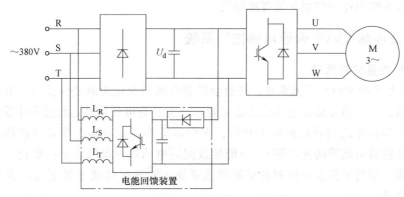

图 3-23 带电能回馈装置的变频调速系统

流桥变换为直流电，向直流侧电容充电，能量累积在变频器直流母线侧，当直流母线电压超过设定值（1.1倍正常工作电压）并满足其他逆变条件时，电能回馈装置开始工作，将直流母线上的电能回馈电网。随着这部分能量的释放，直流母线电压下降，当回到设定值后，电能回馈装置停止工作。电抗器连接在逆变电路和三相交流电网之间，以减小对电网的冲击。

这种方式可用于旧电梯改造，以电能回馈装置取代原有的能耗电阻制动单元，消除发热源，改善现场电气环境，可减少高温对控制系统等部件的不良影响，延长设备的使用寿命，同时节电率可达 20%～40%。电能回馈装置成本低、结构简单、可靠性高，但是功率因素低、网侧谐波污染较大。

目前，电能回馈装置已经有成熟的产品，如西门子公司的 6SE70、安川公司的 VS-656RC5、富士公司的 RHR 和 FRENIC 等系列电能回馈单元。

（2）共用直流母线　在两台及以上的电梯系统中，可以采用共用直流母线的方式，充分利用电梯制动产生的再生能量，如图 3-24 所示。M1 处于电动状态，M2 处于发电制动状态，380V 三相交流电源接到处于电动状态的 M1 连接的变频器 VF1 上，M2 制动时产生的再生能量反馈到直流母线供电电路，直接供给处在电动状态的 M1 电动机。当 M2 处于电动状态时，所需能量由交流电网通过 VF1 的整流桥（较单台，容量应增大）获得，为了防止直流侧电容 C 过电压，在共用直流母线上只需要并联上一套共用的制动单元（能耗电阻）。

采用共用直流母线的电能回馈方式，可以共用整流器、储能电容和制动单元等部件，减少配置，经济实用；共用直流母线的电容并联储能容量大，中间直流电压恒定；各电动机工作在不同状态下，能量回馈互补，优化了系统的动态特性；提高了系统功率因数，降低了电网谐波电流，

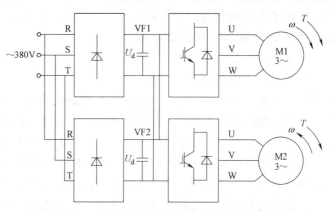

图 3-24 共用直流母线电能回馈的变频调速系统

提高了系统用电效率。但是，由于处于发电状态的容量远远小于处于电动状态的容量，因

此，目前电梯系统中较少使用共用直流母线。

3.5.3 矢量控制 VVVF 调速电梯拖动系统

1. VVVF 矢量控制原理

U/f 控制方式的 VVVF 调速系统，转速会随着负载的变化而改变，并存在着动态性能指标不高的问题，不能满足高速电梯系统动态要求，尤其是电梯负载运行过程中受到外来因素扰动时（例如运行中遇到导轨的接头台阶，安全钳动作后的导轨工作表面拉伤、变形，门刀碰撞门锁滚轮而引起瞬间冲击等），可能导致交流电动机中电磁转矩的变化，从而影响电梯的运行性能。使用矢量变换控制的变频调速系统，能满足高速（甚至超高速）电梯系统的动态调节要求。

图 3-25 所示是矢量控制方式示意图，它是在传统 VVVF 变频器的基础上增加了坐标变换及控制电路。控制器将给定信号分解成两个互相垂直且独立的直流给定信号 I_T^* 和 I_M^*（转矩电流和励磁电流）。然后通过 "直/交变换" 将 I_T^* 和 I_M^* 变换成两相交流信号 i_α^* 和 i_β^*。再经过 "2/3 变换"，将两相交流系统变换为三相交流系统，以得到三相交流控制信号 i_U^*、i_V^*、i_W^*，去控制逆变器。对于电动机在运行过程中的三相交流电流 i_U、i_V、i_W，等效变换成两个相互垂直的直流信号，反馈到控制器，用于修正基本控制信号 I_T^* 和 I_M^*。反馈信号包括电流和速度等信息，所以它属于闭环控制。其中，电流反馈用于反映负载的状况，使直流信号中的转矩分量 I_T^*（励磁分量保持定值）能够跟随负载变化，从而模拟出类似于直流电动机的工作情况。速度反馈用于反映拖动系统的实际转速和给定值之间的差异，并使之以最快的速度校正，从而提高系统的动态性能。

2. VVVF 矢量控制电梯的拖动系统

图 3-26 是一种矢量控制的高速 VVVF 电梯拖动控制系统的原理图。采用交-直-交电流型变频调速电路，整流桥、逆变桥采用 SPWM 矢量控制，提高了电梯的调速性能，降低了电梯再生能量返送电网的谐波分量；具有转速反馈，抑制了转矩波动；同时有电流反馈、电压反馈，提高了控

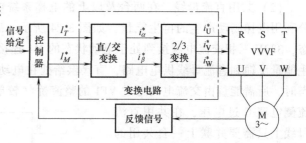

图 3-25 矢量控制方式示意图

制精度；还有位置反馈，是适应电梯位置判断的需要。该系统在 9m/s 的高速电梯上使用，逆变器能控制满量程电动机的转矩脉动量，包括了 1Hz 及 1Hz 以下的频率范围，使电梯乘坐舒适，平层精度好，功率因数几乎为 1，谐波分量可减至 5% 以下。

高速、超高速交-直-交电压型变频调速电梯拖动控制系统与图 3-26 所示相同，只是变频主电路以及再生能量回馈电路有些差异，控制原理基本相同。

随着电力电子技术与控制技术的发展，根据电梯控制系统要求生产的专用矢量控制型变频器，可以驱动交流异步电动机和交流永磁同步电动机，具有结构紧凑、安装方便的特点，可以满足不同的电梯厂商对各种电梯控制系统不同的功能需求。矢量控制型变频器已在各类电梯上广泛应用。在国内，三菱、日立、奥的斯、通力等大型电梯公司采用自行开发的分立

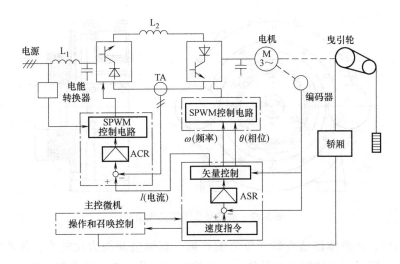

图 3-26　矢量控制的高速 VVVF 电梯拖动控制系统

ASR—速度调节器　ACR—电流调节器　L_1、L_2—电抗器　TA—电流互感器

式电梯专用变频系统，即在控制柜内相对分立地安装了功率模块、大电容、功率模块驱动电路板，使其与整个控制系统融为一体，使电梯控制系统与驱动系统无缝接合，提高电梯控制性能，对电梯安全、可靠运行具有重要意义。此外，目前常见的矢量控制型电梯专用变频器有日本安川公司的 VS676-VGI 系列变频器、德国 Sigriner 的 A star 系列变频器、艾默生 TD3100 系列变频器、德国科比 KEB F5 系列变频器等。

3.6　永磁同步电动机电梯拖动系统

3.6.1　永磁同步电动机

20 世纪 60 年代，稀土永磁材料的发现及其应用技术的进步推动了永磁同步电动机的迅速发展。永磁同步电动机中广泛采用的钕铁硼永磁体，它集铝镍钴和铁氧体两种永磁材料的优点于一体，其剩磁密度高达 1.06T，矫顽力达到 −720kA/m，磁能积达到 286kJ/m^3，已是一种较理想的磁性材料。永磁同步电动机采用永磁材料做磁极，省去了励磁电路，不必像普通同步电动机那样用电刷-集电环装置向转子励磁绕组送励磁电流；去除了机械接触易损部件后，使电路实现无触点。由于永磁同步电动机具有在低速状态下实现大功率输出的特点，能够改变传统的"电动机→减速箱→曳引轮→负载（轿厢和对重）"曳引驱动模式，把曳引电动机、曳引轮、制动器、光电编码器紧密集成于一体，实现曳引机的小型化，并具有节能环保、免维护等优点。所以，三相永磁同步无齿轮拖动同时具有交、直流电动机拖动的优点，是电梯理想的拖动技术。近几年来，采用永磁同步无齿轮曳引机的 VVVF 电梯已占国内电梯市场份额的 90% 以上。永磁同步无齿轮曳引机如图 3-27 所示。

永磁同步电动机的磁极结构型式随着永磁材料性能的不同、应用领域的差异，具有多种方案。磁极形状通常做成扁平式，这种磁极的截面大，而长度比较短。为了便于把永磁体固定在转子上，永磁同步电动机的转子结构常见的有两种，如图 3-28 所示。一种是内转子式

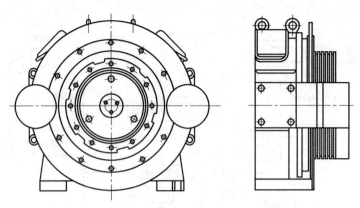

图 3-27　永磁同步无齿轮曳引机

永磁同步电动机，永磁体嵌装在转子铁心的外侧，其轴负荷能力比较大，各类电梯均可使用；另一种是外转子式永磁同步电动机，永磁体嵌装在转子铁心的内侧，其负荷能力相对小些，但也能满足一般电梯的使用要求。

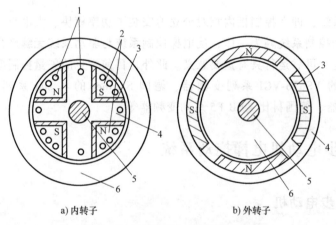

a) 内转子　　　　　　　　　　　　　　b) 外转子

图 3-28　永磁同步电动机转子结构
1—起动笼　2—极靴　3—永磁体　4—转子轭　5—轴　6—定子

3.6.2　永磁同步无齿轮曳引电梯拖动系统

与异步电动机变频调速系统相比，当负载变化时，异步电动机通过调整转差来适应，而永磁同步电动机变频调速系统则只是调节同步机的功角 δ，因此同步电动机响应速度更快，其控制系统需要有精确的转子位置检测装置和电压电流检测装置，以便随时确定磁场的大小和方向。转子位置的精确控制是永磁同步无齿轮曳引技术的重要部分之一，它将直接关系到电梯起动和制动的舒适性和平层精确度。

永磁同步电动机转子位置传感器常使用光电编码器和旋转变压器等。光电编码器有增量式和绝对码式两种。增量式光电编码器具有结构简单、使用方便等优点，但长期使用容易造成积累误差，停电时由于惯性作用使电动机转子位置信号丢失。所以，增量式光电编码器多用于中、低速电梯。绝对码式光电编码器是按二进制读数设计的，一般需要 8～12 个码道才能得到精确的位置信号。由于编码器从码盘读到的值就是转角信号的二进制输出，由此可直接得到转子的绝对位置。因此，绝对码式光电编码器可用于各种速度的电梯。

有齿轮曳引系统的减速机构有较大的传动比，一些低速电梯的蜗杆副还具有自锁功能。而无齿轮曳引驱动中，电动机和曳引轮同轴，系统对电动机的起动力矩要求更高。因此，轿厢负载检测装置在无齿轮曳引驱动中显得尤为重要，必须采用具有线性变化规律的轿厢负载检测装置来预先测量并计算，方可解决制动器松闸瞬间由于不同负载引起轿厢起动过慢（倒溜）或起动过猛的问题。由此，系统可预先测量计算并给出恰当大小和方向的力矩，使系统运行全过程由被动控制变为主动控制，提高驱动系统的性能。

VVVF 矢量控制的永磁同步无齿轮曳引电梯的拖动系统如图 3-29 所示。图中控制回路的内环为电流环，应用 d-q 变换将采样到的电流值从三相静止坐标系分解到与转子磁链同步旋转的两相直角坐标系的 d、q 轴，实际上得到了转矩电流采样分量 i_q 和励磁电流采样分量 i_d。采用最大转矩控制方式时，励磁电流给定分量 i_{dref} 为零，使转矩电流分量达到最大。转矩电流给定分量 i_{qref} 由外环速度环计算给出。电流环中给定电流分量与实际电流分量的差值经过 PI 调节器以后得到输出的 d、q 轴电压分量 U_{dref} 和 U_{qref}，即得到了输出的电压空间矢量。

图 3-29 中外环为速度环，通过速度环计算转矩电流给定分量 i_{qref}，i_{qref} 为转速指令 ω_{ref}（单位为 rad/s）和转速反馈（实际转速）ω 的差值经过 PI 调节器计算出的结果。控制过程中，转矩的扰动通过速度的变化传递给电流环进行补偿。

电流环计算得到的电压空间矢量 U_{dref} 和 U_{qref} 应用空间矢量法进行矢量分解后，以 SVPWM（正弦脉宽调制）方式输出三相电压信号，经过逆变器逆变后，得到了永磁同步电动机所需的三相电压。

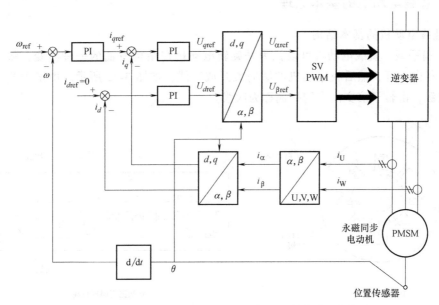

图 3-29　永磁同步电动机 VVVF 矢量控制电梯拖动系统框图

3.7　直线电动机电梯拖动系统

直线电动机是一种将电能直接转换成直线运动的机械能的动力装置，世界首台直线电动机驱动的电梯于 1990 年安装在日本东京都丰岛区万世大楼。随着直线电动机驱动技术的发展，由直线电动机驱动的电梯的研究取得了很多成果。2016 年，德国蒂森克虏伯公司研发的 MULTI 电梯由直线电动机驱动，设置了垂直-水平变轨装置，使系统中多个轿厢可独立进行垂直和水平运动，电梯样机及运行示意图分别如图 3-30 和图 3-31 所示。直线电动机驱动的电梯是一种不受钢丝绳和提升高度限制的新型提升系统，在超高层建筑中具有极大的优势，尤其是永磁同步直线电动机直驱的多轿厢电梯系统，能显著提高建筑中垂直运输系统的运载量。直线电动机驱动的电梯具有噪声小、运行性能好、维修量少、防地震等优点，在超高层建筑中具有广阔的应用前景。

图 3-30 MULTI 电梯样机

图 3-31 MULTI 电梯运行示意图

3.7.1 直线电动机的基本原理

1. 直线电动机的基本结构

（1）扁平型 直线电动机可以认为是旋转电动机在结构方面的一种演变，将一台旋转电动机沿径向剖开，然后将电动机的圆周展开成直线，如图 3-32 所示。由定子演变而来的一侧称初级，由转子演变而来的一侧称为次级。

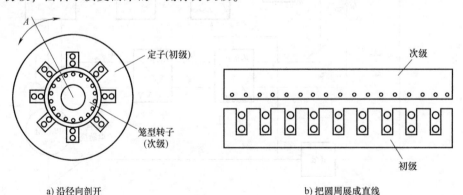

a) 沿径向剖开　　　　　　　　　　　　　b) 把圆周展成直线

图 3-32 旋转电动机变为直线电动机的过程

对于图 3-32 所示演变而来的直线电动机，其初级和次级长度几乎是相等的，如果在运动开始时，初级与次级正巧对齐，那么在运动中，初级与次级之间互相耦合的部分越来越少，进而不能正常运动。因此，实际应用时将初级与次级制造成不同的长度，即可以是初级短、次级长，如图 3-33a 所示，也可以是初级长、次级短，如图 3-33b 所示。前者称作短初级长次级，后者称为长初级短次级。由于短初级比短次级成本低得多，一般采用短初级。

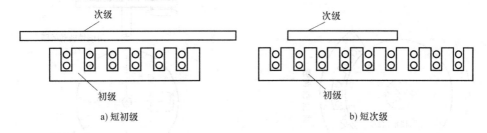

a) 短初级　　　　　　　　　　　　　　b) 短次级

图 3-33　单边型直线电动机

图 3-33 中所示的直线电动机仅在一边安放初级，对于这样的结构型式称为单边型直线电动机。这种结构的电动机在初级与次级之间存在一个很大的法向吸力，这种法向吸力是不希望存在的。如果在次级的两边都装上初级，那么这个法向吸力可以相互抵消，这种结构型式称为双边型，如图 3-34 所示。

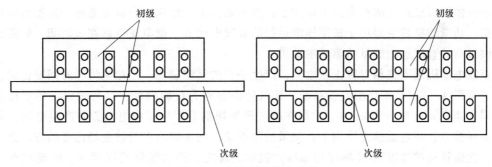

图 3-34　双边型直线电动机

（2）圆筒型　通常可以认为直线电动机是从普通旋转电动机演变而来，将旋转电动机的圆筒型定、转子沿轴向剖开拉直，就形成了扁平型结构的直线电动机，再将扁平型直线电动机的初级、次级卷绕在一根与磁场运动方向平行的轴上，即可得到圆筒型直线电动机，如图 3-35 所示。

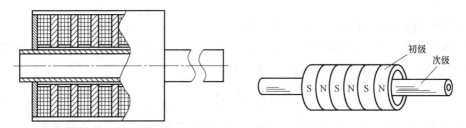

图 3-35　圆筒型直线电动机

（3）圆弧型和圆盘型　圆弧型直线电动机是将扁平型直线电动机的初级沿着运动方向改成圆弧型，安放在圆柱形次级的柱面外侧，如图 3-36 所示。圆盘型直线电动机（图 3-37）的次级为圆盘，初级放在次级圆盘靠近外缘的平面上，初级为双面或单面的。圆盘型和圆弧型直线电动机的运动实际上为圆周运动。

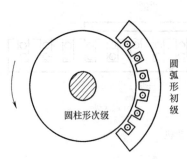

图 3-36 圆弧型直线电动机

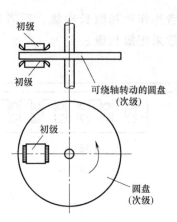

图 3-37 圆盘型直线电动机

2. 工作原理

直线电动机有直线感应电动机、永磁直线同步电动机和超导直线电动机。直线感应电动机按其功能可分为力电动机、功电动机和能电动机。力电动机指单位输入功率所能产生的推力或单位体积所能产生的推力，主要用于在静止物体上或低速的设备上施加一定推力的直线电动机。功电动机是主要用于长期连续运行的直线电动机。能电动机是在短时间、短距离内能提供极高的直线运动能量的驱动电动机。

直线电动机通入三相对称正弦电流，产生平移的气隙磁场，三相电流随时间变化时，气隙磁场按照 A、B、C 相序沿直线移动，该气隙磁场称为行波磁场，该行波磁场的平移速度称为同步速度 v_S（单位为 m/s），次级在行波磁场切割下产生感应电动势并产生电流，从而产生电磁推力。在电磁推力作用下，如果初级不动，则次级沿着行波磁场运动的方向做直线运动，次级移动的速度用 v（单位为 m/s）表示。反之，则初级做直线运动。电动机在正常运行状态时，转差率 $0 < s < 1$。直线电动机的三相绕组任意对换两相的电源线后，平移方向反向，直线电动机做往复直线运动。

$$v_S = 2f\tau \tag{3-8}$$

$$s = \frac{v_S - v}{v_S} \tag{3-9}$$

$$v = (1-s)v_S \tag{3-10}$$

式中，f 是电源的频率（Hz）；τ 是电动机绕组的极距（m）。

直线感应电动机的最大推力在高转差率 $s = 1$ 附近，即起动推力大，在高速区推力小，其推力-速度特性近似为一直线，如图 3-38 所示。

$$F = (F_{st} - F_u)\left(1 - \frac{v}{v_f}\right) \tag{3-11}$$

式中，F 是推力（N）；F_{st} 是起动推力（N）；F_u 是摩擦力（N）；v_f 是空载速度（m/s），是克服摩擦力能达到的最高速度。

3.7.2 永磁直线同步电动机电梯拖动系统

1. 直线电动机驱动电梯的特点

1）磁链非闭合，会引起纵、横向边端效应，使直线电动机的参数和等效电路与旋转电动机有较大的区别。因此，它的控制较多地着眼于不均匀磁场对电动机速度、位置及推力的影响。

2）在电压-推力特性中，电压对推力的影响较大，特性较复杂。

3）整个直线电动机动力系统不需要普通旋转电动机的机械传动机构，简化了设备，更容易达到高速、高精度的性能要求。但从另一方面来说，机械传动机构作为中间转换环节，可以起到缓冲的作用，减少力矩的波动以及不确定因素的影响，而直接产生推力的直线电动机对负载变化等不确定因素更敏感，更易产生推力波动等现象，因此对控制方法的要求更高。

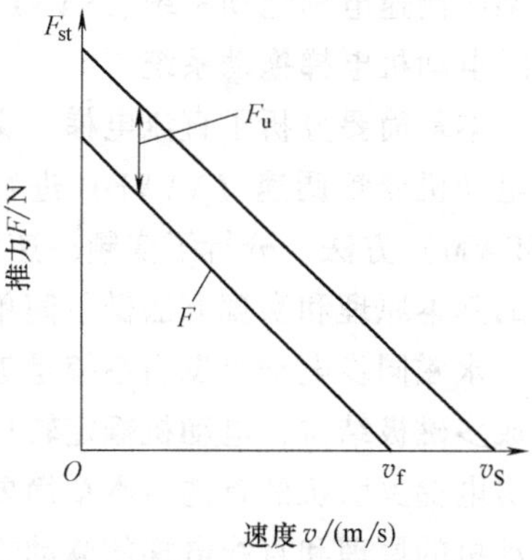

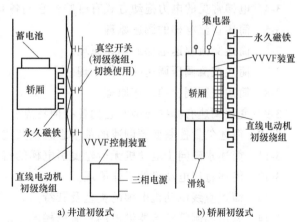

图 3-38 直线感应电动机
推力-速度特性

2. 永磁直线同步电动机驱动电梯的类型

驱动用直线电动机按类型的不同，可分为直线感应电动机、永磁直线同步电动机和超导直线同步电动机三种。超导直线同步电动机驱动的电梯还在研究之中，尚未进入实用阶段。直线感应电动机运行性能不及永磁直线同步电动机（如在次级导体的发热问题上），且仍然摆脱不了曳引钢丝绳，在超高建筑的同一井道内很难安装多台独立轿厢。永磁直线同步电动机具有运行性能好、可靠性高、能实现无绳驱动、同一井道内可安装多台独立轿厢、空间利用率高及结构简单等突出优点，是电梯拖动系统发展的重要方向。

永磁直线同步电动机驱动的电梯按一次绕组设置的不同分为井道初级式和轿厢初级式两种。如图3-39所示。前者沿井道上下方向布置初级绕组，当初级绕组分段通入交流电时，产生使轿厢上升或下降的驱动力和制动力，它的优点是能使轿厢自重减轻；后者将初级绕组安装在轿厢一侧，次级导体和永久磁铁装在井道壁上，这种方式因为需要给初级绕组供电，集电装置和初级绕组加重了轿厢的自重，影响输送能力。

图 3-39 直线电动机驱动电梯的两种方式示意图

液压式、曳引式等传统电梯在提升高度、提升效率等方面存在着一些固有缺陷，不能满足未来建筑对电梯提升高度、高效运输人和货物的需求。直线电动机驱动的无绳电梯可从根本上突破提升高度和缆绳的限制，多轿厢电梯系统可以更高效地为高层建筑运输人和物。永磁直线同步电动机直驱电梯以其特有的优势将成为未来电梯的发展方向之一。

本 章 小 结

本章简要介绍了电梯负载的机械特性和速度曲线的特点，介绍了电梯常见的电力拖动方式的调速原理与主电路的工作原理，主要有直流电梯拖动系统、交流双速电梯拖动系统、交流调压调速电梯拖动系统、VVVF 变频调速电梯拖动系统、永磁同步电动机电梯拖动系统和直线电动机电梯拖动系统。

　　本章简要分析了直流电梯、交流双速电梯和交流调压调速电梯运行过程中的状态；对异步电动机变频调速（VVVF）进行了分析，介绍了变频器改善波形常用的正弦波脉宽调制（SPWM）方法，分析了变频调速电梯各种主电路的工作原理；在控制策略方面，对矢量控制的基本原理和实现方法做了简单介绍。

　　永磁同步电动机曳引系统是近几年出现的新型电梯曳引系统，由于永磁同步电动机易于做成多磁极结构，电动机额定转速低，可以实现电梯无齿轮曳引，因此永磁同步电动机是无机房电梯曳引机的首选。本章简要介绍了永磁同步电动机的转子结构和控制方式，并对直线电动机的原理和直线电梯的驱动方式做了简单介绍。

思考与练习

3-1　简述电梯负载的特点。

3-2　简述电梯拖动系统常用速度曲线及其特点。

3-3　如何提高电梯的快速性？如何提高电梯的舒适性？如何解决电梯的快速性要求与舒适性要求之间的矛盾？

3-4　电梯常见的电力拖动方式有哪些？它们各有何特点？

3-5　简述直流电梯的调速原理。

3-6　简述交流双速电梯的调速原理。

3-7　简述交流调压调速的工作原理。

3-8　简述变频调速的工作原理。

3-9　变频调速有哪些类型？它们各有何特点？

3-10　简述矢量控制变频调速的基本思想及其优点。

3-11　简述永磁同步电动机无齿轮曳引电梯的特点。

3-12　简述直线电动机的工作原理。

3-13　简述直线电动机电梯的类型及其特点。

3-14　画出晶闸管整流器供电的直流电梯的主电路，并简述其工作原理。

3-15　画出交流双速电梯的主电路图，并简述其工作原理。

3-16　画出交流双速电梯运行速度曲线图，并简述其工作过程。

3-17　画出调压-能耗制动拖动方式电梯的主电路，并简述其工作原理。

3-18　画出异步电动机 VVVF 变频调速机械特性曲线。

3-19　简述图 3-26 所示矢量控制的高速 VVVF 电梯拖动系统的工作原理。

3-20　电梯再生能量的处理方法有哪些？

3-21　画出采用直流侧能耗方式的变频调速电梯的主电路，并简述其工作原理。

3-22　简述电梯再生能量返送电网的变频调速电梯主电路的类型及其特点。

3-23　画出电梯再生能量返送电网的电压型变频调速电梯的主电路，并简述其工作原理。

3-24　画出电梯再生能量返送电网的电流型变频调速电梯的主电路，并简述其工作原理。

3-25　画出一种永磁同步无齿轮曳引机驱动电梯的拖动系统原理图，并简述其工作原理。

第4章

电梯电气控制系统

4.1 电梯控制系统简介

4.1.1 概述

1. 控制系统概述

根据用途的不同，电梯可以有不同的载荷、不同的速度及不同的拖动与控制方式。即使相同用途的电梯，也可采用不同的操纵控制方式。但不论使用何种拖动方式与控制方式，电梯总是按轿厢内指令与厅外召唤信号的要求，进行向上（或向下）起动、加速、稳速（额定值）运行、减速、制动、平层停车等。电梯电气系统的原理结构如图4-1所示。

电梯的运行是由拖动系统完成的，电梯运行的速度、舒适性、平层精度由拖动系统决定。而电梯什么时候上升，什么时候下降，即电梯运行方向的确定；电梯到某一层是否停层，即电梯的选层；电梯当前到达的是哪层，即电梯层楼的检测和指示；电梯进行轿内指令和厅外召唤信号的响应与消

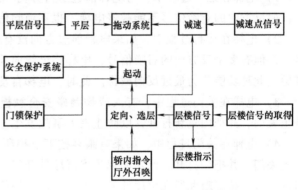

图4-1 电梯电气系统的原理结构图

除；还有电梯门的开关等，这些控制功能都由电气逻辑控制部分来完成。该部分通常称为电梯的电气控制系统，它负责电梯的运行、控制以及安全保护等。电梯电气控制系统主要有继电接触器控制、PLC（可编程序控制器）控制与微机控制三种类型。

（1）继电接触器控制 从电梯产生到20世纪70年代之前，控制系统均采用继电接触器控制，它具有原理简明易懂、线路直观、易于掌握等优点，但是通用性差，若层楼数或控制方式不同，原理图、接线图等就必须重新绘制，而且控制系统由许多继电器和大量的触点组成，接线复杂、故障率高。因此，继电接触器控制系统已基本被可靠性高、通用性强的PLC及微机控制系统所代替。

（2）PLC控制　PLC控制系统具有编程方便、抗干扰能力强、工作可靠性高、易于构成各种应用系统，以及安装维护方便等优点。PLC控制虽然没有微机控制的运行速度快、功能多、灵活性强，但它综合了继电接触器控制与微机控制的许多优点，使用简便，易于维护，在要求不高的电梯上广泛应用。

（3）微机控制　微机控制系统运行速度快、功能强大、使用灵活，不同的控制方式可用相同的硬件，只需将软件做一些改变。一般情况下，功能、层数变化无须增减继电器和大量的线路。微机控制可实现各种调速方案，有利于提高运行性能与乘坐舒适感；用于群梯控制管理，可实现智能控制与最优调度，提高运行效率，减少候梯时间，节约能源。现在，国内外主要电梯产品均以微机控制为主。

2. 电梯主要的运行功能

电梯主要的工作状态有无司机自动运行、有司机操纵运行和消防运行三种。

（1）无司机自动运行状态　当乘客进入轿厢，按下欲前往的层站按钮时，指令信号自动登记并显示，电梯立即确定运行方向。在延时3~5s后或按下关门按钮，电梯便自动关门。当关门到位，各厅门、轿门的门锁开关闭合，门锁继电器得电吸合，电梯开始起动、加速直至额定速度运行。当电梯运行到达目的层站的减速位置时，控制系统发出减速信号，使电梯自动减速运行。当轿厢运行至平层位置时，上下平层传感器动作，电梯平层停车，相应的指令（召唤）信号自动消除，电梯自动开门，完成一次运行过程。然后执行其他已登记的指令信号或响应厅外召唤信号，再进行下一次运行。电梯在运行过程中具有的相关功能如下：

1）电梯在运行过程中，与电梯前进运行方向一致的召唤信号能顺向截停电梯并消除信号，但反方向的召唤信号不能截停电梯，也不消除信号。

2）电梯在运行过程中，如果电梯前进方向没有已登记的指令信号和厅外同方向的召唤信号，但有多个反方向的召唤信号，电梯将继续向前运行，直到最远反向召唤信号的楼层才停梯，此种功能称为最远反向截梯。此时，电梯自动换向，然后再应答其他召唤信号。

3）电梯在关门过程中，有人或物触碰安全触板（或遮住光幕的红外光线），电梯立即停止关门，并把门重新打开，以防止夹人事故发生。

4）电梯在关门过程中，如果有乘客按下电梯所在层厅外的顺向召唤按钮，电梯便立即停止关门，并把门打开，此功能称为本层厅外开门，但按下反向召唤按钮无此功能。电梯关门待机时，按下轿厢所在层厅外上、下召唤按钮均能把电梯门打开。

5）当轿厢超载时，电梯无法关门，超载蜂鸣器发出提示信号，电梯不能起动运行。

（2）有司机操纵运行状态　电梯由专职的电梯司机操纵，司机根据乘客欲前往的层站，逐一按下相应的选层（指令）按钮，电梯自动定向。司机再按方向（上或下）起动按钮，电梯自动关门（有些电梯是点动有效）。关门到位，门锁继电器得电吸合，电梯开始起动、加速直至额定速度运行、减速、平层停车、自动开门。在电梯运行过程中，厅外召唤信号能顺向截梯。这种状态与无司机自动运行状态最大的区别是不能自动关门，因此，没有自动应答厅外召唤信号的功能，其他功能与无司机自动运行方式一致。

（3）消防运行状态　电梯在消防运行状态下有消防返回基站与消防员专用两个阶段。

1）消防返回基站。电梯在无司机自动运行过程中，消防开关一旦被按下，电梯立即取消所有已登记的指令信号与厅外召唤信号，并自动登记基站（通常是一层）指令信号，直接返回基站，开门放出乘客。如电梯正在开门过程中，电梯立即停止开门，并关门，然后返回基站；如电梯正在关门过程中，关门到位后直接返回基站；如电梯正在上行过程中，电梯立即在就近层停梯，不开门直接返回基站；如电梯正在下行过程中，电梯直接返回基站。此时，如果是普通客（货）梯，则到达基站开门延时 3~5s 后自动关门，然后停止运行；如果是消防电梯，则转入消防员专用状态，开门等待（待机）。

2）消防员专用。电梯在消防员专用状态只能登记轿内指令信号，厅外召唤信号仍无效，无登记轿内指令信号时电梯开门待机（与无司机自动运动状态电梯关门待机不同）。电梯在关门、起动运行过程中不能再登记新指令。大多数电梯消防员专用状态的其他功能与无司机自动运行状态一致，但部分电梯的个别功能有些不同，如电梯运行到站停车后手动开门（取消到站自动开门功能）；轿内指令信号一次有效，即只登记最后按下的指令信号（取消已登记的指令信号）。

4.1.2　电梯控制系统的主要部件

1. 操纵盘

操纵盘安装在电梯轿厢靠门的轿壁上，外面仅露出操纵盘面，盘面上装有根据电梯运行功能设置的按钮和开关，如图 4-2 所示。现简要介绍普通客梯操纵盘上的按钮、开关及其主要功能。

（1）选层按钮　它也称为指令按钮，操纵盘上装有与电梯停站楼层相对应的选层按钮，按钮内装有指示灯。当按下选层按钮时，该指令信号被登记，该按钮的指示灯亮；当电梯到达所选的层楼时，相应的指令信号被消除，指示灯熄灭；未停靠在预选层楼时，选层按钮内的指示灯仍然亮，直到完成指令之后方熄灭。

有的电梯为了避免乘客错误登记指令信号造成不必要的停层，设置了轿内指令"误登记手动消除"功能。具体内容是：选层按钮被按下一次，该指令信号登记，其指示灯亮；如果再按一次，则该指令信号被消除，指示灯熄灭。

（2）开门与关门按钮　用于控制电梯轿门（厅门）开启和关闭。

（3）方向与层楼指示器　显示电梯的运行方向与轿厢所在的层楼位置。

（4）召唤楼层指示灯　在选层按钮旁边或在操纵盘上方装有召唤楼层指示灯。当有人按下厅外召唤按钮时，控制系统使相应召唤楼层指示灯亮，提示轿内司机。现代电梯通常使用轿内选层指示灯同时作为召唤楼层指示，轿内选层时指示灯常亮，而厅外召唤登记时指示灯闪烁。当电梯轿厢应答到达召唤楼层时，指示灯熄灭。有些新型电梯不再设置召唤楼层指示灯。

图 4-2　操纵盘

（5）警铃按钮　当电梯在运行中突然发生故障停车，而电梯司机或乘客又无法从轿厢中出来时，可以按下该按钮，通知电梯管理或维修人员及时援救轿厢内的司机及乘客。

（6）五方通话按钮　五方通话即轿厢内、机房、轿厢顶、井道底坑与值班室（或中控室）五个地方的人员互相通话。按下该按钮，其他四个地方的话机振铃，轿厢内人员可以通过隐藏式对讲机与摘取话机的人员通话。

（7）蜂鸣器　电梯在有司机操纵运行状态下，当有人按下厅外召唤按钮时，操纵盘上的召唤蜂鸣器发出提示声音；当轿厢超载时，超载蜂鸣器发出超载提示声音；电梯采用光幕门保护装置，当有人或物遮挡红外光线（或某一束的红外发射器或接收器故障）超过设定时间，门保护蜂鸣器发出提示声音，提醒人离开或把物体移开。这些蜂鸣器有共用一个的，也有独立设置的。

（8）轿厢内检修盒　电梯操纵盘下方通常设置一个带钥匙的检修盒，平常必须锁着，只有电梯管理、维修人员或司机才能利用专用钥匙打开。检修盒内主要有：

1）运行方式开关。主要有选择自动（无司机）、有司机操纵、检修运行方式的开关。

2）直驶按钮（或开关）。在有司机操纵状态下，按下这个按钮（或开关），电梯只按照轿内指令信号停层，而不响应厅外召唤信号。

3）方向起动（检修慢上、慢下）按钮。有上、下方向起动两个按钮，电梯在有司机操纵状态下，司机按下选层按钮后，再按下相应的方向（上或下）起动按钮，电梯自动关门，然后起动运行驶向目的楼层。在检修运行方式下，按下上方向或下方向起动按钮，可操纵电梯向上或向下慢速运行。

4）急停开关（或按钮）。当出现紧急状态时按下该急停开关（或按钮），电梯立即停止运行。

5）轿厢照明开关。用于控制轿厢内照明设施。其电源不受电梯主电源的控制，当电梯故障或检修停电时，轿厢内仍有正常照明。

6）风扇开关。控制轿厢通风设备的开关。

2. 层楼指示器

电梯层楼指示器用于指示电梯轿厢所在的位置及运行方向。电梯层楼指示器通常有电梯上下运行方向指示和层楼位置指示，以及到站钟等。层楼指示器通常有以下四种：

（1）信号灯层楼指示器　在层楼指示器上装有和电梯运行层楼相对应的信号灯，每个信号灯外都有数字表示。当电梯轿厢运行到达某层时，该层的层楼指示灯就亮，指示轿厢目前所在的位置；离开该层则该层的层楼灯就灭。电梯运行方向指示灯通常用"▲"表示上行、"▼"表示下行。

（2）数码管层楼指示器　一般在微机或 PLC 控制的电梯上使用数码管层楼指示器。层楼指示器上通常有译码器和驱动电路，显示轿厢到达层楼位置，数码管层楼指示原理如图 4-3 所示。若电梯运行楼层超过 9 层，则每层指示需要用两个数码管，可显示 -9～99 共 108 个不同的层楼数（不含 0 层）。有的电梯配有语音报站或到站钟，提示电梯到站信息。

（3）液晶显示屏层楼指示器　较豪华的电梯上采用液晶显示屏，除显示电梯所在的层楼与运行方向信息外，还可以播放其他视频信息（如广告等）。

（4）无层灯的层楼指示器　电梯除一层（基站）候梯厅用具有数字层楼信号的层楼指示器外，其他层楼候梯厅用的只有上、下运行方向指示灯和到站钟的无层灯层楼指示器。

电梯指层信息获取的常用方法有以下两种：

1）通过装在井道中的楼层感应器获得。在井道中装有与电梯层楼数相对应的楼层感应器（干簧管感应器或光电开关），在轿厢的侧面装有一根较长的隔磁板（或遮光板）。其原理是电梯运行中，安装在轿厢上的隔磁板（或遮光板）插入某一层楼的感应器（或光电开

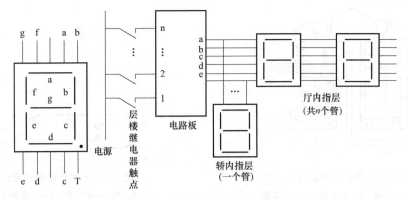

图 4-3　数码管层楼指示原理图

关）时，该干簧管触点（或光电开关）状态发生变化，发出一个开关信号，指示相应的层楼。其特点是电梯运行在两层楼之间时，没有层楼感应器信号。若想获得连续的层楼信号，可通过递推逻辑电路触点自锁等方法来实现。

2）通过微机选层器获得。对于微机与 PLC 控制的电梯，通过对旋转编码器或光电开关的脉冲计数，可以计算出电梯的运行距离，结合预存的层楼数据，就可获得电梯所在的位置信号。

3. 呼梯盒

呼梯盒是给厅外乘用人员提供召唤电梯的装置。在下端站只装一个上行呼梯按钮，上端站只装一个下行呼梯按钮，其余的层站装有上呼和下呼两个按钮，呼梯按钮内装有指示灯。当按下向上或向下按钮时，相应呼梯按钮的指示灯立即亮。当电梯到达某一层站时，该层顺向呼梯指示灯熄灭。

另外，在基站的呼梯盒上，通常装有泊梯钥匙开关和消防开关。泊梯钥匙开关用来开启和关闭电梯。消防开关接通时，同一大楼的所有电梯进入消防返回基站运行状态，接着消防电梯进入消防员专用运行状态，其他电梯则在返回基站开门延时 3～5s 后自动关门，然后停止运行。

4. 平层装置

（1）平层感应器的类型与原理　早期的电梯采用干簧管式平层感应器，现代电梯通常采用光电开关平层感应器。

1）干簧管式平层感应器。它主要由 U 形永磁钢、干簧管、磁钢盒体组成，如图 4-4 所示。其工作原理是：由 U 形永磁钢产生磁场对干簧管感应器产生作用，使干簧管内的触点动作，即动合（常开）触点闭合，动断（常闭）触点断开。干簧管结构如图 4-5 所示。当遮磁板插入 U 形永磁钢与干簧管中间空隙时，永磁钢磁路经遮磁板闭合，使干簧管失磁，其触点恢复原来的状态（即动合触点断开，动断触点闭合）。当遮磁板离开感应器时，干簧管内的触点又动作。

2）光电开关平层感应器。光电开关感应器结构如图 4-6 所示，其原理与干簧管感应器相似。光电开关感应器的发射器和接收器分别位于 U 形槽的两边，当遮光板插入感应器 U 形槽中时，因光线被遮挡，使开关触点动作。当遮光板离开感应器时，开关触点恢复原来的状态。光电开关感应器比干簧管感应器工作速度快、可靠性高、使用寿命长，在现在电梯中广泛使用。

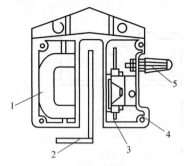

图 4-4　干簧管感应器结构示意图

1—U 形永磁钢　2—遮磁板　3—干簧管
4—磁钢盒体　5—接线柱

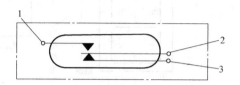

图 4-5　干簧管结构示意图

1、2—动合触点　3—动断触点

（2）平层装置的结构　为保证电梯轿厢在各层停靠时准确平层，通常在井道导轨架上装有与电梯停站楼层相对应的遮光板（或遮磁板），在轿顶装有若干个感应器。电梯运行平层控制只需要上平层、下平层两个感应器。具有"提前开门"功能的电梯需要在上平层、下平层感应器中间加一个门区感应器，如图 4-7a 所示。

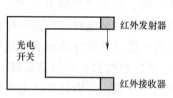

图 4-6　光电开关感应器
结构示意图

GB/T 7588.1—2020《电梯制造与安装安全规范　第 1 部分：乘客电梯和载货电梯》规定，电梯应具有"自动再平层"与"轿厢意外移动"检测功能。因此，电梯平层装置应设置四个感应器，中间两个分别是上再平层与下再平层感应器，如图 4-7b 所示，图中 $h3$ 的距离通常不大于 150mm。

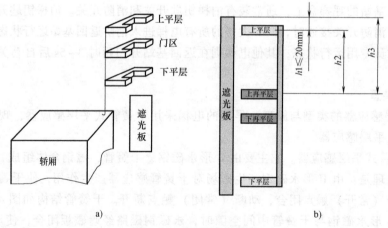

a)　　　　　　　　　　　　b)

图 4-7　平层装置示意图

（3）电梯平层工作原理　以电梯上行平层为例，当电梯轿厢上行接近目的层站时，电梯运行速度由快速减为慢速继续上行，装在轿厢顶上的上平层感应器先进入遮光板，此时电梯仍继续慢速上行。当遮光板插入下平层感应器，即电梯轿厢平层，下平层感应器动作，使曳引电动机与制动器断电，电梯平层停车。

（4）"提前开门"工作原理　以电梯上行为例。电梯上行平层过程中，上平层感应器首先进入遮光板，接着是门区感应器进入遮光板，门区感应器（图4-7b所示上再平层和下再平层感应器）动作，使开门继电器得电吸合，轿门、层门提前打开，这时轿厢仍然继续慢速上行，直到遮光板插入下平层感应器，电梯平层停车。

（5）"自动再平层"工作原理　电梯停层时，如果因某种原因（如载荷变化）轿厢平层误差超规定值，上（或下）平层感应器离开了遮光板，此时上、下再平层感应器仍插入遮光板，控制系统使电梯向下（或上）运行自动再平层，直到满足规定的平层精度（四个感应器均插入遮光板）后停止运行。

（6）防止"轿厢意外移动"的原理　控制系统利用上下平层感应器、上下再平层感应器以及门锁信号进行判断，当电梯在开锁区域内且开门状态下，轿厢无指令离开层站的移动（不包含装卸载引起的微小移动），则确认电梯发生"轿厢意外移动"并置其故障信号（代码），控制系统立即启动电梯制动力（抱闸力）自动检测（平常定时检测），若抱闸力检测不合格立即故障报警并停梯。这时需要重新做抱闸力检测，抱闸力检测合格方可复位，使电梯恢复正常运行。

5. 选层器

选层器的主要功能是根据登记的轿内指令信号与厅外召唤信号和轿厢的位置关系，确定电梯运行方向；当电梯将要到达所需停站的楼层时，给曳引电动机发出换速信号，使其减速；当电梯平层停车时，消去已应答的呼梯（指令或召唤）信号；指示轿厢位置。

电梯选层器有机械选层器、继电器选层器和微机（电子）选层器三大类。其中，机械选层器与继电器选层器已基本被淘汰。微机（电子）选层器常用的有格雷码编码微机选层器、光电码盘微机选层器、旋转编码器微机选层器三种。由于旋转编码器具有工作速度快、抗干扰能力强、数据准确等优点，因此现代电梯广泛使用旋转编码器微机选层器。

（1）格雷码编码选层器　轿厢所在的位置信号，由轿厢导轨架上的一组圆形永久磁铁使轿厢顶上相应的双稳态磁开关吸合（或断开）来获取。双稳态磁开关的状态用格雷码编码来表示，每过一个楼层只有一个双稳态磁开关的状态发生变化。

格雷码编码选层器主要由格雷码二进制转换电路、轿厢位置信息电路、扫描器、步进逻辑电路、并行装入电路、选层器的输出电路等组成。

这种选层器，当轿厢停止时，直接提供当时轿厢位置；在轿厢运行时，提供即将到达的楼层位置。因微机采用二进制，所以由井道传来的格雷码编码信息必须先经格雷码二进制转换电路进行转换，然后输入微机。

扫描器为一个步进式开关装置，在微机每执行一个程序循环中，扫描器对所有层站的上召唤和下召唤以及轿内指令信号各扫描一次。当电梯处于某一位置时，由选层器给出一个相应信号，同时，扫描器不断地扫描，发出扫描信号，两种信号在比较器中进行比较，由微机发出最终信号。

当电梯处于停止状态时，只要电路一工作，必须把电梯的当前位置告诉微机系统，电梯一旦运行起来，该线路就停止工作，该电路称为并行装入逻辑电路。

电梯在运行时，选层器应步进到它的前一层楼。如果电梯向上运行，则步进为"+1式"；反之，如果电梯向下运行，步进为"−1式"。因为轿厢每次停层，用并行装入逻辑电路装入当时轿厢位置信号，轿厢一运行，就应按选定方向步进。实现这个过程的电路称为步进逻辑电路。

选层器输出信号，直接送到微机中，由微机对电梯进行选层等控制。

（2）光电码盘微机选层器　在曳引机的轴伸端安装一个与曳引电动机一起转动的光电盘。光电盘在同一圆周上均匀地打着许多小孔。圆盘的一侧是发光器，另一侧为接收器，其结构如图4-8所示。

当曳引电动机旋转时，光电盘也跟着旋转，每当圆盘上的小孔经过发光器时，发光器发出的光线就穿过圆盘，接收器接收到光脉冲信号，并将它转变为电脉冲信号输入微机。根据该脉冲数及对应时间，可以计算出电梯运行距离和速度。当有了脉冲计数和层楼数据后，配合登记的呼梯信号，

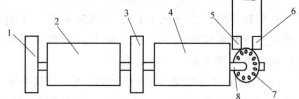

图 4-8　光电码盘微机选层器示意图
1—飞轮　2—曳引电动机　3—制动器　4—减速器　5—发光器
6—接收器　7—光电盘　8—减速器蜗杆轴

微机就可对电梯进行定向、选层、指层、消号、减速等控制。圆盘上的小孔数量越多，定位精度越高。

（3）旋转编码器微机选层器　编码器与曳引机电动机同轴连接，为微机控制系统提供电梯运行速度和位置信息，结合层楼数据和登记的呼梯信号，微机就可对电梯进行定向、选层、指层、消号、减速等控制。

旋转编码器有增量式与绝对式两种类型，其主要区别在于：增量式编码器的位置是由从零位标记开始计算的脉冲数量确定的，而绝对式编码器的位置是由输出代码的读数确定的，在一圈里，每个位置的输出代码的读数是唯一的；当电源断开时，绝对式编码器并不与实际的位置分离，如果电源再次接通，那么位置读数仍是当前有效的，不像增量式编码器那样，必须寻找零位标记。绝对式编码器的每一个位置对应一个确定的数字码，因此，它的示值只与测量的起始和终止位置有关，而与测量的中间过程无关。

1）增量式编码器。如图4-9所示，增量式编码器主要包括码盘、敏感元件和计数电路，一般需要两套光敏元件，一套用于检测方向，另一套用来检测转角，从而得到其码盘角度位移增加量（正方向）或减少量（负方向）。编码器输出三组方波脉冲A、B和Z相。A、B

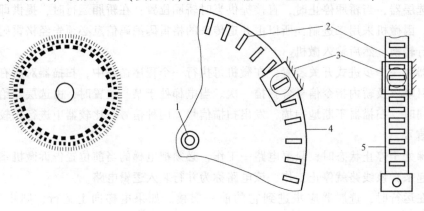

a) 光电码盘　　　　　　　　　　　　　b) 刻线

图 4-9　增量式编码器示意图
1—轴　2—等距区段　3—读取器件　4—盘　5—条

两组脉冲相位差为90°，通过比较 A 相在前还是 B 相在前，以判别编码器的正转与反转，而 Z 相为每转一个脉冲，通过该脉冲（称为零位脉冲）可获得编码器的零位参考位。

2）绝对式编码器。如图 4-10 所示，通过读头的排列及在码盘或码带上的多轨道图案，可以获得指示位置的数字编码。常用的线性编码有二进制码、格雷码和 BCD 码等。非线性编码有正弦码、余弦码、正切码等。

绝对式编码器光码盘上有许多道刻线，每道刻线依次以 2 线、4 线、8 线、16 线……编排，这样，在编码器的每一个位置，通过读取每道刻线的通、暗，可获得一组从 $2^0 \sim 2^{(n-1)}$ 的唯一的两进制编码（格雷码），称为 n 位绝对式编码器。这样的编码器不受停电、干扰的影响，由机械位置决定每个位置的唯一性，它无需记忆，无需找参考点，而且不用一直计数，需要时可直接读取，大大提高了工作速度、抗干扰能力以及数据的可靠性。

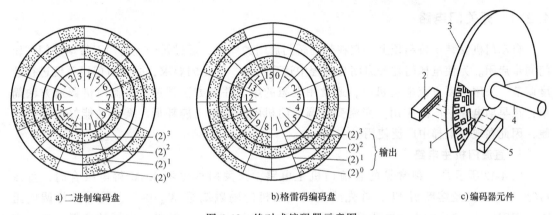

a) 二进制编码盘　　　　b) 格雷码编码盘　　　　c) 编码器元件

图 4-10　绝对式编码器示意图

1—读出行　2—光传感器　3—编码盘　4—旋转轴　5—光源

虽然微机选层器先进、可靠，但在电梯运行中若发生曳引绳打滑或其他情况，也会引起误差。所以，通常在井道顶层和基站（或底层）设置校正装置。例如：在电梯到达基站校正点时，将脉冲计数值清零，或是置为一固定数值。另外，一般在轿顶上还设置平层感应器，以保证电梯的平层精度。电梯平层时，可将计数器置为该层的楼层数据，以免电梯多层运行时的误差积累。

6. 检修盒

通常在电梯机房控制柜、轿厢内、轿顶与底坑设有电梯检修盒，供电梯检修时使用。轿厢顶检修开关具有最高优先权。盒内一般有检修开关、急停按钮以及慢上、慢下按钮。轿顶检修盒还装有电源插座、照明灯及其开关等，如图 4-11 所示。底坑检修盒只有急停按钮、电源插座、照明灯及其开关，但没有检修运行操作开关。GB/T 7588.1—2020 要求，底坑内应设置检修运行控制装置，且从其中一个避险空间能够操作。

7. 电气控制柜

电梯电气系统中绝大部分的继电器、接触器、控制器、电源变压器及变频器等均集中安装在电气控制

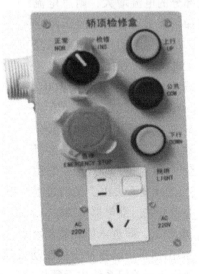

图 4-11　轿顶检修盒

柜中。其主要作用是实现对电梯的信号控制和电力拖动系统的控制，从而完成电梯的各种运行控制功能。

电梯控制系统除了以上主要部件外，还有前面已经介绍过的门机、终端超越保护装置以及安全保护开关（装置）等。

4.2 电梯控制系统的典型电路

电梯运行典型的控制电路有开关门电路、指层电路、轿内指令电路、厅外召唤电路、定向选层及换速电路、起动加速运行电路、减速制动电路、平层电路、检修运行电路、安全保护电路等。下面主要以继电器逻辑控制方式分析电梯典型电路的工作原理。

4.2.1 开关门电路

自动门机安装于轿厢顶上，它在带动轿门启闭的同时，通过轿门上的门刀带动层门与轿门同步启闭。为使电梯门在开启闭合过程中达到快速、平稳的要求，必须对门机系统进行速度调节。采用小型直流电动机时，通常用电阻的串、并联方法调速。直流门机调速方法简单，在早期电梯中广泛应用。交流变频调速门机电路简单、能耗低、调速性能好、维护简便，因此在现代电梯中广泛使用。

1. 直流门机主电路

图 4-12 所示是一种常见的直流门机主电路，当关门继电器 KGM 得电吸合时，直流 110V 电源正极经熔断器 FU，首先给直流电动机的励磁绕组 W_M 供电，同时经可调电阻 R_M→KGM（1、2）触点→电动机的电枢绕组→KGM（3、4）触点→电源的负极。另一方面，电流还经开门继电器 KKM 的常闭触点和 R_G 电阻对电枢电路分流。

当门关至约门宽的 2/3 时，1GM 限位开关动作，使 R_G 电阻被短接一部分，流经此部分的电流增大，则总电流增加，在 R_M 电阻上的压降增大，从而使电动机电枢电压降低，电动机转速下降，关门一级减速。当门关至尚有 100～150mm 空隙时，限位开关 2GM 动作，短接 R_G 的大部分电阻，关门二级减速，直至门完全关闭。关门到位开关动

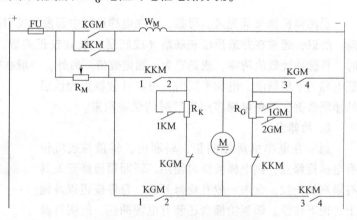

图 4-12　直流门机主电路原理图

作，KGM 线圈失电，关门过程结束。类似地可实现整个开门过程。

当开关门继电器 KGM、KKM 线圈失电后，门电动机所具有的动能将全部消耗在 R_G 和 R_K 电阻上，即进入能耗制动状态。由于门完全关闭后，R_G 的阻值很小；而门完全打开后，R_K 的阻值很小。这样能耗制动很强烈而且时间很短，迫使电动机很快停车。因此，在直流电动机的开关门系统中无须机械刹车来迫使电动机停止。

2. VVVF 门机电路

图 4-13 所示是一种常见的交流 VVVF 调速门机电路。电路由交流单相电源 220V 供电，通过外接手持终端编程器预先设置开门宽度、开关门运行速度曲线，微机控制系统根据开、关门按钮信号或电梯运行程序向专用门机 VVVF 调速装置发送开门或关门指令，门电动机按预设速度曲线自动开门或关门运行。编码器检测实际运行速度，反馈输入 VVVF 调速装置，实现闭环控制，提高开、关门运行速度稳定性及控制精度。编码器同时检测开、关门行程的到位信号，通过门机控制器反馈输入电梯主微机控制器。

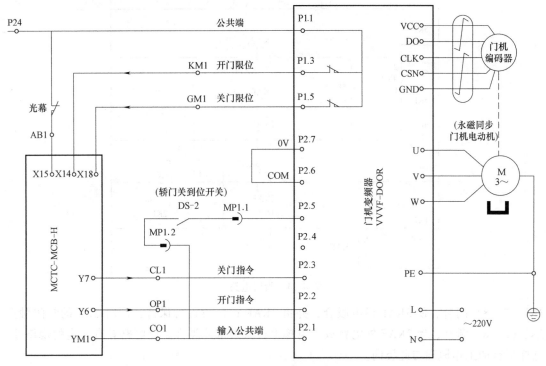

图 4-13　交流 VVVF 调速门机电路

4.2.2　指层电路

指层电路用于获取轿厢所在位置的层楼信号，如图 4-14 所示。在井道中装有与电梯楼层数相对应的干簧管楼层感应器 1S~5S，在轿厢的侧面装有遮磁板。电梯轿厢经过某层时，遮磁板插入该层楼的感应器，使其常闭触点恢复导通，相应的层楼感应继电器（1KF~5KF）得电吸合，发出层楼信号。当电梯运行在两个层楼之间时，所有感应器均脱离遮磁板，1S~5S 常闭触点均断开，1KF~5KF 全部失电，则 1KF~5KF 得到的是不连续的层楼信号，必须附加层楼继电器 1KAF~5KAF 才能获得连续的层楼信号，该电路被称为递推电路。

其工作原理：当电梯轿厢在第 1 层楼时，层楼感应器 1S 触点闭合使 1KF 得电吸合，其常开触点 1KF（8、3）闭合使得 1KAF 得电吸合，并由 1KAF（1、2）自保持（自锁）。当电梯上行接近第 2 层楼时，2S 触点闭合使得 2KF 得电吸合，其常开触点 2KF（3、8）闭合使得 2KAF 得电吸合，并由 2KAF（1、2）自保持，同时 2KF 的常闭触点 2KF（2、8）断开，使 1KAF 失电释放。当电梯上行接近 3 层楼时，3S 触点闭合使 3KF 得电吸合，其常开触点

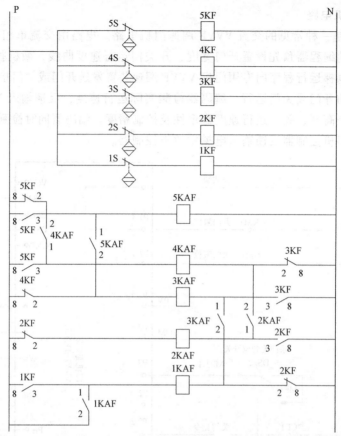

图 4-14　指层电路

3KF（3、8）闭合，使 3KAF 得电吸合，并由 3KAF（1、2）自保持，同时 3KF 的常闭触点 3KF（2、8）断开，使 2KAF 失电释放。电梯上行其余依此类推。此电路具有一定的规律性，电梯下行的工作原理与此类同。

4.2.3　轿内指令电路

1. 串联式指令信号登记与消除电路

所谓串联式是指用于呼梯信号记忆与消除的电气触点是串联在一起的，如图 4-15 所示。

iSB 为第 i 层的指令按钮，按下 iSB，对应的指令继电器 iK 得电吸合，并由 iK（6、12）触点使 iK 自保持（自锁），该按钮灯亮。当电梯到达第 i 层时，该层层楼继电器 iKAF 得电吸合，其常闭触点 iKAF（13、14）断开使 iK 失电释放，指令信号消除，按钮灯熄灭。

图 4-15　串联式呼梯登记与消除电路

2. 并联式指令信号登记与消除电路

并联式电路的消号是当电梯到达指令信号层楼时，依靠该层的层楼继电器常开触点并联于指令继电器线圈的两端，即经限流电阻把指令继电器线圈短接，从而使指令信号继电器失电释放消号。但消号必须在电梯即将到达该层并发出减速信号后（即快速运行接触器 KK 失电释放,其常闭触点导通)方可实现,如图4-16所示。

从图4-16中可以看出:指令信号不是直接自保记忆,而是在有了指令信号后,使电梯定向,即方向继电器KU或KD得电吸合后,才可自保记忆。当电梯失去方向后(即KU、KD线圈均失电),即使层楼继电器未动作,也能把已登记的指令信号消除。

由于串联式电路是利用层楼继电器的常闭触点串接于指令继电器的线圈回路中,当该常闭触点接触不良时,就会影响该层指令信号的登记和记忆,即影响乘客到达该层使用电梯。对于并联式电路,当该层的层楼继电器常开触点接触不良时,则仅仅影响信号的消除,而不影响该层指令信号的登记与记忆,即不影响乘客到达该层的使用。故一般电梯控制线路常用并联式指令信号登记与消除电路。

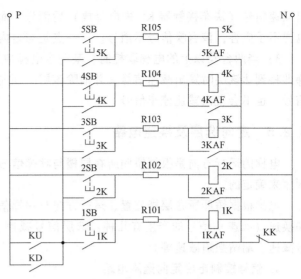

图4-16 并联式指令信号登记及其消除电路原理图

4.2.4 厅外召唤电路

电梯下端站只有一个上行呼梯按钮,上端站只有一个下行呼梯按钮,其余的层站有上、下行两个呼梯按钮。并联式厅外召唤信号的登记与消除电路如图4-17所示,这部分的电气线路结构与指令信号的线路基本相同。现就该电路的特点进行说明。

1)该电路不仅有各层厅外召唤信号的登记与消除功能,而且还有无司机状态(KAN得电吸合)的"本层厅外开门"功能。如:电梯轿厢在三层闭门待机(无呼梯信号)时,当有人按三层的下呼梯按钮3SBD,则电流从P→3SBD→3KAF→VD2→KU→KAN→KYX→KAW线圈→KK→N,使厅外开门继电器KAW得电吸合,电梯把门打开。

2)各层厅外召唤信号的消除与电梯的运行方向有关。已登记的某一召唤信号若与电梯运行方向一致,则电梯应答该召唤信号,到该层减速点发

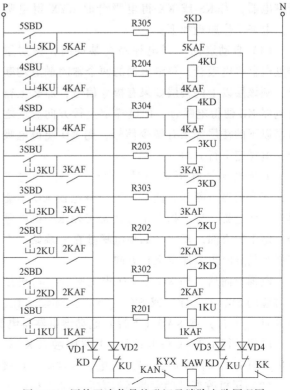

图4-17 厅外召唤信号的登记及消除电路原理图

出减速信号（快车接触器 KK 失电释放）后消号。而与电梯运行方向相反的厅外召唤信号则电梯不予应答，该召唤信号不消号。这一点是与轿内指令信号消除的最主要区别。

3）当两台及以上的电梯联控时，某一台电梯应答了某层的顺向厅外召唤信号，这台电梯即将到达该层时发出减速信号，并消除该层的顺向召唤信号。而其他电梯不再应答该召唤信号，也不会发出减速停车信号。

4.2.5 定向选层及换速电路

电梯的运行方向是根据轿厢所在层楼与呼梯信号的相对位置，以及呼梯信号登记的先后顺序来确定的。

电梯根据轿厢所在层楼位置、运行方向与呼梯信号及其方向间的关系发出选层信号。电梯换速（减速）信号的产生有几种：选层信号减速、顺向召唤信号减速、最远反向召唤信号减速、端站强迫减速等。

1. 信号控制电梯定向选层电路

图 4-18 所示是一种常见的定向选层电路，它是通过轿内指令继电器和层楼继电器进行自动定向。在轿厢所在层楼之上的指令信号，则定上行方向，反之则定下行方向。

图中，SB_U、SB_D 分别为上行、下行方向起动按钮，KAU、KAD 分别为上行、下行起动继电器，KS、KX 分别为上行、下行接触器，KYX 为电梯运行继电器，当 KS 或 KX 得电吸合时 KYX 得电吸合。电路工作原理如下：

（1）自动定向 当电梯停在某层时，该层层楼继电器得电吸合，该继电器的两个常闭触点均断开，则该层以上的楼层如果有指令信号，那么上行继电器 KU 便得电吸合，即电梯定上行方向。反之该层以下的楼层如果有指令信号，则 KD 便得电吸合，电梯定下行方向。

如果电梯处在下端站时，由于 1KAF 得电吸合，其常闭触点断开，使下行方向继电器 KD 不能得电，无论哪一层有指令信号，都可使 KU 得电吸合，定上行方向。反之，如果电梯处在上端站，当有指令信号时也只能定下行方向。

电梯定向后，即 KU 或 KD 得电吸合，司机按下对应的 SB_U（上行）或 SB_D（下行）起动按钮，

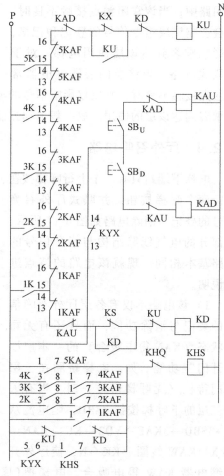

图 4-18 定向选层电路

使 KAU（上行）或 KAD（下行）起动继电器得电吸合，电梯关门，然后起动运行。

电梯运行中 KYX 得电吸合，其常闭触点 KYX（13、14）断开，此时 SB_U、SB_D 均不起作用。只有电梯停车时，KYX 失电，其常闭触点接通后，SB_U、SB_D 才能起作用。

（2）司机改变已确定的运行方向 如电梯已定上行方向，即 KU 得电吸合，通常司机按

下 SB_U 按钮，使 KAU 上行起动继电器得电吸合，电梯关门，然后起动上行。此时（KYX 失电释放，KYX（13、14）闭合），司机若按下 SB_D 按钮，使 KAD 下行起动继电器得电吸合，KAD 常闭触点断开使 KU 上行方向继电器失电释放，从而下行方向继电器 KD 得电吸合（此时要有轿厢所在层以下的楼层指令信号），电梯改定为下行方向，然后，关门起动下行。

（3）选层换速　图 4-18 中，KHS 为换速继电器，KHQ 为换速消除继电器。电梯是在有轿内指令或厅外召唤信号的情况下，根据电梯轿厢所处的位置和运行方向选择顺向的停靠层站，并发出换速信号。例如，电梯有 4 层轿内指令信号，4K 得电吸合，电梯运行即将到达 4 层时，4KAF 得电吸合，电流由 P→4K（3、8）→4KAF（1、7）→KHQ→KHS 线圈→N，使换速继电器 KHS 得电吸合，发出换速信号，并由 KHS（1、7）自保持。在电梯停靠后，KYX 失电释放，其常开触点 KYX（5、6）断开，使 KHS 失电释放。

（4）无运行方向换速　所谓无运行方向是指当电梯在快车运行时，而 KU、KD 均失电释放。图 4-18 中 KU、KD 的常闭触点串联起来，就可实现无运行方向时换速。电流由 P→KU 常闭→KD 常闭→KHQ→KHS 线圈→N，使 KHS 得电吸合，电梯立即换速，并在就近层站停靠，以避免发生事故。

2. 集选控制电梯定向选层电路

图 4-19 所示是一台 4 层 4 站电梯集选控制的定向、选层电路，它具有"有/无司机"运行方式操作功能。无司机状态时，KAN 继电器得电吸合，有司机状态时，KAN 则失电释放。直驶状态时，KAP 继电器得电吸合。电路工作原理如下：

（1）有司机状态下的功能

1）定向。由指令继电器的触点 1K（1、7）~4K（1、7）决定电梯运行方向的原理同图 4-18。电梯停止时，起动继电器 KQ 失电释放。因 KQ 常开触点断开，当层站有上、下召唤信号时，如 2 层有上呼梯信号，可以使 2KU 得电吸合登记，但不定向。

2）轿内指令换速。电梯即将到达目的楼层时发出换速信号。如 3 层有轿内指令信号，3K 得电吸合，电梯运行即将到达 3 层时，3KAF 得电吸合，电流经 P→3K（1、7）→3KAF（1、7）→3K（3、8）→VD→KHS 线圈→N，使换速继电器 KHS 得电吸合，发出换（减）速信号。

3）召唤信号顺向截梯。在有司机状态下，上下召唤信号不参与定向，但具有顺向截梯功能。如有 4 层轿内指令信号，电梯正在上行中，此时 KQ 得电吸合，若 3 层有人按了上呼按钮，使 3KU 得电吸合，电梯上行即将到达 3 层时，3KAF 得电吸合，电流经 P→KYX→KQ→KAN（2、8）→召唤公共线→3KU（1、7）→3K（2、8）→3KAF（1、7）→3K（4、9）→3KU（3、8）→KD（15、16）→KAP→VD→KHS 线圈→N，使 KHS 得电吸合换（减）速。

所谓顺向截梯，是指层站召唤信号的方向与电梯运行方向一致，电梯停靠于有同方向召唤要求的层站。若是反向的召唤信号，则不能截停电梯。如上例中，若 3 层不是按了上呼按钮，而是按了下呼按钮，就不能截停电梯。因为电梯处于上行状态，KU 得电吸合，其常闭触点 KU（15、16）断开，虽 3KD 得电吸合，3KD（1、7）导通，但 KHS 无得电回路。

4）直驶功能。如轿内已满载或出于其他原因，司机不想让层站召唤信号截停电梯，只需按下直驶按钮，使 KAP 得电吸合，其常闭触点断开，召唤信号不能使换速继电器 KHS 得电，则电梯不能换（减）速停层。

（2）无司机状态下的功能　电梯在无司机状态，指令信号定向、截梯原理与有司机状

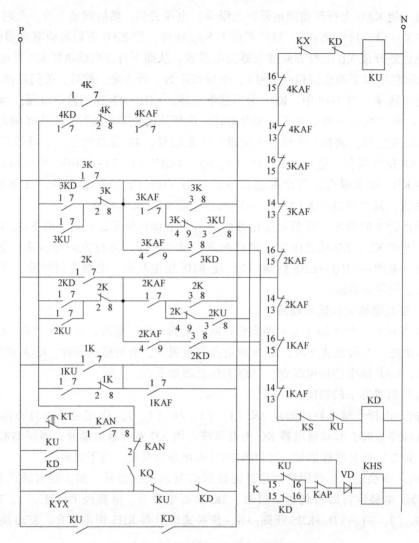

图 4-19 有/无司机状态的定向选层电路

态相同。其他功能如下：

1）召唤信号定向。无司机状态下，KAN 吸合，召唤信号可定向。如有 3 层上召唤信号，3KU 得电吸合。电梯在 1 层停梯几秒，停车延时继电器 KT 失电释放，可使 KU 得电吸合。电流由 P→KT→KAN（1、7）→召唤公共线→3KU（1、7）→3K（2、8）→3KAF（15、16）→4KAF（13、14）→4KAF（15、16）→KX→KD→KU 线圈→N，电梯定上行方向。

2）轿内指令优先定向。KT 为停车延时继电器，电梯运行时 KT 得电吸合，在电梯停层开门延时几秒后才释放。电梯换速后，KU 与 KD 失电释放。因此，在电梯从换速到平层开门延时几秒这段时间内 KT 常闭触点断开，电源 P 与召唤公共线之间断开，即使电梯未定向，厅外召唤信号也不能定向。此时，轿内指令可确定电梯的运行方向，故有轿内指令优先定向。如 3 层乘客要向下去 1 层，电梯在 3 层减速平层停车时（KU、KD 均失电释放），这时 4 层有召唤信号，3 层乘客进入轿厢后按下 1 层指令按钮，电梯优先确定下行方向，不会因 4 层的外呼信号而上行。

3）召唤信号顺向截梯。电梯响应顺向召唤信号换速停车的功能与有司机状态相同，只是使 KHS 得电的通路略有不同，电流经 P→KU（或 KD）常开触点→KAN（1、7）→召唤公共线，后面与有司机状态相同。

4）最远反向截梯。若电梯停在 1 层，2 层、3 层都有下行召唤信号，即 2KD、3KD 得电吸合，电流由召唤公共线→3KD（1、7）→3K（2、8）→3KAF（15、16）→4 KAF（13、14）→4 KAF（15、16）→KX→KD→KU 线圈→N，使 KU 得电吸合。2 层也有相似回路，电梯直接上行到 3 层，先响应 3 层下呼信号，然后在下行时再响应 2 层下呼信号。为何电梯在上行经过 2 层时不会在 2 层停车呢？从图 4-19 可以看出，上行到 2 层时，KHS 没有得电回路，电流只能由召唤公共线→2KD（1、7）→2K（2、8）→2KAF（4、9）→2KD（3、8）→KU（15、16）→KAP→VD→KHS 线圈→N，由于电梯处在上行状态，KU 被 3KD（1、7）保持得电吸合，KU（15、16）常闭触点断开，KHS 不可能得电，因此上行经 2 层时，不产生换（减）速信号。

5）反向截梯及紧急换速。如电梯停在 1 层，3 层有下行召唤信号，电梯上行即将到达 3 层时，3KAF 得电吸合，3KAF 常闭触点断开，使 KU 失电释放。电流由 P→KYX→KU 常闭触点→KD 常闭触点→VD→KHS 线圈→N，使 KHS 得电吸合，电梯换（减）速。这也就是电梯在快车运行时，KU、KD 均失电释放，呈无运行方向状态，使 KHS 得电吸合，电梯紧急换（减）速的原理。

电梯在快车运行时，若 KU、KD 同时得电吸合，即运行方向故障，则电流经 P→KU 常开触点→KD 常开触点→VD→KHS 线圈→N，使 KHS 得电吸合，电梯紧急换速。

4.2.6　起动加速与减速制动电路

为满足电梯运行的舒适感要求，起动加速和减速制动过程要求要平稳。现代电梯大多采用交流变频调速，具有良好的起动加速和减速停车的特性。电梯起动后按预先设置的速度曲线运行，可获得良好的舒适性能。

对于交流双速电梯，为了限制起动、制动电流，改善舒适性能，通常电梯起动时在电动机快速绕组中串联电阻与电抗器，当电梯减速（换速）制动时在慢速绕组中串联电阻与电抗器。并通过改变（调整）串联在电路中的电阻或电抗器的大小，以及控制短接电阻或电抗器的时间以改变加速度和减速度，满足舒适感的要求。交流双速电梯主电路如图 4-20 所示，其运行控制电路如图 4-21 所示。

1. 起动运行

电梯运行方向确定，即 KU 或 KD 继电器得电吸合，且关门到位，门锁继电器 KMS 得电吸合后，电梯起动继电器 KQ 得电吸合。此时，图 4-21 中，电流经 L→KQ$_1$→KM$_2$→KK 线圈→N，使快速接触器 KK（同时快速继电器 KKF）得电吸合；KKF$_1$、KQ$_3$ 触点闭合导通，使上行 KS 或下行 KX 接触器得电吸合（见图 4-22）。电流经 P→KS$_1$（或 KX$_1$）→KYX 线圈→N，使运行继电器 KYX 得电吸合；三相交流电源→Q→KS（或 KX）主触点→X$_K$、R$_K$→KK→KR→电动机快速绕组，电梯起动上行或下行。

2. 加速

运行继电器 KYX 得电吸合，KYX$_1$ 常闭触点断开，1KSA 时间继电器断电延时（一般在 0.3～3S），当延时时间到，1KSA$_1$ 常闭触点导通，电流经 L→KK$_1$→1KSA$_1$→K1A 线圈→N，

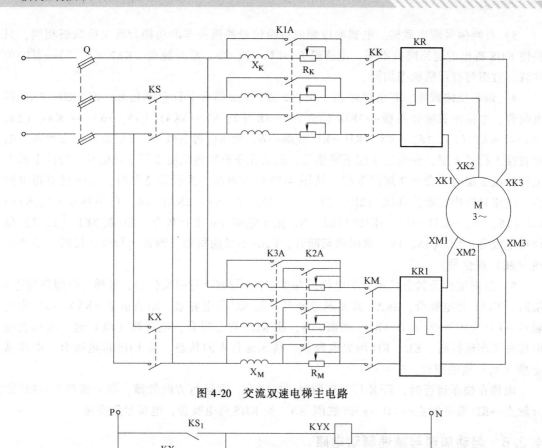

图 4-20 交流双速电梯主电路

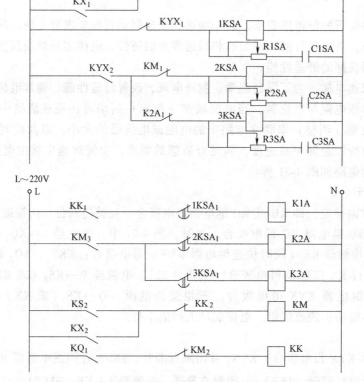

图 4-21 交流双速电梯起动加速与减速制动控制电路

使加速接触器 K1A 得电吸合，K1A 的常开触点将 R_K、X_K 短接，电动机快速绕组直接接到三相电源上，电动机加速至额定速度运行。

3. 换速

当轿厢运行到目的层站的换（减）速位置时，控制系统发出减速信号，KQ 失电释放，KQ_1 断开，使快速接触器 KK 失电释放，电动机快速绕组断电。电流经 $L→KS_2$（或 KX_2）→KK_2→KM 线圈→N，使慢速接触器 KM 得电吸合。三相交流电源→Q→KS（或 KX）→X_M、R_M→KM→KR1→电动机慢速绕组。电动机慢速绕组串联阻抗开始减速。

4. 减速

慢速接触器 KM 得电吸合，KM_1 常闭触点断开，2KSA 时间继电器断电延时，当延时时间到，$2KSA_1$ 常闭触点导通，电流经 $L→KM_3→2KSA_1→K2A$ 线圈→N，使一级减速接触器 K2A 得电吸合，K2A 的常开触点将 R_M 短接，电动机一级减速。

K2A 得电吸合，则 $K2A_1$ 的常闭触点断开，3KSA 时间继电器断电延时，当延时时间到，$3KSA_1$ 常闭触点导通，电流经 $L→KM_3→3KSA_1→K3A$ 线圈→N，使二级减速接触器 K3A 得电吸合，K3A 的常开触点将 X_M、R_M 短接，慢速绕组直接接到三相电源上，电动机二级减速，直到电梯以额定的低速（平层速度）继续运行。

4.2.7　平层电路

为保证电梯平层的准确度，通常在电梯轿厢顶设置平层装置，如图 4-7 所示。电梯平层控制电路如图 4-22 所示，包括上平层感应器 PS、门区感应器 MQ 和下平层感应器 PX，3 个感应器的触点分别接上平层继电器 KPS、门区继电器 KMQ 和下平层继电器 KPX。当遮磁板不在感应器的 U 形槽中，感应器的开关触点断开，继电器失电释放。当电梯平层时，遮磁板先后插入 3 个感应器的 U 形槽中，其开关触点闭合，3 个继电器均得电吸合。SX、XX 分别为上限位、下限位开关。现以电梯上行过程为例介绍图 4-22 所示电路的工作原理（信号控制电梯）。

1. 起动上行

当电梯上行 KU、KAU 得电吸合，关门到位，门锁继电器 KMS 得电吸合后，起动继电器 KQ 得电吸合，快速接触器 KK、KKF（KK 的辅助继电器）得电吸合。此时，电流经 $L→KKF_1→KQ_3→KAU→KX_3→KS$ 线圈→SX→N，使上行接触器 KS 得电吸合，电梯上行起动、加速（K1A 得电吸合）至额定速度运行。

2. 换速（减速）上行

当电梯上行至目的层站的换速位置时，起动继电器 KQ 失电释放，使 KKF、KK 失电释放，慢速接触器 KM 得电吸合。此时，电流经 $L→KKF_2→KS_4→KX_3→KS$ 线圈→SX→N，使上行接触器 KS 继续得电吸合，保证 KK 释放到 KM 吸合过程中 KS 可靠吸合，KKF_2 断电延时断开。换速后，电流经 $L→KJX$（检修继电器）→$KMQ→KM→KS_4→KX_3→KS$ 线圈→SX→N，使上行接触器 KS 继续得电吸合，电梯（换速）减速至平层速度继续上行。

3. 平层停车

电梯上行平层过程中，遮磁板首先插入上平层感应器，PS 开关触点闭合，使 KPS 继电器得电吸合。电流经 $L→KJX$（检修继电器）→$KK→KPX_2→KQ_2→KPS_1→KX_3→KS$ 线圈→SX→N，增加一条使上行接触器 KS 得电的通路，电梯继续上行。

接着，遮磁板插入门区感应器 MQ，使 KMQ 继电器得电吸合，KMQ 常闭触点断开，切断上行接触器 KS 的一条通路，为电梯平层停车做准备（KS 只剩一条通路），电梯继续上行。

当遮磁板插入下平层感应器，PX 开关触点闭合使 KPX 继电器得电吸合，KPX$_2$ 常闭触点断开，上行接触器 KS 失电释放，同时制动器线圈断电抱闸，电梯平层停车，此时 KM、K2A、K3A 也失电释放。

若电梯向上越层运行，当上限位开关 SX 动作时，SX 常闭触点断开，上行接触器 KS 失电释放，电梯立即停上行，此时向下运行不受影响。

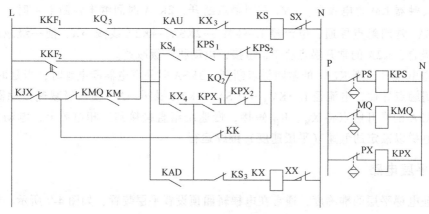

图 4-22　交流电梯平层控制电路

4.2.8　检修运行控制电路

为便于电梯检修和保养，在电梯机房、轿内、轿顶设有检修运行操作装置，但轿顶具有优先权。检修开关控制检修继电器，检修继电器可切断轿内指令、厅外上下召唤、快车起动运行、减速、平层等电路，有的电梯还切断厅外指层电路。在检修运行状态下，安全回路、门锁回路正常工作，只有在安全继电器和门锁继电器得电吸合时，才能操纵电梯以检修速度点动上下运行。

老式电梯检修运行控制电路如图 4-23 所示。当轿内检修开关 JXA 置于检修位置，轿顶检修开关 JXB 置于正常位置（接通 1），检修继电器 KJX 得电吸合，KJX（7、8）导通时，轿内检修操作有效。按下轿内上行按钮 SB$_U$（或下行按钮 SB$_D$），上行方向起动继电器 KAU（或下行方向起动继电器 KAD）得电吸合，使上行接触器 KS（或下行接触器 KX）吸合。由于 KJX（13、14）断开，快车接触器 KK 不能吸合，则慢车接触器 KM 得电吸合，使电梯向上（或向下）慢速运行，但无自保持功能。即松开 SB$_U$（或 SB$_D$）按钮，KAU（或 KAD）释放，电梯停止运行。

当轿顶检修开关 JXB 置于检修位置（接通 3）时，轿内检修操作无效，只有轿顶 SB$_{UB}$、SB$_{DB}$ 检修按钮才能操纵电梯慢速上下运行，保证了轿顶检修操作具有优先权。

图中 SX、XX 分别是上行、下行限位开关，防止电梯端站越程运行。KS、KX、KK、KM 接触器线圈公共电路中串联有门锁继电器 KMS（10、15）触点，在正常情况下，只有当所有的层门与轿门关闭后电梯才能运行。该电路允许在开门状态下检修慢速上下运行，具体操作是按下 SBK（开门检修）按钮，使门锁继电器 KMS 得电吸合，检修继电器 KJX 的常开触点保证了只有在检修状态下才可以开门慢速上下运行。该电路为检修人员提供了方便，但在使用时存在严重的安全隐患。因为 SBK 按钮闭合就把门锁回路全部短接，即任何一扇厅门开着，电梯仍能继续检修运行，在使用时必须特别注意这一安全问题。

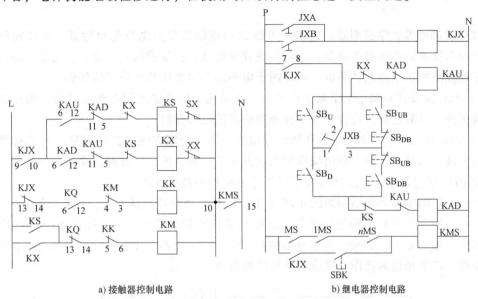

a) 接触器控制电路　　　　　　b) 继电器控制电路

图 4-23　老式电梯的检修运行控制电路

4.2.9　安全保护电路

电梯的安全保护装置大多数是由机械和电气安全装置相互配合构成的。电梯的安全保护电路包括安全继电器电路、门锁继电器电路、终端超越保护电路、超载保护电路、关门防夹保护电路等。老式电梯门锁继电器 KMS 电路如图 4-23b 所示。这里仅介绍安全继电器电路。

对于不同类型的电梯，安全继电器回路所包含的安全保护开关（触点）有所不同。如：VVVF 调速电梯只需要断相保护，不需要错相保护；交流双速电梯应有快速绕组热继电器与慢速绕组热继电器；无齿轮驱动的电梯应有盘车轮开关；早期电梯，特别是货梯，安全继电器回路不含上、下极限开关，当轿厢侧面的开关打板碰及上或下极限开关碰轮时，直接切断电梯主电源。

老式交流双速电梯安全继电器的典型电路如图 4-24 所示，主要有轿内急停开关 TAN、底坑急停按钮 TDK、缓冲器开关 HCQ、张紧装置（限速器断绳）开关 DS、轿顶急停按钮 TJD、安全钳开关 AQQ、轿厢安全窗开关 AQC、限速器超速开关 CS、相序（断错相）继电器 DCX、快车热继电器 KR、慢车热继电器 KR1 等。任何一个安全开关（触点）断开，则

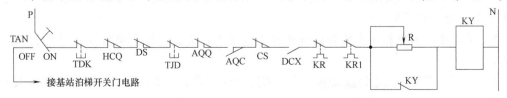

图 4-24　老式交流双速电梯安全继电器的典型电路

KY 失电释放，切断相关控制电路电源，电梯停止运行。R 是限流电阻，用于减小安全继电器的工作电流。

4.3 电梯的 PLC 控制系统

PLC 就是可编程序控制器，它采用可编程的存储器存储执行逻辑运算、顺序控制、定时、计数和算术运算等操作指令，并可实现开关量或模拟量的输入、输出。它是一种可靠性和稳定性极高的工业控制计算机。PLC 用于电梯的控制系统具有许多的优势。

1）PLC 在设计和制造上采取了许多抗干扰措施，输入输出均有光电隔离，能在较恶劣的环境工作，可靠性高，适合于安全性要求较高的电梯控制。

2）PLC 将 CPU、存储器、I/O 接口等做成一体，使用方便，扩展容易。它具有继电器系统的直观、易懂、易学，应用操作和调试方便等优势，因此，目前在货梯及中低档的客梯常采用 PLC 控制系统，而且 PLC 特别适用于旧电梯的技术改造。

PLC 控制的电梯系统结构如图 4-25 所示。PLC 采用循环扫描方式，对输入信号（按钮、传感器和行程开关等）不断进行采样，根据检测到的信号状态，电梯控制系统（按预先设计的程序）输出相应的信号，控制外部执行元件，如继电器、接触器（电动机）、指示灯和报警器等，产生相应的动作，完成对电梯的控制。

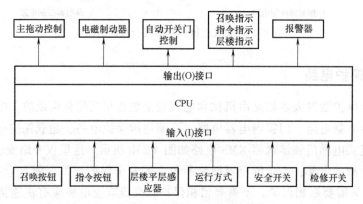

图 4-25　PLC 控制的电梯系统结构图

4.3.1　PLC 的输入接口

1. PLC 输入信号

（1）呼梯信号　轿内指令与厅外召唤信号共有 $3N-2$，N 为层站数。

（2）层楼信号　对于不同的层楼数判断及计算方法，需输入到 PLC 的层楼信息不一样。

1）采用双稳态开关编码输入方法，输入 PLC 的信号数量是：8 层以下为 3 个，16 层以下为 4 个，32 层以下为 5 个。

2）采用楼层感应器（干簧管继电器或光电开关）方法，每个层站需占用一个 PLC 输入点。

3）采用编码器、光电码盘输入方法，或用软件计算层楼数的方法，PLC 仅需输入 1~2 个信号。

（3）运行控制信号　运行控制信号包括电锁、急停、轿内检修、轿顶检修、有/无司机、直驶、超载、门锁、消防、开关门按钮、关门安全保护、上平层、下平层、开门区、慢上与慢下按钮、上强迫换速、下强迫换速等。对不同梯型及梯速的电梯，可能还有一些特殊的输入信号。

2. PLC 输入单元的类型

（1）PLC 输入单元的工作电压　PLC 输入类型主要有直流 24V、交流 110V 等，考虑到安全因素，并充分利用 PLC 主机本身提供的直流 24V 电源，电梯控制的输入信号均采用直流 24V。

（2）控制信号输入电平　将控制信号输入 PLC 时可采用高电平输入或低电平输入，如图 4-26 所示。图 4-26a 所示输入信号为低电平有效，当按钮接通时，低电平信号送入 PLC；图 4-26b 所示输入信号为高电平有效，当按钮接通时，高电平信号送入 PLC。当使用无触点电子开关（如晶体管等）输入时，应注意接入方法。通常情况下选用低电平输入方式，因为许多与 PLC 配套的控制器、调速器均按低电平输入设计生产。不管是低电平输入，还是高电平输入，均使输入点的状态为 ON。

（3）输入点电流容量　当使用 PLC 内部 24V 电源作为控制输入信号的供电电源时，如果楼层较高，输入信号很多，应注意电源的容量。一般内置 24V 电源最大输出电流为 0.3A。每一个 PLC 输入点的电流为 7 ~ 10mA，由于有些安全信号需始终接入 PLC，因而电源最多可允许 40 个信号同时接通，一般正常运行条件下不会出现这种情况。为防止接线错误，或调试过程中线路短路，24V 电源外线路上应接熔断器保护。电流超过 0.3A 时，应使用外加电源。

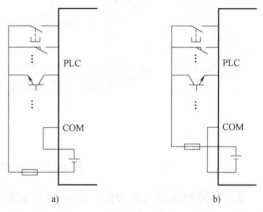

图 4-26　控制信号输入方式

3. 信号输入方式

将信号输入 PLC 的方法很多，下面简要介绍几种常用的方法。

（1）信号直接输入　每个输入信号直接接 PLC 的输入点，不附加任何电路，这是目前电梯 PLC 控制系统用得较多的 I/O 接线方法，其特点是：

1）原理简单，接线方便。

2）不易出错，可靠性高。

3）维护保养简便，检查故障直观。

信号直接输入最大的缺点是需要 I/O 点数多，成本较高。为了减少 I/O 点，可采取矩阵扫描或编码等输入方法。

（2）矩阵扫描输入　在电梯的 PLC 控制系统中，I/O 点数最多的是呼梯信号，为减少 PLC 输入点数，可对呼梯信号采用矩阵扫描输入。

1）矩阵扫描输入电路。图 4-27 所示为 PLC 矩阵扫描输入电路。输出点用于进行列扫描，由 PLC 软件周期性地使 0600 ~ 0607 依次接通，产生负脉冲，使列扫描线有效。行线为数据输入线，当某输出点状态为 ON 时，8 条输入线将该输出点所连接的一列 8 个按钮状态送入 PLC。依次扫描 8 列，使 8×8 = 64 个按钮状态读入 PLC。如当 0600 为 ON 时，矩阵线路中右边第一列线为低电平，当 SB11 接通，则 0000 为 ON，SB11 接通信号送入 PLC。如此时 SB22 接通，由于 0601 为 OFF，第二列线为高电平，因此 SB22 信号不能通过 0001 送入 PLC。由于输入点为低电平有效，因而高电平（相当于开点）信号不能送入 PLC。

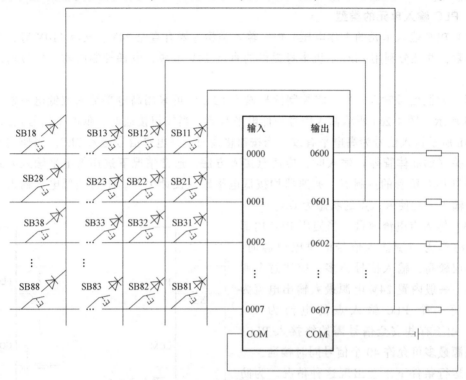

图 4-27　PLC 矩阵扫描输入电路

　　2）矩阵扫描输入梯形图。图 4-28 中前面部分为输出列扫描控制程序，后面部分为输入数据读取程序。特殊辅助继电器 1900 给出周期为 0.1s 的时钟脉冲，对 06CH 进行移位操作。定时器 TIM00 决定输出扫描周期，由 HR0 根据 8 路输出扫描时间设定，如每一路为 0.1s，则 HR0 = #0008 约为 0.8s。在每个输出扫描周期开始，TIM00 触点接通一个 PLC 扫描周期，并将脉冲信号作为移位寄存器的数据输入。通过 SFT 指令每 0.1s 使 0600、0601……0607 依次接通，且每次只有一点为 ON，对按钮信号按列扫描输入。当扫描到最后一列时，由 0607 对移位寄存器复位，开始下一输出扫描周期。

　　输入数据读取方法，当 0600 为 ON 时，矩阵扫描输入线路的右边第一列有效，该列按钮信号送入 PLC。梯形图中第一个连锁指令的条件 0600 为 ON，所以读取的是 SB11、SB21……SB81 的按钮信号，如 0000 为 ON，说明 SB11 接通。而其他连锁指令的条件 0601、0602……0607 均为 OFF，其他列的按钮信号此时不能读入 PLC。当依次使 0600、0601……0607 为 ON 时，8 列按钮信号顺序送入 PLC，并由 8 条连锁指令划分的 8 个程序块区分出 8×8 = 64 个不同的按钮输入信号。

　　由于每次只扫描一条纵线，因而扫描输入的结果是唯一和准确的。一般情况下，电梯 PLC 控制程序的扫描周期为 10ms 左右，用此频率进行输入扫描是能满足要求的，电梯的乘用人员按按钮的时间不会短于 0.1s，即一个输出扫描周期。

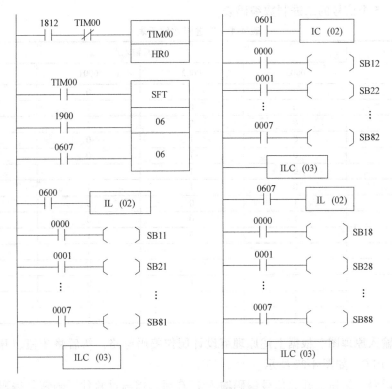

图 4-28 矩阵扫描输入梯形图

矩阵扫描输入方法的特点是，使用 8 个输入点和 8 个输出点，可输入 64 个信号，大大减少了输入点。应注意的是，由于扫描周期短，动作频繁，需使用晶体管输出类型。

为解决用户自己设计制作 I/O 矩阵扫描电路的困难，生产厂家对 PLC 软硬件进行了改进，生产了专用的矩阵扫描输入输出模块。

（3）信号合并输入

1）多个开关串联只用一个 PLC 输入点，如各层厅门联锁开关、安全回路开关可串联输入 PLC。

2）作用相同的开关信号并联输入 PLC，如开门按钮与安全触板（或光电）开关。

3）按钮组合输入。为减少呼梯信号输入 PLC 点数，可将内指令、上召唤、下召唤信号分组输入 PLC。其方法是，将每层内外呼梯信号并在一起作为一点输入，如 16 站需用 16 个 PLC 输入点，再将所有各层指令、上召唤、下召唤信号分别并联，作为 3 个点输入 PLC，用以区分各层指令、上召唤、下召唤信号，然后用 PLC 软件将上述 46 个信号复原。这种方法的特点是，16 层站只需用 19 个 PLC 输入点，但要求每个按钮有两对触点。接线时尽量在操纵盘和井道上完成触点并联与接线，以减少井道到机房的电缆。

（4）编码输入 将按钮、开关信号通过二进制数编码输入 PLC，可大大减少 PLC 输入点。

1）编码原理。在电梯控制中，可将按钮、开关信号通过二进制数编码表示。7 个信号可用 3 位二进制数表示，15 个信号可用 4 位二进制数表示，一般 $2^N - 1$ 个以内的信号可用 N 位二进制数表示，其中去掉了二进制编码中全 0 的状态，以保证无按钮、开关接通时编码正确。表 4-1 为 15 个信号的二进制数编码表。

表 4-1　二进制数编码表

序号	PLC 输入点			
	0003	0002	0001	0000
1	0	0	0	1
2	0	0	1	0
3	0	0	1	1
4	0	1	0	0
5	0	1	0	1
6	0	1	1	0
7	0	1	1	1
8	1	0	0	0
9	1	0	0	1
10	1	0	1	0
11	1	0	1	1
12	1	1	0	0
13	1	1	0	1
14	1	1	1	0
15	1	1	1	1

2）编码输入原理图。根据上述原理可设计制作编码电路，然后将按钮、开关信号通过编码电路输入 PLC，如图 4-29 所示。

3）软件译码。按钮、开关信号编码输入 PLC 后，需通过软件译码恢复编码前各输入信号，并用对应的内部辅助继电器表示。根据表 4-1 的编码方法，采用 PLC 指令进行信号译码，译码梯形图如图 4-30 所示。

图 4-29 中 SB1 接通时，0000 有信号输入，即图 4-30 中只有 0000 为 ON，此时 1001 为 ON，对应 SB1 状态。同理可根据 0000、0001、0002、0003 四个输入信号译出所有按钮开关状态。

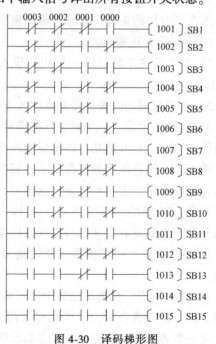

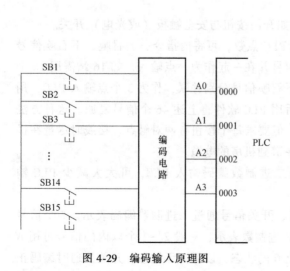

图 4-29　编码输入原理图　　　　　　　　　图 4-30　译码梯形图

（5）串行输入　将按钮信号通过串行扫描控制器处理为串行脉冲序列信号送入 PLC，以脉冲的高低电平表示按钮的通断状态。所有按钮信号组成一串脉冲序列，通过同步信号送入 PLC，其原理如图 4-31 所示。同步信号应与 PLC 扫描周期相配合，以免造成脉冲信号丢失。串行扫描控制器可应用单片机实现。

（6）安全保护信号的输入　为设计梯形图方便，有时输入信号常闭触点可改为常开触点输入 PLC。但对安全保护信号，仍应使用常闭触点输入，以保证电梯安全运行。因为当安全保护信号保持接通时，说明系统可正常安全运行。如果线路出现故障断开，无输入信号时，系统可立即检测出来，并停止正常运行。若改为常开触点输入，则如果线路故障断开，系统无法判断安全保护输入信号的故障。

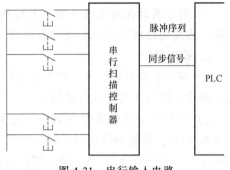

图 4-31　串行输入电路

需用常闭触点输入 PLC 的安全保护信号有上下行强迫减速开关、上下限位开关、安全触板（光幕）开关、基站钥匙开关、正常运行方式触点、门联锁触点、急停触点等。后几个触点可以通过继电器常开触点输入，正常条件下，继电器应得电吸合。

安全保护信号不能采用前面介绍的矩阵扫描输入和编码输入，以保证系统安全可靠。

4.3.2　PLC 的输出接口

PLC 通过软件对输入信号进行运算处理后，由输出接口发出控制信号及各种指示信号。

1. PLC 输出信号

（1）轿内指令、厅外召唤指示信号　内外呼梯指示信号的数量为 $3N-2$，N 为层站数。

（2）层楼指示信号

1）层灯指示。对 N 个层站，PLC 输出 N 个信号。

2）数码管显示。通常采用静态方式显示，对于七段数码管，10 个层站以下，PLC 输出信号为 7 个，20 个层站以下可以只用 8 个，30 个层站以下可以只用 9 个，99 个层站以下用 14 个，用动态扫描只要 8 个。

（3）输出控制信号　从安全角度和负载电流大小考虑，PLC 系统输出控制信号仍需使用少量接触器和继电器。各类电梯需要呼梯铃、开关门继电器，制动器（抱闸）接触器等。

1）交流双速电梯需要上行接触器、下行接触器、快车接触器、加速接触器、慢车接触器和制动减速接触器等。

2）交流调压调速电梯需要上行接触器、下行接触器、快车接触器、慢车接触器、制动减速接触器和检修接触器等。

3）VVVF 调速电梯需要安全（电源）接触器和运行接触器。

2. PLC 输出单元类型

PLC 输出单元的类型有三种，可根据负载情况选择。

1）负载电压在交流 250V 或直流 24V 以下时，负载电流不超过 2A，且不是频繁动作的负载，如电梯信号指示灯、呼梯铃、接触器、继电器等，均可使用 PLC 的继电器输出类型。这是电梯 PLC 控制最主要的输出方式。

2）当负载为电子器件，负载电压为直流 5～24V，负载电流小于 1A 时，应使用晶体管输出类型。由于晶体管有饱和电压，不能直接与 TTL 器件连接，应先与 COMS 芯片连接后，再与 TTL 相接。

3）对频繁动作的交流负载，电压在 85～250V，电流不大于 1A，可使用无触点的电子开关，即双向晶闸管输出类型进行控制。

3. 输出保护

1）对于不能同时通电工作的重要负载，如上、下行接触器等，PLC 内部应有软件互锁点，输出电路应连接电气互锁触点。

2）PLC 输出驱动感性负载时，应加保护电路，以提高 PLC 输出点的使用寿命。如图 4-32 所示，直流感性负载并联二极管起续流保护作用，二极管反向耐压峰值应为负载电压的 3 倍，额定电流为 1A。交流感性负载并联容吸收电路，电阻值为 50Ω，电容值为 0.4μF。

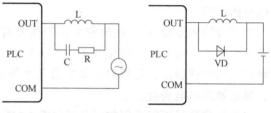

3）对 8 点一组的继电器输出点，允许同时驱动的负载电流共为 6A，对 4 点一组的为 4A，不能每个输出点同时通过 2A 电流，这在负载分组时应加以注意。

图 4-32　感性负载保护电路

4. 减少 PLC 输出点的输出方式

（1）矩阵扫描输出

1）矩阵扫描输出电路。图 4-33 所示是用两组各 8 点的 PLC 输出点构成 8×8 输出矩阵显示电路，一组为行扫描，另一组为列扫描。当行、列两路均有扫描输出时，其交点处的指示灯亮。这个输出矩阵电路可控制 64 个指示灯。

值得注意的是，在程序设计上不能使输出点一直接通，以免造成错误显示。如欲使 1H 指示灯亮，行、列输出为 0700 与 0800 两路接通。如同时要求 10H 指示灯亮，需 0701 与 0801 两路接通。但由于这四路同时接通，会造成 2H 及 9H 指示灯错误点亮，因而应采用循环扫描输出方式。

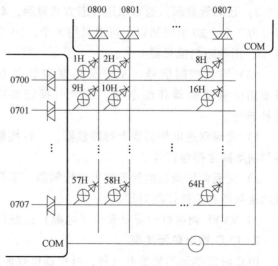

2）矩阵输出扫描控制梯形图。如图 4-34 所示，假设对应 64 个指示灯的 PLC 内部保持继电器为 HR000～HR315。若 HR000 对应 1H，则表示其工作状态的逻辑表达式为 $1H = 0700 \cdot 0800$；HR009 对应于 10H，则 $10H = 0701 \cdot 0801$。

将矩阵电路中每一行或一列的指示灯导通的必要条件，用逻辑代数式表示为

图 4-33　矩阵扫描输出电路

$$0700 = 1H+2H+3H+\cdots+8H = HR000+HR001+HR002+\cdots+HR007$$
$$0800 = 1H+9H+17H+\cdots+57H = HR000+HR008+HR100+\cdots+HR308$$
$$0701 = 9H+10H+11H+\cdots+16H = HR008+HR009+HR010+\cdots+HR015$$
$$0801 = 2H+10H+18H+\cdots+58H = HR001+HR009+HR101+\cdots+HR309$$
$$\cdots\cdots$$

如需 1H 导通，即 1H = 1，应有 0700 = 1 与 0800 = 1，即均为 ON，应扫描控制这两路输出。

图 4-34 中 HR4 设定为一个 PLC 扫描周期，同时也是进行输出行列扫描的间隔时间，HR5 设定为 8 行×8 列输出扫描一个周期的时间。TIMH10 产生每个 PLC 扫描周期一个脉冲信号，作为移位寄存器的移位时钟信号。TIM00 在进行一遍输出扫描后产生一个脉冲信号，作为移位寄存器的数据输入，通过对这个脉冲信号的移位，对输出进行行列扫描。

梯形图根据前面所述的逻辑表达式设计，当某指示灯导通时，需要其所在行、列有输出，即该行、列所对应的输出点为 ON。如需 1H 亮时，HR000 为 ON，移位寄存器通过对内部辅助继电器 1000～1315 的移位操作，依次对 8×8 = 64 点进行扫描，任一时刻 1000～1315 只有一点为 ON。当 1000 为 ON 时，通过运算使 0700 与 0800 同时 ON，因而 1H 通电闪亮，下一次扫描将使 1001 为 ON，若 HR001 为 ON，则运算结果使 0700 与 0801 同时 ON，2H 亮，若 HR001 为 OFF，则即使 1001 为 ON，0700 与 0801 仍为 OFF，2H 不亮。同理对所有指示灯进行扫描输出控制。

由于输出扫描频繁动作，因此输出模块应采用双向晶闸管。如果使用直流指示灯，则可用晶体管输出单元。

（2）译码输出　为减少 PLC 输出点，可对需要输出的信号采用软件编码输出，编码后的信号经外部译码电路译码后驱动负载。这一信号处理过程与编码输入正好相反。编码输入是经外部电路对输入信号编码，PLC 内部软件译码。而译码输出是由 PLC 内部软件对输出信号编码，外部电路译码。

1）译码输出原理图。图 4-35 所示为对编码信号由外部电路译码输出原理图。其中图 4-35a 为无重叠编码信号的译码输出原理图，图 4-35b 为对编码脉冲信号进行译码、保持、驱动、复位的工作原理图，0600～0603 为用于消号复位的编码输出信号。

2）译码电路。图 4-36 所示为采用 4-16 线译码器驱动 16 个层站指示灯的译码驱动电路。译码器为 CC4514 或 CC4515 等集成电路，由其通过一级放大电

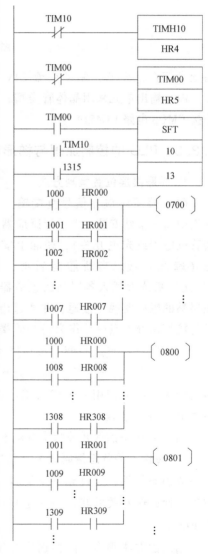

图 4-34　矩阵输出扫描控制梯形图

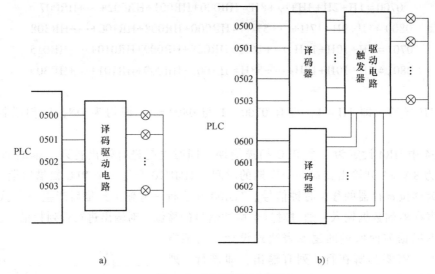

a)

b)

图 4-35　译码输出原理图

路触发双向晶闸管，驱动交流 24V 指示灯。PLC 输出单元采用晶体管类型，直接外接 CMOS 电路 CC4514。

4.3.3　PLC 的控制原理与梯形图

1. 轿厢楼层位置检测方法

（1）楼层感应器信号直接输入　在井道中每一层站安装一个楼层感应器（干簧管继电器或光电开关），轿厢上安装遮磁（遮光）板。当轿厢运行时，遮磁（遮光）板依次插入各层站的感应器，使

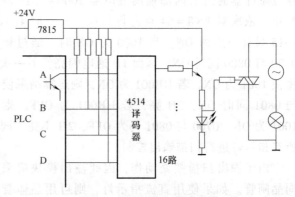

图 4-36　译码输出驱动电路

该层站的感应器触点接通，并通过电缆将感应器触点信号输入 PLC，如图 4-37 所示。PLC 可直接使用输入点信号作为轿厢的楼层位置信号，进行定向、选层、换（减）速控制。这种方法的特点是直观简便，当某层感应器有问题时，只影响本层信号，而不会互相影响。但由于每层站需使用一个楼层感应器，因此占用 PLC 输入点较多。

（2）双稳态磁保开关状态编码输入

1）磁保开关状态编码方法。利用磁保开关的双稳态特性，通过磁铁不同极性和安装位置，使磁保开关的状态按一定规律编码输入 PLC。

编码的方法很多，除前面已介绍的二进制编码外，还有 BCD 码、格雷码等。表 4-2

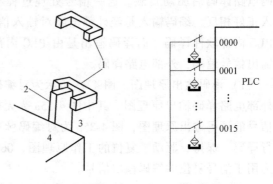

a) 楼层感应器安装示意图　　　b) PLC 输入电路图

图 4-37　楼层感应器信号输入法

1—楼层感应器　2—遮磁（遮光）板　3—井道　4—轿厢

列出了四种编码方法与十进制数的对应关系。二进制编码与 BCD 码从一个数变到下一个数时，有时需要多位数同时变化。由于双稳态磁保开关状态翻转速度的差异性，存在不同步翻转问题，容易产生误码，因而二进制编码与 BCD 码不适合于磁保开关状态的编码输入。

格雷码编码具有二进制数形式，但不分数位，没有权的意义，是一种无权码。格雷码的特点如下：

① 相邻的两个格雷码之间仅有 1 位不同，所以从一个数变到下一个或上一个数时，仅需变化 1 位，即仅需一个磁铁使一个磁保开关状态变化。

② 由于每次只变化 1 位，因而不会存在多位同时变化的同步翻转问题。16 个数码中只需 15 位次的变化，即只需 15 个磁铁的位置排列，可实现用 4 个磁保开关表示 16 个状态。

③ 由于每次只有 1 位变化，可通过软件进行翻转校验，当同时有 2 位变化时判断出错。因而这种编码被公认为是一种可以减少错误的编码。

④ 每一位变化至少间隔 2 个数以上。这种编码电路适用于高速工作条件。

由于上述特点，格雷码很适用于电梯控制。格雷码的不足之处是每一位的变化次数差别较大，如表 4-2 中第 4 位只变化 1 次，而第 1 位变化 8 次。为使各位（即各磁保开关）变化翻转次数接近，根据格雷码的特性，编制出格雷码的一种变形格式，这种变形码每位变化 3~5 次。同理还可以编制出其他格雷码变形格式。

2）磁铁位置编码。根据表 4-2 中的格雷码及格雷变形码的编码方法，通过对井道支架上磁铁不同极性和位置的安装，可实现 4 个磁保开关的 16 个状态组合，方法如图 4-38 所示。图中 A、B、C、D 代表双稳态磁保开关，它们下面分别表示磁铁的安装极性和位置，以及磁保开关的通断状态。假设将磁保开关 A、B、C、D 的信号分别送入 PLC 的 4 个输入端 0000、0001、0002、0003，则可由软件译码。

表 4-2 四种编码方法

十进制数	BCD 码	二进制码	格雷码	格雷变形码
1	0001	0001	0001	0001
2	0010	0010	0011	0011
3	0011	0011	0010	0111
4	0100	0100	0110	1111
5	0101	0101	0111	1110
6	0110	0110	0101	1100
7	0111	0111	0100	1000
8	1000	1000	1100	1001
9	1001	1001	1101	1011
10	0001 0000	1010	1111	1010
11	0001 0001	1011	1110	0010
12	0001 0010	1100	1010	0110
13	0001 0011	1101	1011	0100
14	0001 0100	1110	1001	0101
15	0001 0101	1111	1000	1101

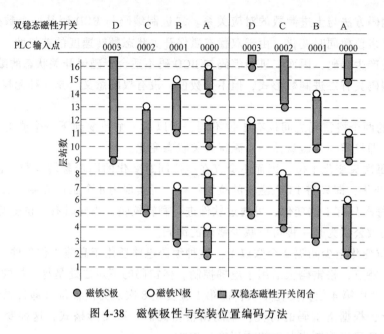

图 4-38　磁铁极性与安装位置编码方法

3）软件译码。格雷码是无权代码，通常不便直接进行算术运算，当需要进行运算时，一般先转换为二进制代码。当编码后的磁保开关信号送入 PLC 后，可直接采用 PLC 指令进行译码，4 个编码输入信号可译出 16 个信号，在此即为 16 个层楼信号。图 4-39 为格雷码与格雷变形码的软件译码梯形图。

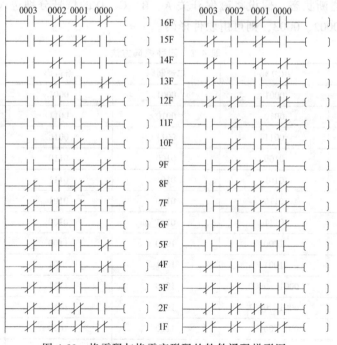

图 4-39　格雷码与格雷变形码的软件译码梯形图

（3）旋转编码器或光电开关脉冲输入

1）旋转编码器的应用及安装。旋转编码器的转轴直接与曳引电动机转轴相连接，当电动机转动时，编码器输出与转角对应的脉冲数。通过累计脉冲数量可直接算出轿厢相应的行程，进而算出电梯运行过程中轿厢所处层楼位置、换速点、提前开门区、平层停车点等。

　　PLC 一般都有高速脉冲输入端或专用计数单元。图 4-40 所示为旋转编码器与 PLC 高速脉冲输入端的连接。旋转编码器一相输出接 PLC 的高速脉冲输入端 0000，硬件复位信号接0001 端，根据软件设计方法决定采用每层复位还是端站复位方式，也可不使用。当使用硬件复位时，需将 PLC 的 DIP 开关的第 7、8 位置为 ON。

　　2）光电码盘与光电开关的应用及安装。光电开关外部形状为 U 形槽，一边装有发光器，另一边为接收器。码盘的齿插入 U 形槽中，当码盘旋转时，发光管发出的光间断地被码盘的齿所遮挡，因而光敏元件接收到一系列光脉冲信号，然后转换为电脉冲输出，脉冲数与码盘齿数、电动机转速相对应。光电码盘通常直接安装在电动机转轴法兰盘上，光电开关的输出脉冲经波形整形后，与 PLC 高速脉冲输入端连接，如图 4-41 所示。

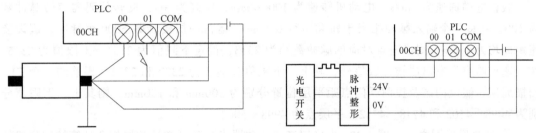

图 4-40　旋转编码器与 PLC 高速脉冲输入端的连接　　图 4-41　光电开关与 PLC 高速脉冲输入端连接

　　3）脉冲数计算方法。旋转编码器与光电码盘每转脉冲数的选择取决于 PLC 允许输入的频率、梯速、计数精度等因素。PLC 允许的脉冲输入频率通常为 2000Hz，记为 f_0，假设梯速为 v（mm/s），电动机转速为 n（r/s），每转脉冲数为 P，计数精度为 S（mm/脉冲），输出脉冲频率为 f，则在已知 v、n、f_0 的条件下，按下列关系求 P 和 f：

$$P=\frac{v}{nS} 或 S=\frac{v}{nP} \tag{4-1}$$

$$f=nP<f_0 \tag{4-2}$$

　　例如，交流电梯 $v=1$m/s $=1000$mm/s，$n=1000$r/s，$f=2000$Hz。若 $P=100$，则 $S=0.6$mm/脉冲，$f=1667<f_0$，当选用每转 100 个脉冲的旋转编码器或每圈 100 齿的光码盘时，每一个输出脉冲相当于轿厢运行 0.6mm。若选用 $P=200$，$S=0.3$ mm/脉冲，则脉冲频率 $f=3333.3$Hz$>f_0$，超过 PLC 允许值。

　　4）高速脉冲计数梯形图。旋转编码器或光电开关的脉冲信号输入到 PLC 的 0000 端，0001 接端站校正信号，用于当电梯运行至端站时，对高速计数器硬件复位，校正层楼计数及消除累计误差。

　　输入脉冲计数由高速计数器指令（FUN98）实现，计数值存放在计数器 CNT47 中。该指令通过将当前计数值与设定在数据存储区 DM32～DM63 的 16 对上、下限数值比较，然后输出 16 个信号。当前计数值在某对上、下限数值范围时，与该上、下限值对应的输出点为ON，反之为 OFF。通过设定上、下限数值，可按距离原则依次发出轿厢位置信号、换速信号、门区信号、平层停车信号等其他各种控制信号。

　　（4）计数方式　通过计算输入脉冲数检测轿厢位置有两种计数方式，即绝对计数方式与相对计数方式。

1）绝对计数方式。这种方式是通过多级级联计数器，采用绝对坐标累计所有层楼脉冲数。如假设层高 3m，每个脉冲对应位移 0.6mm，则从一层到二层脉冲数为 0 ~ 5000，二层至三层为 5001 ~ 10000，依此累计，在每层脉冲中算出换速点、门区、平层点等。这一计数方式的特点是各层的控制信号所对应的脉冲数均不相同，且是唯一的，但程序处理较麻烦。

2）相对计数方式。这种方式是采用相对坐标计数，每次从平层点开始计数到下一平层点，然后高速计数器复位，每一层均从 0 开始计数，层楼数存放在另一计数器中。如当高速计数器累计到设定的 5000 个脉冲时，高速计数器复位，同时根据运行方向层楼计数器加一或减一，表示已运行了一层楼距离。这种计数方式的特点是每层的换速点、门区、平层点脉冲数均相同，适用于层高相同的电梯控制，程序处理比较简便。

下面举例介绍相对计数方式的程序设计方法。

假设电梯梯速为 1m/s，电动机转速为 1000r/min，层高为 3m，旋转编码器每转脉冲数为 100，则每一个输入脉冲相当于轿厢运行 0.6mm，运行一层楼计数 5000 个脉冲。假设换速距离均为 1.6m，则换速点对应的脉冲数约为 2333，设定下限值为 2331，上限值为 2335。在换速点前应先发出层楼计数信号，其上、下限值分别设为 2327 和 2331，提前约一个 PLC 扫描周期。假设门区及提前开门点距平层位置分别为 300mm 和 150mm，则其上、下限值分别为 4498、4502 和 4748、4752。平层点为 4998、5002。

① 计数梯形图之一。图 4-42a 为采用高速计数器指令和可逆计数器指令计算轿厢位置的

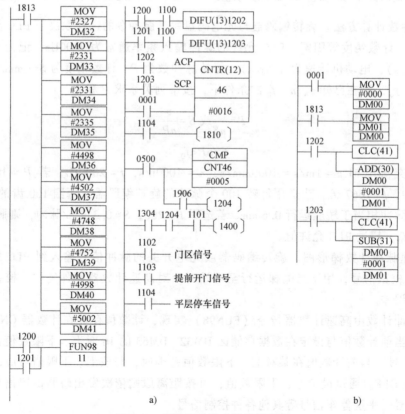

图 4-42　高速脉冲输入计数梯形图

梯形图。使用欧姆龙P型机，上述上、下限值需通过数据传送指令送入DM32~DM63数据存储区。设高速计数器指令输出通道为11CH，采用可逆计数器指令根据上下运行方向计算层楼数，并存于CNT46。假设1200、1201为上下运行方向内部辅助继电器，0500为快车信号，1304为5层有召唤且需换速停车信号，1400为换速信号，1810对CNT47软件复位。

为保证计数正确，应使用微分指令。图4-42a中后面部分给出了一种换速方法，用比较指令判断轿厢位置，并与换速停车信号进行与运算，满足两者条件时发出换速信号。

② 计数梯形图之二。图4-42b为采用加法和减法运算指令计算轿厢位置的梯形图。图中内部辅助继电器的定义、上下限值设定方法、微分指令运算均与图4-42a所示相同，在此仅画出不同部分。层楼数存于DM01，它具有断电保护功能。在进行加减法运算前，需进行清进位操作。

2. 指令和召唤信号的登记、消除及显示

（1）指令信号登记与消除 指令信号处理包括信号的登记、显示以及本层停车消号。信号登记采用自锁原理，软件上采用逻辑"或"运算实现。不论电梯上行还是下行，当轿厢运行至有指令信号的楼层时，均要换速停车，并消除登记信号。

1）指令梯形图之一。如图4-43a所示，假设1~16层指令按钮信号输入到PLC的0100~0115端子。1000~1015为1~16层的楼层位置信号，如轿厢在2层时1001为ON，其常闭触点为OFF，起消号作用。1700~1715为指令登记信号，当独立使用指令指示灯，且无其他控制要求时，1700~1715可用PLC输出点代替，直接驱动指示灯。

2）指令梯形图之二。采用锁存指令KEEP（11）进行指令信号登记和消除，如图4-43b所示，指令信号作为锁存器的置位输入，轿厢位置信号、急停0001与检修0002信号作为复位输入，正常运行状态下0001与0002均为ON（常闭触点为OFF）。当急停或检修时0001或0002为OFF，与本层位置信号一样对指令消号。

（2）召唤信号登记与消除 厅外召唤信号同样需要进行登记、显示、本层同方向停车消号，此外还具有反向信号保持和直驶信号保持功能。

1）召唤梯形图之一。图4-44a中，0500、0501（ON）分别表示上行和下行状态，0008（OFF）为直驶信号，02CH、03CH分别为上召唤和下召唤信号，15CH、16CH分别为上召唤和下召唤信号登记通道，10CH为层楼信号通道。信号登记和消号原理与指令信号处理相同。使用跳转指令JMP实现直驶和

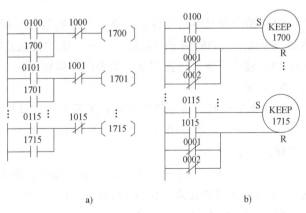

图4-43 指令信号处理梯形图

反向信号保持，当直驶时0008为OFF，不管上行还是下行，所有外召唤信号均保持。

下行时，0501为ON，图中常闭触点为OFF。根据跳转指令功能，15CH上召唤各点信号保持。只有当上行时，0501为OFF，其常闭触点恢复ON，10CH起作用，若停靠层有上召唤，则消号。同理，上行时，下召唤信号保持。

2）召唤梯形图之二。图4-44b所示为召唤信号登记、消号，直驶和反向信号保持的另

一种软件实现方法。当 1300 或 1301 为 ON 时，分别进行上召唤或下召唤信号的直驶或反向信号保持。如当下行时 0501 为 ON，则 1300 为 ON 或上行时 0500 为 ON，如按直驶 0008 常闭触点为 ON，则 1300 为 ON。此时在运行过程中，上召唤梯形图中的层楼信号 10CH 各点被 1300 并联，不能起消号作用，因而实现了反向信号保持和直驶外召唤信号均保持的功能。

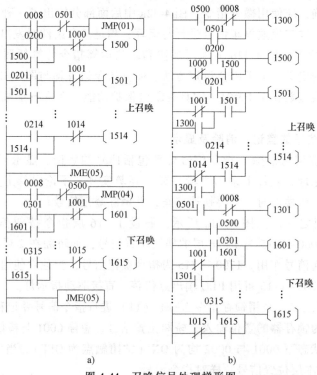

图 4-44　召唤信号处理梯形图

（3）指令和召唤信号显示　指令和召唤信号可用独立显示，即每一个 PLC 输出点直接驱动一个指令或召唤信号指示灯。这一方法的特点是线路简单，但占用输出点数较多。为了减少 PLC 输出点数，可使用专用的矩阵扫描输出法。

3. 定向

有司机操作时，指令信号定向；无司机自动运行时，指令信号和召唤信号均可定向。由于定向与选层换速直接相关，通常应在编制定向程序中适当考虑选层换速的要求，并为换速控制做信号准备。

（1）定向梯形图之一　图 4-45 为采用数据比较进行定向的原理图。图中前面部分是根据有/无司机条件确定选层信号 14CH，0003 为 ON 时，表示无司机运行状态，反之为有司机运行状态。0004 为门联锁信号。厅外召唤信号能定向的条件是无司机运行状态下，厅门、轿门关闭，即 0004 为 ON。而指令可直接定向。

数据比较指令对选层信号通道 14CH 与轿厢位置通道 10CH 的内容进行比较，当选层信号的位数高于轿厢位置的对应位时，必然为前者大于后者，则 1905 为 ON，定上行方向，1310 为 ON。反之，后者大于前者，1907 为 ON，定下行方向，1311 为 ON。由于轿厢所处层站呼梯信号不能登记，所以 14CH 与 10CH 的数据不会有相等的情况。

（2）定向梯形图之二　图 4-46 所示为采用另一种方法实现定向。图中前半部分为对轿内指令、厅外召唤信号的定向作用及选层设置条件。在此先介绍定向条件。

1）有司机操作定向。有司机操作时0003为OFF，没有定向前1300为OFF，因而1301、1302均为OFF。此时只有指令信号登记通道17CH能对选层信号通道14CH对应位置位。而厅外上、下召唤信号登记通道15CH、16CH的数据不能对14CH置位。当14CH中有选层信号后，是定上行方向还是下行方向，取决于指令信号在轿厢所处层楼上方还是下方。即位置通道10CH中某一位为ON时，其常闭触点为OFF，将定向梯形图中14CH的各点分为两个部分，如14CH中选层信号的最高位低于10CH中状态为ON的位，则定下行方向，1311为ON。反之，14CH选层信号位高于10CH中轿厢所处层楼位，则定上行方向，1310为ON。

2）无司机状态定向。在无司机状态下，指令信号与召唤信号均可定向。此时0003为ON，当门锁闭合，0004为ON时，使1300为ON。在停车状态下1301和1302均为ON，这时厅外召唤信号15CH、16CH中的各位可对14CH置位，发出选层信号。因而指令与召唤均可定向，其原理与有司机指令定向相同。

图4-46中，1303（ON）为电梯运行状态，1305（OFF）为反向截车状态，它们的作用将在选层换速部分叙述。

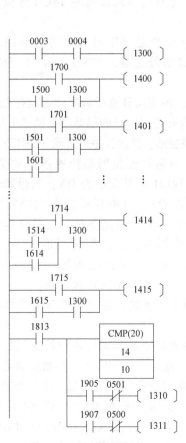

图4-45　定向梯形图之一

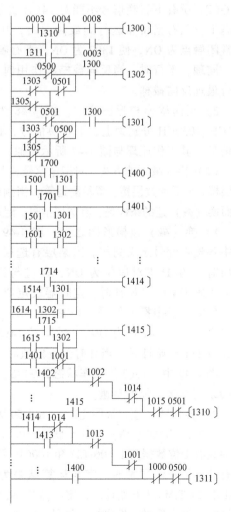

图4-46　定向梯形图之二

4. 选层换（减）速

（1）选层截梯原理　电梯选层换速一般包括指令换速、召唤顺向截车换速、召唤最远反向截车换速。

无论在有司机或无司机运行状态，对指令信号，电梯均需换速平层停车，并且直驶时只停内指令层站。当召唤信号方向与电梯运行方向相同时，电梯换速停车，即顺向截车。只有在无司机运行状态，电梯才对反向召唤信号应召服务，当有多个反向呼梯信号时，先应召最远的反向呼梯信号，即最远反向截梯，然后再以顺向截梯方式应答其他召唤信号。下面介绍最远反向截梯的方法。

1）反向截梯梯形图之一。召唤信号的作用主要在于顺向截梯与最远反向截梯。在图 4-46 中，电梯上行时 1301 为 ON，因而厅外上召唤信号 15CH 可对 14CH 置位。1301 起上行顺向截梯作用，1302 起下行顺向截梯作用。14CH 为选层信号通道。

图 4-47 为反向截梯控制梯形图。相对应轿厢向上运行，位置通道 10CH 中数据为 1 的位逐位上移，其反状态位（图中常闭触点）为 0。当呼梯信号通道 12CH 中较高位有外呼梯信号时（如 1214 为 ON），则 1304、1305 为 ON，图 4-46 中 1305 常闭触点一直为 OFF，1302 为 OFF。所有下召唤信号不能对 14CH 置位，即反向召唤信号不能选层换速停车。在无司机状态下，只有当轿厢运行到最高层时，1015 为 ON，其常闭触点为 OFF，则 1305 为 OFF，其常闭触点为 ON，使 1302 为 ON，下召唤信号 1615 对 1415 置位，进行上行最远反向截梯。

同理，下行时，当反向截梯起作用时 1305、1301 为 ON，15CH 可对 14CH 置位，进行下行最远反向截梯。

2）反向截梯梯形图之二。图 4-48 为采用字运算指令进行反向截梯的梯形图。图中 031CH、030CH 分别为上、下召唤信号，100CH 为位置信号通道，06003（OFF）为反向截梯信号。其工作原理与图 4-47 所示相似。

（2）换（减）速方法　对指令信号和上下召唤信号，由定向和选层程序确定运行方向和停车层楼。然后通过层楼位置检测运算，当判断轿厢运行到有选层信号的层站时，换速平层停车。因而换（减）速的条件是，有选层信号，且轿厢运行至该层站。换速程序的实现方法如下：

1）换（减）速梯形图之一。图 4-49 为采用逻辑与运算逐位判断换速条件的梯形图。图中各器件编号定义同前。当某层有选层信号时，则 14CH 中对应位为 ON，当轿厢运行至该层时，10CH 中对应位为 ON，通过与运算使 1306 为 ON。由电梯运行方向决定定时器 TIM10 或 TIM11 开始计时，定时器设定值存于 H0 与 H1，便于调整参数。当定时器计数到设定值时，发出换速信号，1308 为 ON。如下行反向截梯时，当判断进行最远反向截梯，1305 为 ON，1301 也为 ON，15CH 对 14CH 置位，经位置计算与换速运算，当 1306 为 ON 时，TIM11 开始计时，当计时到设定值时，1308 为 ON，发出换（减）速信号。

图 4-49 中，1307 为快车状态，0006、0007 分别为上、下端站强迫换速开关信号，用于上端站与下端站强迫换速。

2）换（减）速梯形图之二。图 4-50 为采用字（通道）逻辑与运算进行换速判断的梯形图。图中，13003（ON）为快车状态，061CH 为选层信号通道，100CH 为位置数据通道，因为其中只有 1 位数据为 1，061CH 和 100CH 字与运算的结果表示是否该换（减）速。当轿厢运行至有选层信号的层站时，字与运算结果为非 0，13002 为 ON。根据 00500、00501 运行方向 TIM010 或 TIM011 开始计时，定时器的换速时间设定值设置在数据存储区 DM1100 和 DM1101。当计时到设定值时，发出换速信号。00006、00007 分别为上、下端站强迫换速信号。

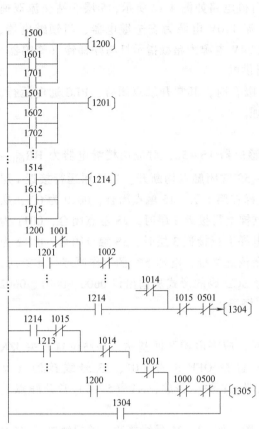

图 4-47 反向截梯梯形图之一

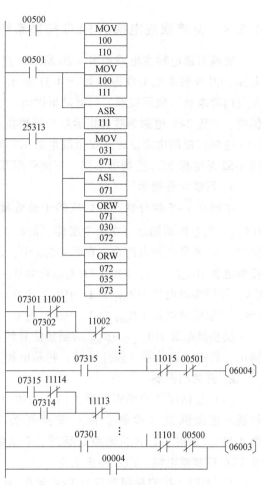

图 4-48 反向截梯梯形图之二

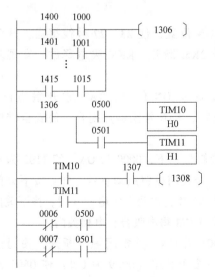

图 4-49 换速梯形图之一

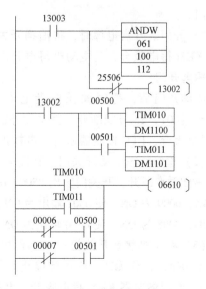

图 4-50 换速梯形图之二

4.3.4 交流双速电梯的 PLC 控制系统

交流双速电梯主电路如图 4-20 所示，直流门机电路如图 4-12 所示，5 层 5 站交流双速电梯 PLC 控制系统 I/O 电路如图 4-51 所示。直流 110V 电源为安全继电器、门锁继电器、开关门继电器、抱闸线圈、门电动机供电。交流 24V 电源为超载指示灯与呼梯铃（蜂鸣器）供电。直流 24V 电源为呼梯指示灯与层楼指示器供电。

电梯在控制电源正常、安全继电器 KY 得电吸合时，其常开触点闭合，PLC 通电运行。图 4-52 是电梯 PLC 控制梯形图，下面介绍其原理。

1. 层楼信号指示

电梯在 1~5 楼分别安装相应的干簧管楼层感应器 1S~5S，对应层楼继电器为 HR_{001}~HR_{005}。当电梯轿厢运行在两个层楼之间时，1S~5S 常闭触点均断开。当轿厢运行接近 i 层楼时，则 iS 常闭触点闭合。在图 4-52a 中，设电梯在第 1 层，1S 触点闭合，0010 为 ON，层楼继电器 HR_{001} 为 1，HR_{002}~HR_{005} 均为 0。当电梯上行接近 2 层时，2S 触点闭合，0011 为 ON，使层楼继电器 HR_{002} 为 1、HR_{001} 为 0。当电梯上行接近 3 层时，3S 触点闭合，0012 为 ON，使层楼继电器 HR_{003} 为 1、HR_{002} 为 0。其余依此类推，电梯下行的工作原理与此类同。

层楼继电器 HR_{001}~HR_{005} 的层楼信号转换为 BCD 码的形式从输出口 0600、0601、0602 输出，数码管显示器（硬件译码）指示电梯所在楼层。

2. 开关门控制

（1）基站厅外泊梯钥匙开关门 关闭电梯时，应将电梯开回基站，基站位置开关 JZK 接通。把操纵盘（检修盒内）安全开关 TAN 置在 OFF 位置，01、23 号线接通（见图 4-51）。此时，TAN 常闭触点断开，安全继电器 KY 失电释放，KY（5、6）常开触点断开 PLC 控制器电源，PLC 停止工作。

1）关门。把泊梯钥匙开关 TYK 置在 OFF 位置，使 23、25 号线接通，关门继电器 KGM 得电吸合，门电动机得电关门，关门到位 3GM 断开，KGM 失电释放。实现基站厅外泊梯钥匙关门。

2）开门。开启电梯时，将泊梯开关 TYK 置在 ON 位置，使 23、27 号线接通，开门继电器 KKM 得电吸合，门电动机得电开门，开门到位 2KM 断开，KKM 失电释放。实现基站厅外钥匙开门。

电梯开门后，把轿厢操作盘上安全开关 TAN 置在 ON 位置，TAN 常开触点断开，图 4-51 中 01、23 号线断开，基站厅外钥匙开关门失效；TAN 常闭触点闭合，使安全继电器 KY 得电吸合，PLC 控制器通电，电梯正常工作。

（2）检修状态手动开关门 在图 4-52a 中，在检修状态下，0000 为 ON，使 1102 为 ON，1102 常闭触点断开，开关门输出 0500、0501 无自锁，开关门按钮点动有效。如：按下开门按钮 SBK，0009 为 ON，使 0501 输出为 ON，开门继电器 KKM 得电吸合，电梯开门；按下关门按钮 SBG，0008 为 ON，使 0500 输出为 ON，关门继电器 KGM 得电吸合，电梯关门。

（3）有司机状态开关门 在有司机状态下，0001 为 ON，其常闭触点断开，关门按钮 SBG（0008）操作无效；在电梯停止运行时，按开门按钮 SBK（0009 为 ON）使 0501 输出为 ON，开门继电器 KKM 得电吸合，电梯开门。

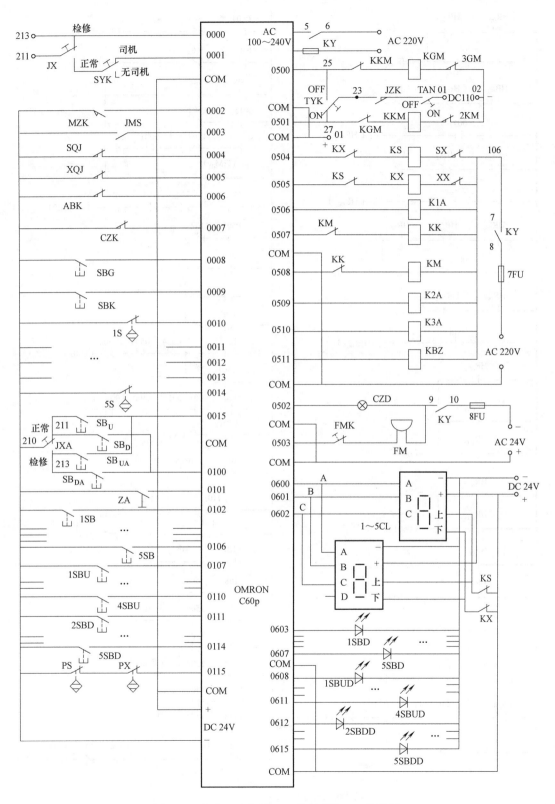

图 4-51 交流双速电梯 PLC 控制系统 I/O 电路图

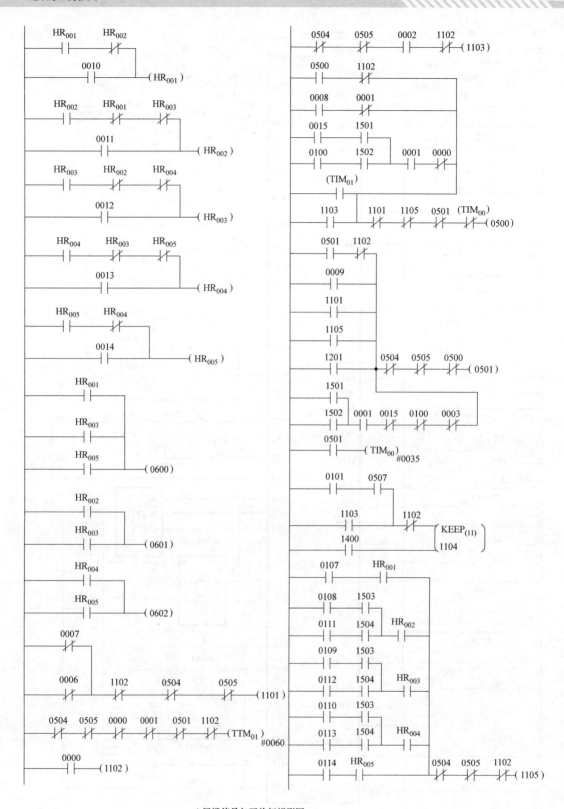

a) 层楼信号与开关门梯形图

图 4-52　交流双速电梯 PLC 控制梯形图

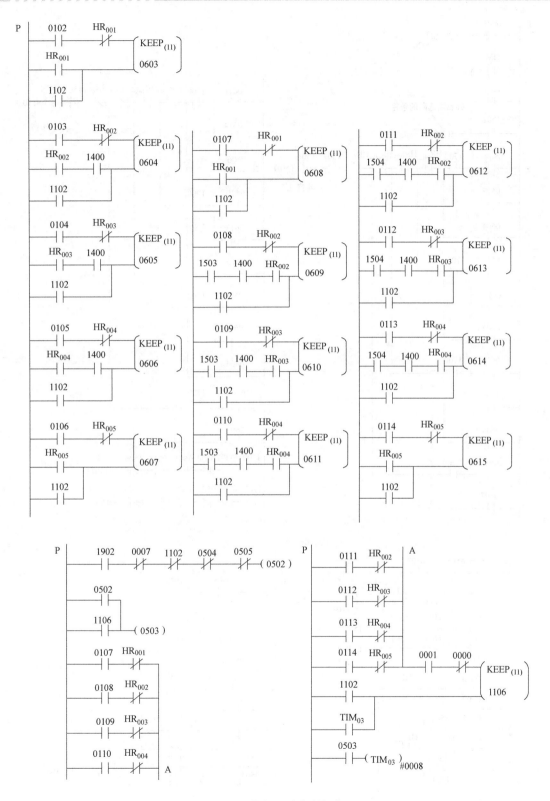

b) 指令、召唤信号梯形图

图 4-52　交流双速电梯 PLC 控制梯形图（续）

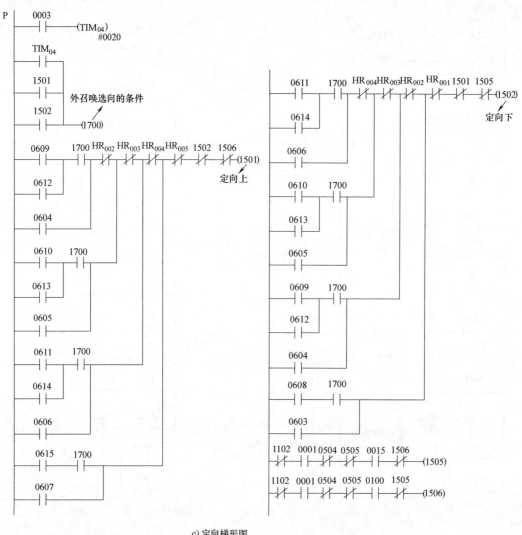

c) 定向梯形图

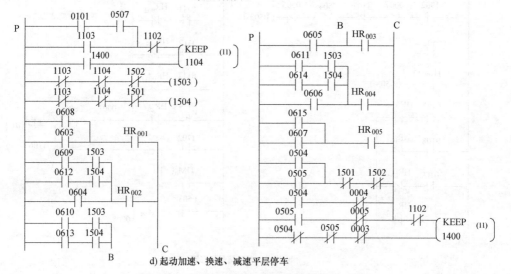

d) 起动加速、换速、减速平层停车

图 4-52　交流双速电梯 PLC 控制梯形图（续）

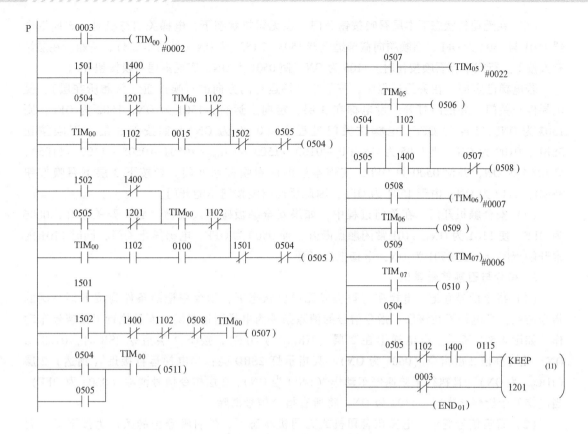

d) 起动加速、换速、减速平层停车(续)

图 4-52　交流双速电梯 PLC 控制梯形图（续）

在指令信号登记后，即电梯定向上（1501 为 ON）或向下（1502 为 ON），司机按下向上按钮 SB_U（0015 为 ON）或向下按钮 SB_D（0100 为 ON），使关门输出继电器 0500 为 ON，电梯关门。待关门到位电梯起动后，方可松开 SB_U（或 SB_D）。否则，0501（最下面一条通路）为 ON，门又会重新打开。

电梯运行达到目的层站，平层停车（见图 4-52d），1201 为 ON，使输出 0501 为 ON，电梯自动开门。

（4）无司机状态开关门　在 0000 与 0001 均为 OFF 时为无司机状态。在电梯停止运行时，手动按一下开门或关门按钮，电梯自动开门（0501 为 ON）或关门（0500 为 ON）。

电梯停止运行，且开门延时达到 6s，TIM_{01} 为 ON，其常开触点闭合，使输出继电器 0500 为 ON，电梯自动关门。电梯运行达到目的层站，平层停车，1201 为 ON，使输出 0501 为 ON，电梯自动开门。

（5）满载、超载开关门控制　在有司机或无司机状态下，电梯轿厢满载时，MZK 闭合（0002 为 ON），使 1103 为 ON，0500 为 ON，电梯自动关门。当电梯轿厢超载时，CZK 断开（0007 为 OFF），0007 的常闭触点闭合，使 1101 为 ON，1101 常闭触点为 OFF，使 0500 为 OFF，电梯不关门，并使 0501 为 ON，电梯开门。

电梯轿厢超载时，0007 的常闭触点闭合，经 1902 持续通断，0502 输出控制信号灯 CZD 闪亮，0503 输出控制蜂鸣器 FM 发警示声，可按 FMK 开关暂停警示声（见图 4-51）。

（6）在无司机状态下本层召唤按钮开门 在无司机状态下，电梯关门待机时，定向继电器1501与1502为OFF，召唤顺向截梯继电器1503与1504为ON（见图4-52d）。轿厢所在层站有人按下上行或下行召唤按钮时，1105为ON，使0501为ON，实现本层召唤按钮开门。

若电梯已定向，在关门过程中，按下与电梯运行同方向的召唤按钮（轿厢所在层），使电梯停止关门，并把门打开。设电梯在3层，定向上运行，1501为ON，1502为OFF，则1503为ON，1504为OFF。电梯在关门过程中（0500为ON），如按下3层上召唤按钮3SBU，0109为ON，使1105为ON（P→0109→1503→HR$_{003}$→0504→0505→1102→1105），则0501为ON，并使0500为OFF，实现本层顺向召唤按钮开门。如按下3层下召唤按钮3SBD，0112为ON，由于1504为OFF，因此反向召唤按钮不能开门。

（7）安全触板开门 在关门过程中，如果安全触板碰到人或物，ABK开关断开，0006为OFF，使1101为ON，1101常闭触点断开，使0500为OFF，电梯停止关门，同时1101的常开触点闭合，使0501为ON，电梯把门打开。

3. 指令与召唤信号登记

（1）指令信号登记 电梯在有司机或无司机状态下，指令登记的条件为按下某一层的指令按钮，且电梯不在该层；指令信号的消除条件为电梯到达该层，而且执行了减速停车动作，如图4-52b所示。设电梯不在2层（HR$_{002}$为OFF），按下2层指令2SB时，0103为ON，此时登记2层指令（0604为ON），其指示灯2SBD亮；当电梯运行接近（到达）2层（HR$_{002}$为ON），且执行了减速停车动作（1400为ON），2层指令信号消除（0604为OFF）。当电梯处于检修状态时，1102为ON，将所有指令信号消除。

（2）召唤信号登记 电梯在有司机或无司机状态下，外召唤登记的条件为按下某一召唤按钮，且电梯不在该层；外召唤信号消除的条件为电梯到达本层、满足该召唤的顺向截梯或最远反向截梯的条件且执行了减速停车动作。如电梯在1层，已登记5层指令信号，这时有人按下4层召唤按钮4SBU与4SBD，即HR$_{004}$为OFF、0110与0113为ON，则4层上、下召唤被登记（0611与0614为ON），其指示灯（4SBUD、4SBDD）亮。当电梯上行接近4层（HR$_{004}$为ON），执行换速动作（见图4-52d，1503、1400为ON），4层上行召唤信号被消除（0611为OFF），而4层下行召唤0614信号仍保持（1504为OFF）。

电梯在有司机状态下（0001为ON），按下电梯所在层之外楼层的召唤按钮时，轿厢（召唤）蜂鸣器响，提示司机把电梯开往相应楼层接送乘客。如电梯停在1层，有人在4层按下上召唤按钮（0110、0611为ON），则1106为ON［P→0110→HR004→0001→0000→KEEP（1106）］，使0503为ON，蜂鸣器FM发出提示响声约0.8s（每按一次召唤按钮，计时到TIM$_{03}$为ON，使1106为OFF）。

4. 定向

电梯在有司机或无司机状态下，定向控制的原则如下：登记的呼梯（指令、召唤）信号与电梯轿厢位置比较，在轿厢所在层楼之上的呼梯（指令、召唤）信号，则定上行方向，反之则定下行方向。电梯定向后其他呼梯（指令、召唤）信号不能改变电梯运行方向，满足条件的呼梯（指令、召唤）信号可以使电梯运行方向延续，直到该方向的呼梯（指令、召唤）信号执行完电梯才能换向。

图4-52c中，内部继电器1700为厅外召唤信号定向的条件。电梯未定向（1501、1502为OFF），召唤信号必须在电梯门关闭延时达到2s、TIM$_{04}$为ON、使1700为ON后才能定

向。而指令信号在电梯未定向时可立即定向，即指令优先定向。

（1）指令信号定向　设电梯停在 3 层（HR_{003} 为 ON）未定向，如按下 4 层指令按钮 4SB（0105 为 ON）并登记，0606 为 ON，使 1501 为 ON，电梯定上行方向。因 HR_{003} 常闭触点断开，下行方向继电器 1502 为 OFF。如果此时不是按按钮 4SB，而是按下 2 层指令按钮 2SB（0103 为 ON）并登记，0604 为 ON，则 1502 为 ON，电梯定下行方向。

（2）召唤信号定向　设电梯停在 3 层待梯，且门关闭延时达到 2s（TIM_{04} 为 ON），使 1700 为 ON，厅外召唤信号定向有效。此时，如有人按下 1 层上召唤按钮 1SBU（0107 为 ON）并登记，0608 为 ON，使 1502 为 ON，电梯定下行方向。如果此时是按下 4 层下召唤按钮 4SBD（0113 为 ON）并登记，0614 为 ON，则 1501 为 ON，电梯定上行方向。

（3）司机强行改变运行方向　在有司机状态下，在电梯起动运行前，司机可通过操纵方向起动按钮（SB_U 或 SB_D）来改变电梯的运行方向。如电梯停在 3 层，先登记了 2 层指令信号（0604 为 ON），电梯定下行方向（1502 为 ON），然后按下 4 层指令并登记（0606 为 ON），正常情况下，司机按下行起动按钮 SB_D（0100 为 ON），使 0500、1506 为 ON，电梯关门、起动开往 2 层。此时，如果司机按上行起动按钮 SB_U（0015 为 ON），则 1505 为 ON，使 1502 变为 OFF，这时 4 层指令信号 0606 使 1501 为 ON，电梯改定上行方向，进而使 0500 为 ON，电梯关门、起动开往 4 层。

5. 起动、加速运行

电梯呼梯（指令、召唤）信号登记、定向，关门到位后电梯就起动运行。设电梯停在 1 层，按下 4 层指令按钮 4SB 并登记（0606 为 ON），电梯定上行方向（1501 为 ON）。无司机状态下，按关门按钮 SBG 或停梯开门延时时间到（TIM_{01} 为 ON）自动关门，或有司机状态下按下上行起动按钮（SB_U）关门。关门到位，轿门与各层厅门均关闭，即门锁继电器 JMS 得电吸合。

（1）起动　在图 4-52d 中，当 JMS 得电吸合，0003 为 ON，延时 0.2s（确保关门可靠到位）后 TIM_{00} 为 ON，使 0504（上行继电器）与 0507（快速继电器）为 ON，则上行接触器 KS 和快车接触器 KK 得电吸合。同时，0511 为 ON，使电磁制动器线圈 KBZ 通电松闸，曳引电动机 M 快速绕组串联阻抗起动，电动机正转，电梯轿厢向上运行。

（2）加速　电梯起动，0507 为 ON，延时 2.2s（根据需要调整）后 TIM_{05} 为 ON，使加速继电器 0506 为 ON，则加速接触器 K1A 得电吸合。其主触点将起动阻抗（R_K、X_K）短接，曳引电动机在额定电压作用下加速至额定转速运行。

6. 换（减）速、平层停车

（1）换（减）速　电梯向上运行接近 4 层时，轿厢上的遮磁板插入 4 层感应器 4S，0013 为 ON，使 HR_{004} 为 ON，此时 4 层指令信号 0606 为 ON，则换速停车继电器 1400 为 ON，发出换（减）速信号，使 0507 为 OFF，快速接触器 KK 与加速接触器 K1A 失电释放。同时使 0508 为 ON，慢车接触器 KM 得电吸合，电动机 M 低速绕组串联阻抗（R_M、X_M）制动减速。并对该层的内选与同向召唤信号消号，即使 4 层指令继电器 0606 为 OFF 消号。

（2）一级减速　0508 为 ON 延时 0.7s（根据需要调整）后 TIM_{06} 为 ON，使一级减速输出 0509 为 ON，则减速接触器 K2A 得电吸合，其主触点将减速电阻 R_M 短接，曳引电动机一级减速。

（3）二级减速　一级减速输出 0509 为 ON，延时 0.6s（根据需要调整）后 TIM_{07} 为

ON，使二级减速输出 0510 为 ON，则二级减速接触器 K3A 得电吸合。其主触点将减速阻抗（R_M、X_M）短接，曳引电动机在额定电压作用下减速至额定转速（平层速度）继续向上运行。

（4）平层停车　轿厢上行到达平层位置，遮磁板先后插入上、下平层感应器中，PS 与 PX 触点接通，0115 为 ON。此时，0504、1400、1102 常闭触点为 ON，使平层停车继电器 1201 为 ON，1201 常闭触点为 OFF，断开 0504 的自锁通路，则 0504 为 OFF，上行接触器 KS 失电释放，切断曳引电动机 M 电源。同时，0511 为 OFF，制动器线圈 KBZ 断电抱闸，电梯轿厢平层停车，并使接触器 KM、K2A、K3A 失电释放。

7. 检修运行

在检修状态下（JXA 或 JX 置"检修"位置），0000 为 ON 使 1102 为 ON，按关门按钮，使电梯轿门与各层厅门均关闭，JMS 得电吸合，0003 为 ON，延时 0.2s（确保关门可靠到位）后 TIM_{00} 为 ON。轿顶检修开关 JXA 置"正常"位置，即 210 与 211 号线接通，轿厢检修开关 JX 置"检修"位置，轿厢检修慢上按钮 SB_U 与慢下按钮 SB_D 操作有效。当轿顶 JXA 开关置"检修"位置，即 210 与 213 号线接通，轿内检修操作无效，只能由轿顶检修慢上按钮 SB_{UA} 与慢下按钮 SB_{DA} 进行检修操作。检修运行操作点动有效。

如：轿顶 JXA 置"正常"位置，轿厢 JX 置"检修"位置，0000 为 ON，按下轿内检修慢上按钮 SB_U，0015 为 ON，此时，1102、TIM_{00}、1502 常闭触点、0505 常闭触点为 ON，使上行输出 0504（见图 4-52d）、低速运行输出 0508、制动器 0511 为 ON，上行接触器 KS、慢车接触器 KM 得电吸合，制动器线圈 KBZ 通电松闸，曳引电动机 M 低速绕组串联阻抗（R_M、X_M）起动，电动机正转，轿厢向上运行。0508 为 ON，延时 0.7s 后 TIM_{06} 为 ON，使 0509 为 ON，则接触器 K2A 得电吸合。其主触点将电阻 R_K 短接，曳引电动机一级加速。0509 为 ON，延时 0.6s 后 TIM_{07} 为 ON，使 0510 为 ON，则接触器 K3A 得电吸合。其主触点将阻抗（R_M、X_M）短接，曳引电动机在额定电压下加速至额定检修速度，电梯低速向上运行。如果按下轿内检修慢下按钮 SB_D，电梯低速向下运行。

8. 终端保护功能

电梯在井道的上、下终端装有强迫换速开关、限位开关与极限开关。极限开关动作可使安全继电器断电释放，PLC 断电，电梯停止运行。

（1）上下强迫换速停车　电梯快速上行（或下行）达到上（或下）端站正常换速点后，若由于系统故障或其他原因电梯未换（减）速，仍处于快速上行（或下行）状态，1400 为 OFF。这时，轿厢上打板触动上（或下）强迫换速开关动作，SQJ 断开，0004 为 OFF（或 XQJ 断开，0005 为 OFF），其常闭触点为 ON，使 1400 为 ON（见图 4-52d），电梯强迫换（减）速。

（2）上下行限位保护　当轿厢驶过端站平层位置后继续运行时，开关打板碰及上限位开关 SX 或下限位开关 XX，其触点断开，使接触器 KS 或 KX 失电释放，KBZ 断电抱闸，电梯立即停车。

4.3.5　VVVF 电梯的 PLC 控制系统

VVVF 电梯主电路如图 4-53 所示，三相交流电经电源开关（Q）、电源接触器 KDY 输入变频器的 R、S、T，变频器的输出 U、V、W 经运行接触器 KYX 向曳引电动机供电，编码器 PG 检测电动机的转速反馈到变频器，实现闭环控制。直流门机电路如图 4-12 所示。图 4-54 为 5 层 5 站 VVVF 电梯 PLC 控制 I/O 电路图。电源接触器、运行接触器、抱闸继电器、开关门继电器采用交流 220V 电源控制；直流 110V 电源为安全继电器、门锁继电器、抱闸线圈、门电动机等供电；直流 24V 电源为超载指示灯、呼梯铃（蜂鸣器）、呼梯指示灯与层楼指示器等供电。VVVF 电梯 PLC 控制梯形图如图 4-55 所示。下面介绍其原理。

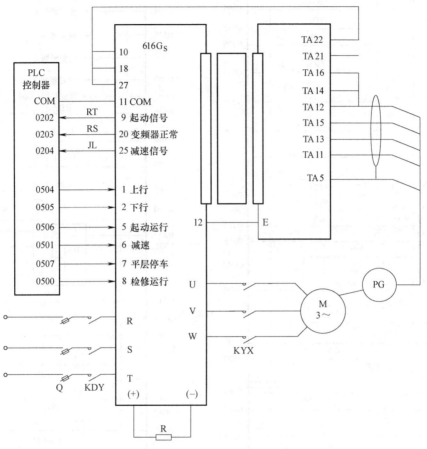

图 4-53　VVVF 电梯主电路图

1. 层楼信号指示

在轿顶安装一对光电开关（SGD、XGD），在井道内每层上、下减速点位置各安装一块遮光板，当轿厢运行到每层减速点时，遮光板即插入光电开关一次，控制系统取得层楼信号，如果要在该层停车，则该点就是开始减速的位置。在图 4-55a 中，利用 PLC 内部特殊的 CNTR 可逆计数器完成上升一层加 1、下降一层减 1，利用增计数功能将 0010（上限开关 SX）、0504（上行）、1900（0.1s 时钟脉冲）和 HR_{004}（电梯在 5 楼的内部寄存器）完成顶层端站的强迫校准（当上行至上限开关被触动时，电梯在 5 层，由 1900 不断发出脉冲信号使计数器不断加 1，直到 HR_{004} 为 ON，即楼层信号与电梯在 5 楼一致为止）。底层端站强迫校准使用 CNTR 的复位端，这使得 CNT（20）的计数为底层楼层数。通过 BIN 指令进行二进制转换，通过 MLPX 指令驱动相应的 $HR_{000} \sim HR_{004}$ 内部寄存器，代表电梯在 1~5 层，然后转换为 BCD 码的形式输出到 0600、0601、0602，用以指示电梯所在楼层。

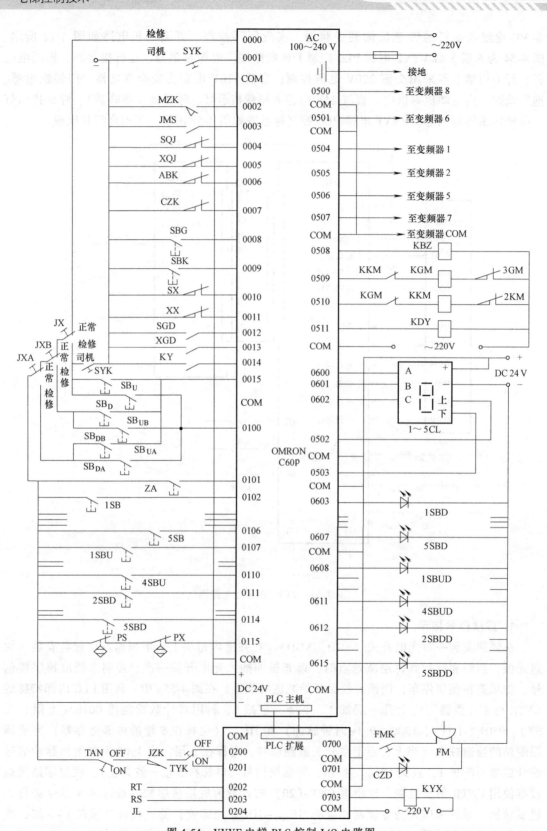

图 4-54 VVVF 电梯 PLC 控制 I/O 电路图

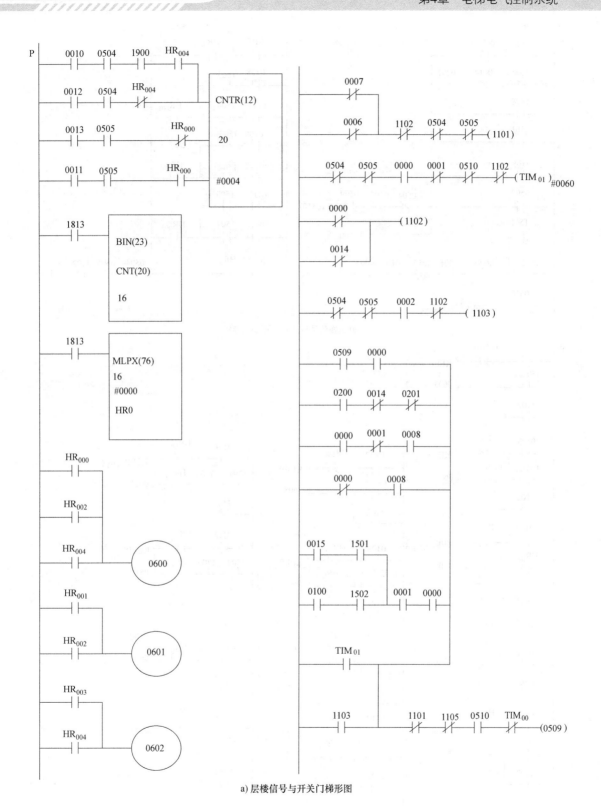

a) 层楼信号与开关门梯形图

图 4-55　VVVF 电梯 PLC 控制梯形图

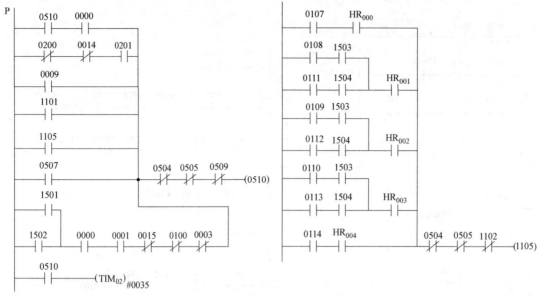

a) 层楼信号与开关门梯形图(续)

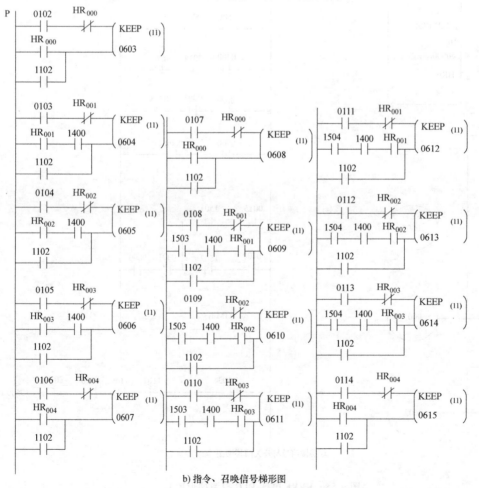

b) 指令、召唤信号梯形图

图 4-55 VVVF 电梯 PLC 控制梯形图 (续)

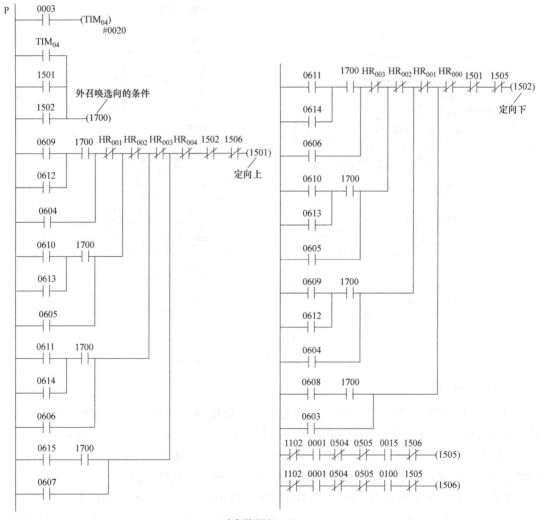

b) 指令、召唤信号梯形图(续)

c) 定向梯形图

图 4-55 VVVF 电梯 PLC 控制梯形图 (续)

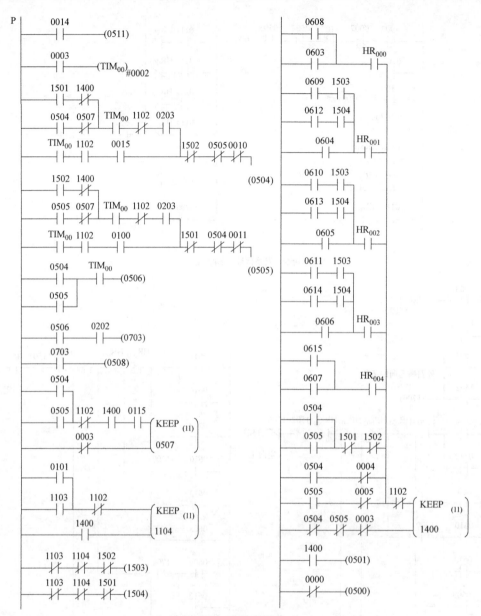

d) 起动运行、减速平层停车

图 4-55　VVVF 电梯 PLC 控制梯形图（续）

2. 开关门控制

（1）基站厅外泊梯钥匙开关门　关闭电梯时，将电梯开回基站，基站开关 JZK 接通。把操纵盘（检修盒内）安全开关 TAN 置于 OFF 位置，安全继电器 KY 失电释放，0014 为 OFF，将泊梯钥匙开关 TYK 置于 OFF 位置（见图 4-54），则 0200 为 ON，0201 为 OFF，使 0509 输出为 ON（见图 4-55a），关门继电器 KGM 得电吸合，电梯关门。

开启电梯时，将泊梯开关 TYK 置于 ON 位置，则 0201 为 ON，0200 为 OFF，使 0510 输出为 ON，开门继电器 KKM 得电吸合，电梯开门。电梯开门后，把轿厢操作盘上安全开关 TAN 置于 ON 位置，TAN 常闭触点闭合，使安全继电器 KY 得电吸合，泊梯钥匙 TYK 开关门失效，电梯正常运行。

（2）检修状态手动开关门　轿内、轿顶、机房检修开关分别为 JX、JXA、JXB，其中一个置于检修位置，PLC 输入 0000 为 OFF，其常开触点断开，开关门输出 0509、0510 无自锁功能，开关门按钮点动有效。按关门按钮 SBG（0008 为 ON），使 0509 输出为 ON，关门继电器 KGM 得电吸合，电梯点动关门。按开门按钮 SBK（0009 为 ON），使 0510 输出为 ON，开门继电器 KKM 得电吸合，电梯点动开门。

（3）有司机状态开关门　0000 为 ON，且 SYK 置于"司机"位置，0001 为 ON，此时为司机操作运行状态。这时 SYK 常开触点接通，为方向起动按钮（SB_U、SB_D）接通电源（见图 4-54）。在图 4-55a 中，0001 常闭触点断开，关门按钮（SBG，0008）操作无效。在电梯停车时，按开门按钮 SBK（0009 为 ON），使 0510 输出为 ON，开门继电器 KKM 得电吸合，电梯自动开门。

在指令信号登记后，电梯定向上（1501 为 ON）或下（1502 为 ON），司机按下向上起动按钮 SB_U（0015 为 ON）或向下起动按钮 SB_D（0100 为 ON），使关门输出继电器 0509 为 ON，电梯关门，待关门到位电梯起动后，方可松开 SB_U（或 SB_D）。否则，0510（最下面一条通路）为 ON，门又会重新打开。

电梯运行达到目的层站，平层停车（见图 4-55d），0507 为 ON，使 0510 输出为 ON，电梯自动开门。

（4）无司机状态开关门　在 0000 为 ON，且 0001 为 OFF 时为无司机状态。在电梯停止运行时，手动按下关门按钮（0008 为 ON）或开门按钮（0009 为 ON），可使电梯自动关门（0509 为 ON）或自动开门（0510 为 ON）。

电梯停止运行，且开门延时达到 6s，TIM_{01} 为 ON，其常开触点闭合，使 0509 为 ON，电梯自动关门。电梯运行达到目的层站，平层停车，0507 为 ON，使 0510 输出为 ON，电梯自动开门。

（5）满载、超载开关门控制　在有司机或无司机状态下，电梯轿厢满载时，MZK 闭合（0002 为 ON），使 1103 为 ON，0509 为 ON，电梯自动关门。当电梯轿厢超载时，CZK 断开（0007 为 OFF），0007 的常闭触点闭合，使 1101 为 ON（见图 4-55a），断开 0509 通路，不能关门，并使 0510 为 ON，电梯开门。

电梯轿厢超载时，0007 的常闭触点闭合，经 1902 持续通断，0701 输出控制信号灯 CZD 闪亮，0700 输出控制蜂鸣器 FM 发出警示声（见图 4-55b）。

（6）在无司机状态下本层召唤按钮开门　在无司机状态下，电梯关门待机时，定向继电器 1501 与 1502 为 OFF，1503 与 1504 为 ON。轿厢所在层站有人按下上行或下行召唤按钮时，1105 为 ON，使 0510 为 ON，实现本层召唤按钮开门。

若电梯已定向，在关门过程中，按下与电梯运行同方向的召唤按钮，使电梯停止关门，并开门。设电梯在 3 层，定向上运行 1501 为 ON，1502 为 OFF，则 1503 为 ON，1504 为 OFF。在关门过程中（0509 为 ON），如按下 3 层上召唤按钮 3SBU，0109 为 ON，则 1105 为 ON（P→0109→1503→HR_{002}→0504→0505→1102→1105），使 0509 为 OFF，0510 为 ON，实现本层顺向召唤按钮开门。如按下 3 层下召唤按钮 3SBD，0112 为 ON，由于 1504 为 OFF，反向召唤按钮不能开门。

（7）安全触板开门　在关门过程中，如果安全触板碰到人或物，则 ABK 开关断开，

0006 为 OFF，使 1101 为 ON（见图 4-55a），1101 常闭触点断开，使 0509 为 OFF，电梯停止关门，同时，1101 的常开触点闭合，使 0510 为 ON，电梯把门打开。

3. 指令与召唤信号登记

（1）指令信号登记　原理同图 4-52b。在图 4-55b 中，如电梯不在 2 层，按下 2 层指令 2SB 时，0103 为 ON，登记 2 层指令信号（0604 为 ON），其指示灯 2SBD 亮。当电梯运行接近 2 层（HR_{001} 为 ON），且执行了减速停车动作，1400 为 ON（见图 4-55d），2 层指令信号消除（0604 为 OFF）。电梯处于检修状态或安全电路故障（KY 失电释放，0014 为 OFF）时，1102 为 ON，将所有呼梯（指令、召唤）信号消除。

（2）召唤信号登记　原理同图 4-52b。如电梯在 1 层，已登记 5 层指令信号。然后，在 4 层有人按下上召唤按钮 4SBU、下召唤按钮 4SBD，即 0110 与 0113 为 ON，则 4 层上、下召唤信号被登记（0611 与 0614 为 ON），其指示灯（4SBUD、4SBDD）亮。当电梯上行接近 4 层（HR_{003} 为 ON），执行减速停车动作，1503、1400 为 ON（见图 4-55d），4 层上行召唤信号被消除（0611 为 OFF），而 4 层下行召唤信号 0614 仍保持（1504 为 OFF）。

电梯在有司机状态下（0000、0001 均为 ON），按下电梯所在层之外楼层的召唤按钮，使轿厢（召唤）蜂鸣器响。如电梯停在 1 层，有人在 4 层按上召唤按钮（0110、0611 为 ON），则 1106 为 ON，使 0700 为 ON，蜂鸣器 FM 发出提示响声约 0.8s（每按一次召唤按钮，计时到 TIM_{03} 为 ON，使 1106 为 OFF）。

4. 定向

在图 4-55c 中，内部继电器 1700 为厅外召唤信号定向的条件。电梯未定向（1501、1502 为 OFF），召唤信号必须在电梯门关闭延时达到 2s、TIM_{04} 为 ON、使 1700 为 ON 后才能定向。而指令信号在电梯未定向时可立即定向，即指令优先定向。

（1）指令信号定向　设电梯停在 3 层（HR_{002} 为 ON）待梯，未定向。如按下 4 层指令按钮 4SB（0105 为 ON）并登记，即 0606 为 ON，使 1501 为 ON，电梯定上行方向。因 HR_{002} 常闭触点断开，故下行方向继电器 1502 为 OFF。如果此时不是按按钮 4SB，而是按下 2 层指令按钮 2SB（0103 为 ON）并登记，即 0604 为 ON，则使 1502 为 ON，电梯定下行方向。

（2）召唤信号定向　设电梯停在 3 层（HR_{002} 为 ON）待机，且门关闭延时达到 2s 后（TIM_{04} 为 ON）1700 为 ON，有人按下 1 层上召唤按钮 1SBU（0107 为 ON）并登记，0608 为 ON，使 1502 为 ON，电梯定下行方向。如果是按下 4 层下召唤按钮 4SBD（0113 为 ON）并登记，0614 为 ON，使 1501 为 ON，电梯定上行方向。

（3）司机强行改变运行方向　在有司机状态下，设电梯停在 3 层，先登记 2 层指令信号（0604 为 ON），电梯定下行方向（1502 为 ON），然后登记了 4 层指令信号（0606 为 ON），正常情况下，司机按下下行起动按钮 SB_D，电梯关门起动下行开往 2 层。此时，如果司机按上行起动按钮 SB_U，0015 为 ON，则 1505 为 ON，使 1502 变为 OFF，这时 4 层指令信号 0606 使 1501 为 ON，电梯改定上行方向。

5. 起动运行、平层停车

电梯起动→加速→额定速度运行→减速→平层→停车，以及检修运行的速度曲线，均在变频器中预先设置完成。变频器与 PLC 的连接如图 4-53 所示，电梯的运行方向是由 PLC 的输出 0504（上行）、0505（下行）输入到变频器的 1、2 端子控制。

电梯呼梯信号登记、定向（1501 或 1502 为 ON），关门到位使 0003 为 ON，延时 0.2s 后，TIM_{00} 为 ON。若变频器工作正常（RS 端）输入 PLC，0203 为 ON，则 PLC 输出电梯上行（0504 为 ON）或下行（0505 为 ON）信号（见图 4-55d），且起动运行信号 0506 为 ON 输入到变频器（5 端子）。若变频器正常起动，则返回信号输入 PLC 的 0202 为 ON，PLC 输出 0703 与 0508 为 ON，使运行接触器 KXY、抱闸接触器 KBZ 得电吸合，制动器得电松闸，曳引电动机通电运行，电梯按设定的速度曲线上行或下行起动加速至额定速度运行。

当电梯运行接近目的层站时，电梯的选层（减速）信号 1400 为 ON（见图 4-55d），PLC 输出 0501 为 ON，输入变频器 6 端子，电梯按设定的速度曲线减速运行。

当电梯运行到平层位置时，PS 与 PX 触点接通，0115 为 ON，使停车制动信号 0507 为 ON（见图 4-55d），输入变频器 7 端子。同时，0507 常闭触点断开，使上行 0504 为 OFF 或下行 0505 为 OFF。因而 0506（起动运行）与 0508（制动器）为 OFF，电梯平层停车。

6. 检修运行

轿顶检修 JXA 具有最高优先权，JXA 在"检修"位置，只有轿顶慢上按钮 SB_{UA} 与慢下按钮 SB_{DA} 才能操作电梯运行，而机房（控制柜）与轿内检修操作无效。只有当轿顶 JXA 与机房（控制柜）JXB 均在"正常"位置，轿内检修操作才有效。

JX、JXB、JXA 有一个开关在"检修"位置，0000 为 OFF，电梯在检修状态。0500 为 ON（见图 4-53）输入变频器 8 端子（设置慢速）。在电梯门关闭、0003 为 ON 延时 0.2s 后，TIM_{00} 为 ON。按下相应位置的慢上或慢下按钮，0015 或 0100 为 ON，使上行 0504 或下行 0505 为 ON，起动运行信号 0506 为 ON，变频器正常起动则返回信号输入 PLC 的 0202 为 ON，PLC 输出 0703 与 0508 为 ON，使运行接触器 KXY、抱闸接触器 KBZ 得电吸合，制动器松闸、曳引电动机通电运行，电梯按设定的速度曲线起动加速至额定速度（慢速）运行，检修运行操作点动有效。

4.4 电梯微机控制系统

4.4.1 电梯微机控制系统的结构与基本原理

1. 电梯微机控制系统结构

现代电梯通常采用 VVVF 调速、多微机分散控制，典型的多微机控制 VVVF 电梯电气系统结构如图 4-56 所示，主要由管理、控制、拖动、串行传送和接口电路等部分组成。图中，群控部分与电梯管理部分之间的信息传送通常采用光纤通信，电梯群控时，层站召唤信号由群控部分接收和处理。

2. 微机控制总线结构

VVVF 电梯多微机控制总线如图 4-57 所示。C-CPU 为管理和控制两部分共用，采用定时中断方式运行。S-CPU 主要进行层站召唤和轿内指令信号的采集和处理，分两路以串行方式传送信号。D-CPU 主要对拖动部分进行控制。

CPU（微机）之间通过总线相互连接，为使运算互不干扰，CPU（微机）各自的 EPROM 地址互不重复。电梯群控时，C-CPU 配备通信接口（光纤）与群控系统进行通信，传送电梯与群控系统交换的信息。同时，S-CPU 不再处理电梯的层站召唤信号，群内各台电

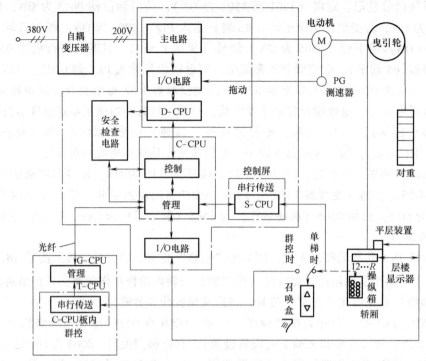

图 4-56　多微机控制 VVVF 电梯电气系统结构示意图

梯的所有召唤信号均由群控系统的 T-CPU 处理。

3. 电梯管理及操作功能

现代电梯微机控制技术向着多功能、智能化的方向发展。电梯的运行功能种类很多，这里仅对其中一部分典型的、具有代表性的功能做一简要的说明。

（1）标准功能　标准功能就是每台电梯必备的功能，例如，电梯的自动运行（包括自

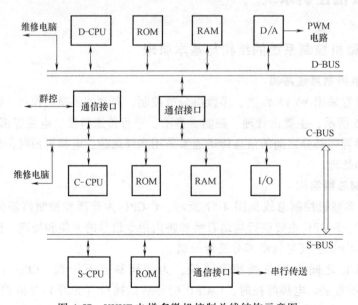

图 4-57　VVVF 电梯多微机控制总线结构示意图

动开关门、自动起动、平层停车等）、安全触板、本层开门、手动运行（检修运行）等。

1）电梯故障时，低速就近层楼停靠，自动开门放出乘客。

2）反向的轿内指令信号自动消除，通常这些信号是错误登记。

3）自动应急处理。电梯联控（并联、群控）时，如果其中一台电梯在确定运行方向后，数十秒尚未起动运行（如发生故障），分配给这台电梯的层站召唤迟迟得不到响应，联控（并联、群控）系统就把这台电梯切出联控范围，将对应的层站召唤分配给群内其他电梯去执行。一旦那台电梯又可以正常运行后，联控（并联、群控）系统又重新把它纳入联控范围。

4）无呼梯信号时，轿厢风扇、照明延时自动关闭。

5）开门保持时间自动控制。控制系统设置两种不同的开门保持时间，电梯根据轿内指令信号或召唤信号停站，自动选择开门保持时间的长短。

6）电梯开门受阻（如所停层站的层门出现故障或垃圾卡入地坎）时换层停靠，自动开门放出乘客。

7）重复关门。当关门动作维持一段时间后，如果门仍未关闭（关门受阻），就改为开门动作，门打开延时一段时间后，再做关门动作（以免电动机堵转烧毁）。如此反复，直至门关闭为止。

（2）选择功能

1）强行关门。当电梯停层时运行方向确定数十秒后，如果门还没有关闭（层站顺向召唤按钮卡住松不开，电梯关不了门），此时只要开门按钮没按下且安全触板没有动作，电梯就会强行关门，关闭后立即起动运行。

2）门的光电装置安全操作。如果电梯门光电装置的发射器或接收器被灰尘堵住，这台电梯就不会关门。因此，本功能采取以下对策：其一，只要按下关门按钮，即使光电装置的光线被挡住，电梯照样关门；其二，当连续数十秒光线被挡住后，电梯蜂鸣器发出警示声（提示阻挡者离开），同时自动关门，因为一般不可能连续数十秒内不断有乘客进出轿厢。

3）门的超声波装置安全操作。电梯还可配有与光电装置作用相同的超声波装置。如有人站在电梯层门附近或有货物堆放在层门附近，超声波装置会误以为有人在进出轿厢，为此，本功能采取以下对策：按住关门按钮或超声波装置连续数十秒测到目标时，电梯关门。

4）电子门安全操作。电子门操作保证不让乘客碰到门边缘，比光电装置和超声波装置具有更高的安全系数。即电梯在关门过程中只要乘客或货物接近门边缘（相距约10mm），电子门即动作，立即重新开门。

5）停电自动平层。当停电时，电梯停在两层站之间，延时几秒后，利用自动平层装置起动电梯，低速运行到最近层站停靠后，自动开门放出乘客，以保证乘客的安全。

6）轿内无用指令信号的自动消除（也称防捣乱控制）。当电梯探测到轿内指令信号数多于乘客人数时，就认为其中有无用指令信号，会将其全部消除。真正需要的指令信号可重新登记。

7）层站停机开关（泊梯开关）操作。一旦关掉层站停机开关后，层站的所有召唤立即失效（已登记的信号也被消除），但轿内指令继续有效，直到服务完轿内指令信号后，电梯再返回到基站。自动开门保持一段时间后关门停机，同时切断轿内照明和风扇。

8）独立运行。群控时，所有群内电梯是由群控系统统一调配，即每台电梯除了响应本身的轿内指令外，还要响应群控系统分配的层站召唤。当电梯司机合上轿内的独立运行开关后，这台电梯就开始独立运行（有司机操纵），即它不响应层站召唤（群控系统不把任何召唤分配给它），而仅响应本身的轿内指令信号，而且没有自动关门操作，只能手动操作关门。

9）分散待命。当所有电梯（群控系统）处于待命状态时，保证一台电梯停在基站，其他电梯分散停在中间层站区。

10）消防功能。当消防开关接通时，同一大楼的所有电梯进入"消防返回基站"运行方式，消防电梯在基站开门后进入"消防员专用"运行方式，其他电梯则在基站开门延时3~5s后自动关门，然后停止运行。

除了上述操作功能外，现代电梯的选择功能还有许多，例如：密码服务、刷卡服务、语音报站、电梯集中监控、上电自动平层；上下行高峰服务功能、会议室服务、贵宾层服务、节能运行、指定层强行停车、服务层切换、紧急医护运行、地震时紧急运行、即时预报（乘客一按下层站召唤就可知道群内由哪台电梯来响应）、自学习功能（电梯自动统计大楼交通情况、学习调配电梯的最佳方法）等。

4. 控制部分

电梯控制部分由 C-CPU 完成，主要作用如下：①为管理部分提供电梯轿厢位置、运行中正常的减速与停车位置等数据，使其能正确做出诸如上行、下行、起动、停车等决定；②计算电梯运行过程中的速度曲线，使驱动部分在给定的数据下对电梯运行速度进行控制；③安全电路检查，电梯只能在满足规定的安全条件下才能运行。

（1）选层器运算 微机选层器根据管理部分决定的运行方式，接收电梯在运行时与曳引电动机同轴的编码器产生的脉冲信号，并计算出轿厢即时位置、层楼信号、最佳停层减速点位置和误差修正等。

（2）安全检查电路 VVVF 微机控制电梯的安全检查电路非常全面、合理，充分保证了电梯的安全运行。图 4-58 是安全检查电路示意图。

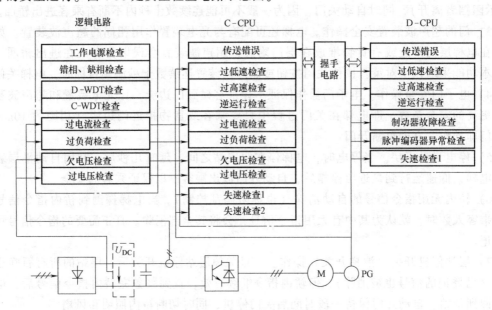

图 4-58 安全检查电路示意图

控制电路中，主电路接触器、制动器继电器和安全继电器的动作是非常重要的。为保证电梯的正常工作，安全电路对这三个继电器、接触器的动作进行检查与限制，只有当 D-CPU、C-CPU、逻辑电路和安全电路检查正常，同时满足安全条件时，才发出动作指令。

（3）速度曲线运算　现代 VVVF 微机控制电梯的速度曲线是由微机实时计算出来的，控制部分的 S/W 每周期计算出当时的电梯运行速度指令数据，并传送给驱动部分（D-CPU），使其控制电梯按照这个速度曲线运行。为了提高电梯运行的平稳性和运行效率，必须对速度曲线进行精确运算。因此，将速度曲线划分为八个状态分别进行计算。速度曲线各个状态的示意图如图 4-59 所示。

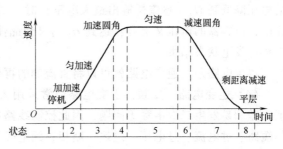

图 4-59　速度曲线各个状态的示意图

5. 拖动部分

电梯拖动部分应用了矢量变换控制和脉宽调制技术。以电压型变频器为例，中低速电梯拖动部分电路结构如图 4-60 所示。控制电路以 D-CPU 为核心，对主电路实施控制。主电路由整流电路、（预）充电电路、再生电路和逆变电路等基本电路组成。

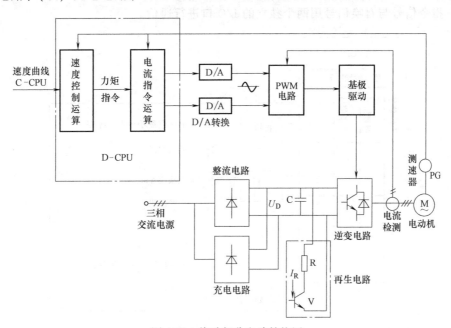

图 4-60　拖动部分电路结构图

（1）整流电路　整流电路采用简单的二极管三相桥式整流方式，向变频器直流侧供电，对电网无公害，功率因数保持 0.96 不变。

（2）（预）充电电路　充电电路的作用如下：①保护整流二极管，由于直流侧电容 C 的容量很大，在其电压为零时突然接通电源将产生很大的充电电流，造成整流二极管过流损坏；②保证电梯起动时，变频器直流侧有足够稳定的电压。

当电梯电源开关接通后，首先由预充电电路向电容 C 充电，当电容器的电压上升到一定值时，使主接触器吸合，整流桥投入工作，电梯可以正常运行。

（3）再生电路　曳引电动机处于再生发电状态时，电动机发出的三相交流电经逆变桥中反并联二极管（整流桥）整流向直流侧电容器 C 充电。当电容器的电压上升到超过 U_1（整流桥输出最大电压的 1.1 倍）时，令晶体管 V 导通，电容器 C 向电阻 R 放电。当电容器的电压降低到 U_2（整流桥输出最大电压）时，则关断晶体管 V，停止放电。电容器 C 再次充电，电容器的电压又上升，达到 U_1 时又使晶体管 V 导通，电容器放电……如此重复，直至再生发电状态结束。

再生电路采用逆变电路就可以将直流侧的再生能量"逆变"成三相交流电送回电网。

（4）逆变电路　变频器逆变电路通常采用大功率晶体管，由于大功率晶体管存在过载能力差和易发生二次击穿等问题，因此控制线路中必须具有各种保护功能和开关辅助电路，如短路、过电流、过电压、过热、断相、漏电等保护功能。

6. 串行传送

现代微机控制电梯通常采用串行传送方式，其连接如图 4-61 所示。将发送信号侧由按钮动作产生的多个并行二值（0、1）信号，变换成以时间顺序排列的串行信号，并在一根传送线上依次传送这些信号，信号传送到接收信号侧时，再变换成并行二值（0、1）信号。串行传送方式大大减少了信号传送线的数量，使传送效率和可靠性得到很大提高。为了保证可靠性，指令信号与召唤信号用两个独立的 I/O 口进行通信。

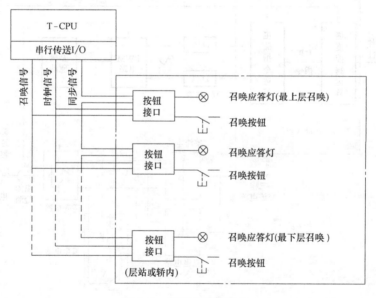

图 4-61　串行传送连接图

7. 系统软件

现代电梯微机控制系统软件为模块化结构，其内容丰富、灵活、扩展性强，因此，可适应各种场合的不同需要。单梯的软件主要由四个部分组成。

（1）管理软件　管理软件功能由 C-CPU 执行，其主要工作有：

1）根据轿厢指令和厅外召唤信号，确定电梯的运行方向。

2）在电梯停机时，提出高速自动运行的起动请求。

3）在高速自动运行的过程中，提出减速停机请求。

4）各种电梯附加操作，如返回基站、自动通过等动作顺序的控制。

5）开、关门的时间控制。

（2）控制部分软件　控制部分软件功能由 C-CPU 执行，其主要工作有：

1）选层器运算：计算轿厢位置信号、层站信号、剩距离等。

2）速度曲线运算：计算电梯运行过程中的速度指令。

3）安全电路检查：电梯的安全条件检查。

（3）拖动部分软件　拖动部分软件功能由 D-CPU 执行，其主要工作有：

1）速度控制运算：根据控制部分给出的速度指令和反馈回来的实际速度，计算出力矩指令。

2）电流控制运算：用矢量变换的方法，根据力矩指令，算出各相瞬时电流。

3）终端强减速速度曲线（TSD）运算：在电梯进入终端层，终端强减速开关动作时，进行 TSD 速度曲线运算。如果从控制部分送来的正常速度大于 TSD 速度，电梯就按 TSD 速度曲线减速。

4）安全电路检查。

（4）串行传送部分软件　串行传送部分软件功能由 T-CPU 执行，其主要工作有：

1）用串行传送方式接收厅外召唤和轿内指令信号，发出应答灯信号。

2）轿内操作盘信号显示。

如果电梯做群控运行，则电梯的厅外召唤信号和应答灯信号由群控微机处理，轿内指令信号、应答灯信号和轿内数字式层楼位置显示器信号仍由本梯 T-CPU 处理。

4.4.2　电梯一体化控制系统

电梯一体化控制器是集电梯操作、驱动、控制、通信等技术为一体的控制器，是电梯控制技术发展的方向。默纳克 NICE1000^{NEW} 电梯一体化控制器是现代电梯广泛应用的电梯控制器，采用高性能矢量控制技术，可驱动同步、异步曳引电动机，支持 CANbus、Modbus 通信方式，可直接进行电梯并联运行控制，实现远程监控。系统自动进行异步电动机静态调谐或同步电动机初始角度调谐，不需要刻意的人为参与，减少了现场工作程序，简单、安全，极大地方便了调试与维护。

1. 电梯一体化控制系统的功能

NICE1000^{NEW} 一体化控制电梯具有上一节介绍的微机控制电梯的操作与管理功能。这里仅对 NICE1000^{NEW} 一体化控制系统具有的特色功能做简要的说明。

1）楼层显示设置：系统允许每一楼层使用数字以及部分字母的排列组合显示，方便特殊状况使用。

2）自动平层免调试：系统通过楼层脉冲计数、上下平层反馈双重信号处理方法，自动准确平层，真正实现了平层免调试。

3）低速自救功能：当电梯处于非检修状态且未停在平层区时，只要符合运行的安全条件，电梯将自动以慢速运行至平层区，然后开门。

4）起动转矩自动补偿：电梯在运行前，根据轿厢当前载重的情况，自动进行起动转矩补偿，以达到平滑起动效果，提高乘梯舒适感。

5）直接停靠：以距离为原则，自动运算生成运行曲线，没有爬行，直接停靠在平层位置。

6）最佳曲线自动生成：以距离为原则，自动运算出最适合人机工程原理的速度曲线，没有个数的限制，而且不受矮楼层的限制。

7）故障分级别处理：系统根据故障影响的程度，对故障信息进行分类，不同类别的故障对应的处理方式也不同，以提高系统运行的效率。

8）故障数据记录：系统能自动记录发生故障时的详细信息，提高维保的效率。

9）门锁异常自动开关门：在开关门的过程中，当检测到门锁回路异常时，自动重新开关门，并在设定的开关门次数后，提示故障信息。

10）飞车禁止功能：控制系统实时检测电梯运行的状态，若出现超速现象，立即停止运行，制动电梯。

11）微动平层功能：电梯停靠在层站，由于载重变化，会造成平层波动，地坎不平，给人员和货物进出带来不便，这时系统允许在开着门的状态下以再平层速度运行到平层位置。

12）优先放人功能：一体化控制系统自动对故障类别分级，在满足安全运行条件的情况下，优先返回平层开门放人。

13）电动机参数调谐：系统可以通过简单的参数设置，在带载和不带载的情况下完成电动机相关控制参数调谐。

14）检修双段速功能：鉴于检修时速度高、运行控制精度不高和速度低、运行时间过长两方面因素，系统实现了检修双段速曲线功能，大大提高了检修操作时的运行效率。

15）电流斜坡撤除：在永磁同步电动机应用中，电梯运行减速停车后，电动机的维持电流通过斜坡的方式撤除，以避免这个过程中电动机的异常噪声。

16）测试运行：包括新电梯的疲劳测试运行、禁止外召响应、禁止开关门、屏蔽端站限位开关、屏蔽超载信号。

17）集中监控功能：可以将各电梯与装在监控室的监控终端相连，通过 NEMS 调试软件，查看各电梯的楼层位置、运行方向、运行（故障）状态等情况。

2. 电梯一体化控制系统的结构

默纳克 NICE1000^{NEW} 电梯一体化控制系统结构如图 4-62 所示，主要由 MCTC-MCB-H 微机主控制板、内呼系统、外呼系统、楼层显示器、曳引电动机、门机控制器、监控终端等构成。CTC-MCB-H 微机主控制板通过输入/输出接口、通信接口与控制系统的其他功能电路（模块）以及各种驱动执行元件联系。

NICE100^{NEW} 电梯一体化控制器（MCTC-MCB-H 微机主控制板）如图 4-63 所示。主控板有 27 个开关量控制信号输入端（CN1 与 CN6 接口输入 X1~X24，CN7 强电（AC 110V）检测信号输入 X25~X27），21 个呼梯按钮信号输入端（CN2 与 CN4 接口 L1~L21），当外部输入信号接通或按钮输入信号接通时，相应的指示灯点亮。23 个继电器输出端（Y0~Y22），当继电器触点接通，输出控制信号时，相应的指示灯点亮。CN3 是 CAN 通信接口，用于并联通信；CN5 是扩展板 MCTC-KZ-D 接口，主要用于楼层输入按钮扩展、继电器输出扩展。CN10 是 USB 通信接口，可外接蓝牙模块，用于手机（Android）调试、主板程序烧录或监控终端；CN12 是 RJ45 操作器接口，用于连接数码操作器；CN11、J9、J10 是厂家使

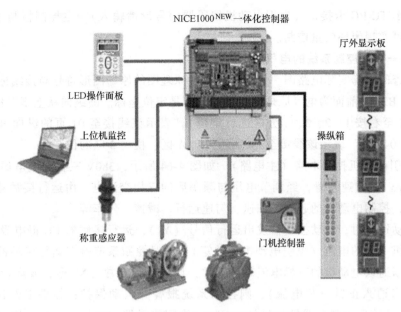

图 4-62　电梯一体化控制系统结构示意图

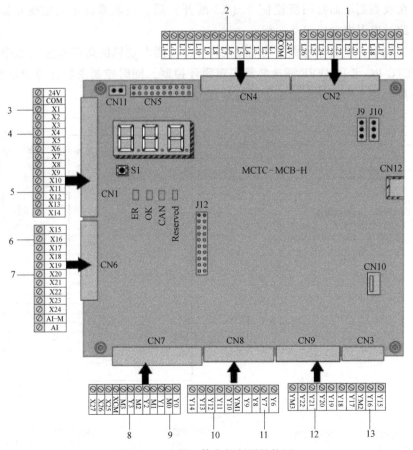

图 4-63　电梯一体化控制器结构图

1—外呼系统　2—开关门、内呼系统　3—运行、制动反馈　4—检修电路　5—安全、限位　6—门锁反馈
7—应急救援　8—风扇、照明　9—运行、制动接触器　10—楼层显示　11—门机控制　12—报警输出　13—方向显示

用；J12 是 MCTC-PG 卡接口（曳引电动机编码器信号反馈输入），主控制板与 MCTC-PG 卡的配合使用可实现闭环矢量控制。

3. 电梯一体化控制系统的电气原理图

为便于查阅电梯实际电路图，保留电梯电气原理图的原始图形符号与接线标注。如接线端标注"01.B2"（前面为电气原理图页码、后面是定位坐标。图纵向从上至下按 A、B、C、D，横向从左至右按 1、2、3、4 分区进行定位），表示该线接至 01 页的纵向 B 区、横向 2 区的位置；"04.A3"表示该线接至 04 页的纵向 A 区、横向 3 区的位置。

（1）曳引电动机控制电路（主电路） 如图 4-64 所示，380V 三相交流电经安全接触器 MC 后输入 VVVF 调速装置，经调节电压与频率后的三相交流电，由运行接触器 CC 向曳引电动机供电，控制电动机的起动、加速、匀速运行、减速、停车等。

电梯起动运行时，驱动控制器发出运行信号（Y1），运行接触器 CC 得电吸合，先给三相交流电动机一定的电流（曳引电动机预转矩），此时控制系统检查运行接触器 CC 动作反馈信号，判断通入电动机的三相电流是否正常，如果发现异常（X2 通，或运行接触器未吸合，电动机未通入正常三相电流），则控制系统报警并自动保护；如果工作正常（X2 断开），则控制系统发出制动器松闸信号（Y2），抱闸接触器 JBZ 得电吸合，制动器（抱闸）通电松闸。在收到制动器松闸反馈信号（X3 断开）后，控制系统正式给变频器发出起动、加速信号，此时曳引电动机起动运行。

在运行过程中，曳引电动机主轴端编码器 PG 检测电动机的运行速度（数字脉冲），反馈输入（MCTC-PG 卡）VVVF 调速装置实现闭环控制，同时控制系统计算出电梯的运行速度、运行距离，使电梯按设定的速度曲线运行。

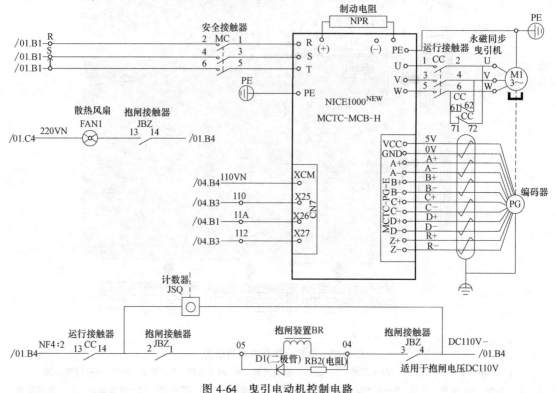

图 4-64 曳引电动机控制电路

（2）控制电源电路 如图4-65所示，主变压器一次绕组经断路器NF1、总开关QPS接380V电源。二次绕组有3个线圈，其中一个输出交流110V为门锁继电器、安全接触器、运行接触器、抱闸接触器等供电；一个输出交流电经整流得到直流110V电压，为抱闸装置供电；另一个输出交流220V作为开关电源SPS、光幕控制器、变频门机控制器与散热风扇的电源。

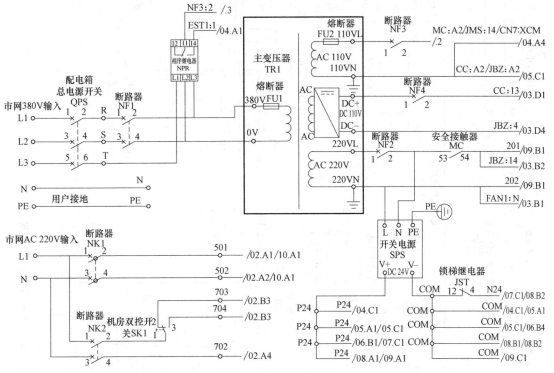

图4-65 控制电源电路

开关电源SPS输出直流24V，为微机主控制板、内外呼梯装置、楼层显示器、平层感应器、超载检测装置等供电。

市电220V经断路器NK1后（501、502）向轿厢照明与风扇，底坑、轿顶照明与插座供电。市电220V经断路器NK2、机房双控开关SK1后向井道照明供电（702、703与704）。

（3）电梯安全、门锁保护电路

1）安全（接触器）回路。如图4-66所示，主要包括相序继电器NPR、控制柜急停按钮EST1、盘车轮开关PWS、上下极限开关（DTT、OTB）、缓冲器开关BUFS、限速器开关GOV、安全钳开关SFD、轿顶急停按钮EST3、轿内急停按钮EST4、底坑（上、下）急停按钮（EST2A、EST2B）、张紧装置开关（限速器断绳开关）GOV1等。只有当安全回路通，安全接触器MC得电吸合，MC（63，64）常开触点接通，微机主控制板输入接口X23与X25指示灯点亮，电梯方可运行。任何一个安全开关断开，则安全接触器MC失电释放，切断VVVF交流三相电源及交流220V控制电源，电梯停止运行。

当电梯处在机房"紧急电动"运行状态时，继电器JDD得电吸合，JDD（5、9）与机房"紧急电动"开关INSM（23、24）触点把安全回路中的上下极限开关、缓冲器开关、限速器开关、安全钳开关等短接，即允许在这几个安全开关故障、其他安全开关正常的情况下，

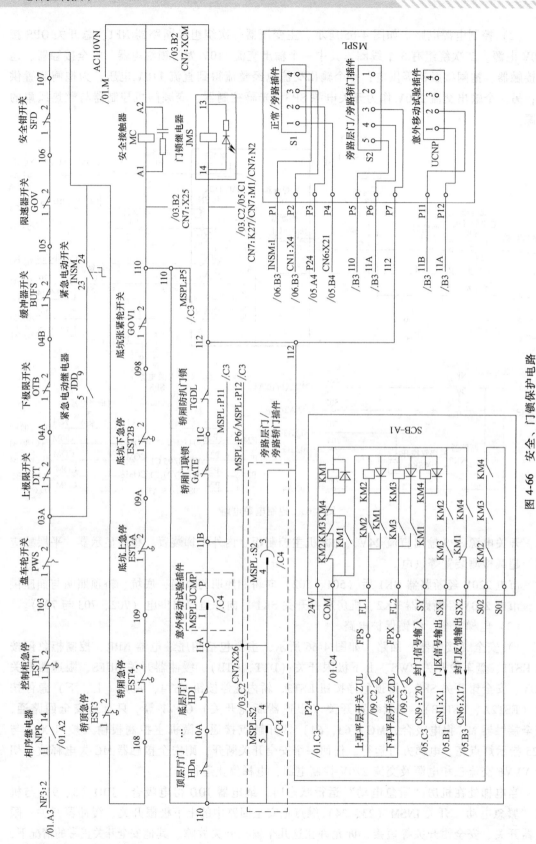

图 4-66 安全、门锁保护电路

安全接触器 MC 得电吸合，在机房"紧急电动"状态下操纵电梯检修上或下运行，方便维修与紧急救援操作。

2）门锁（继电器）回路。图 4-66 中，各层厅门锁和轿门锁开关串联经安全回路接控制电源，只有当安全回路通，且所有厅门和轿门门锁开关接通，门锁继电器 JMS 得电吸合，JMS（5、9）常开触点接通，微机主控制板输入接口 X24（门锁继电器）、X26（厅门锁）与 X27（轿门锁）指示灯点亮，同时关门限位 CLL 断开，X18 指示灯熄灭，电梯方可运行。图中轿厢防扒门锁是现行国标要求增加的，以前电梯无此开关。

3）层轿门旁路功能及其保护控制。TSG T7007—2016《电梯型式试验规则》与 GB/T 7588.1—2020 要求《电梯制造与安全规范　第 1 部分：乘客电梯和载货电梯》要求，曳引驱动电梯都应该配置层轿门旁路装置。电梯层轿门旁路装置是独立设置的，具有互锁功能，无法同时旁路（短接）层门与轿门锁的触点进行电梯检修运行操作（含紧急电动）。

利用层轿门旁路功能，当层门（厅门）锁触点故障时，短接门旁路控制板 MSPL 的 P5、P6 端子，即插座 S2（4、5）；当轿门锁触点故障时，短接 MSPL 的 P7、P6 端子，即插座 S2（3、4），但不能同时旁路层门与轿门锁触点（控制系统自动检测禁止），可使门锁继电器 JMS 得电吸合，从而能进行检修运行（含紧急电动），方便电梯维修。电梯正常运行时，必须取下 S2 插座的短接线，并且短接门旁路控制板 MSPL 的 P11、P12 端子，即插座 UCMP（1、2），否则控制系统会自动保护，禁止电梯正常运行。

电梯启动层轿门旁路功能时，控制系统会取消正常运行时的声光报警等功能。如果电梯设有自动救援装置，在"层轿门旁路"状态下自动救援装置无法起作用。

4）再平层状态下的门锁回路。电梯平层过程中由于载重变化，使轿厢平层误差超过规定值时，上（或下）平层感应器离开遮光板（X19 与 X20 指示灯一个亮、一个灭），此时上、下再平层感应器仍插入遮光板，使 SCB-A1 控制板中的 KM3、KM2 得电吸合，KM3、KM2 常开触点闭合，从 SX1 端输出门区信号，使主控板上 X1 门区指示灯点亮。控制系统发出封门信号（Y20），使 KM4 得电吸合，KM2、KM3 与 KM4 的常开点闭合，短接层门、轿门（锁）的触点，使门锁继电器 JMS 得电吸合，电梯向下（或上）再平层运行（开门状态下低速运行），直到下平层开关 LDL、上平层开关 LUL 均插入遮光板（满足规定的平层精度）后停止运行。

（4）电梯微机主板控制电路　图 4-67 所示是 7 层站电梯主板控制电路。超过 7 个层站电梯的呼梯按钮信号接 MCTC-KZ-D 扩展板，通过 CN5 接口输入微机主控板。NICE 100^{NEW} 电梯一体化控制系统的控制原理如下：

1）设轿厢在 2 层，安全回路通（主控板 X23、X25 指示灯点亮）。有人按 1 层上行召唤按钮 KU1，主控板 L10 点亮，该呼梯信号登记，1 层上行召唤指示灯点亮。电梯定向下运行，主控板输出 Y18 指示灯点亮，显示向下运行箭头。

2）控制系统发出关门命令，主控板输出 Y7（指示灯点亮），门机按预先设定的运行曲线关门运行，关门到位，轿厢、厅门门锁触点接通，门锁继电器 JMS 得电吸合，JMS（5、9）常开触点接通。微机主控板输入接口与之对应的 X26（厅门锁）、X27（轿门锁）、X24（门锁继电器 JMS）指示灯点亮，同时关门限位 CLL 断开，X18 指示灯熄灭。

3）主控板输出 Y1、Y2（指示灯点亮），使运行接触器 CC、抱闸继电器 JBZ 得电吸合，运行接触器反馈输入 X2 与抱闸接触器反馈输入 X3（指示灯熄灭），电梯向下运行，此时

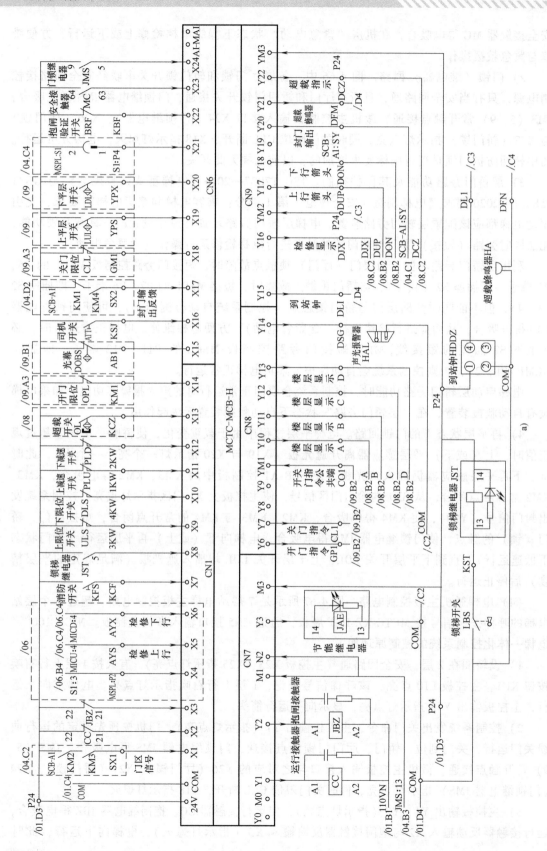

a)

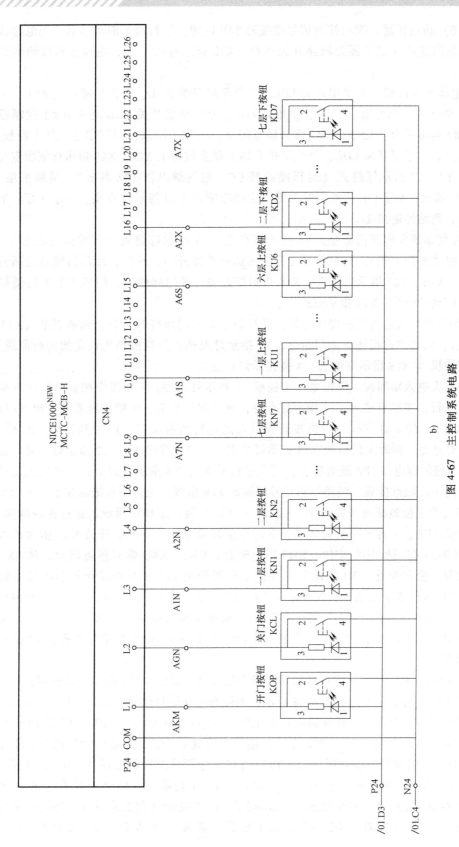

图 4-67　主控制系统电路

b)

JBZ（5、6）触点接通，滚动控制信号端接通24V电源，下行箭头滚动显示。当电梯轿厢下行至预设的减速点（或下强迫减速开关动作，X12指示灯灭）后，电梯按预设的运行曲线减速下行。

4）电梯平层过程。下平层开关LDL、下再平层开关ZDL、上再平层开关ZUL、上平层开关LUL依次插入遮光板。下再平层开关ZDL、上再平层开关ZUL使SCB-A1控制板中的KM3、KM2得电吸合，KM3、KM2常开触点闭合，从SX1端输出门区信号，使主控板上X1指示灯点亮。下平层开关LDL、上平层开关ZUL使主控板上X20、X19指示灯依次点亮，主控板输出Y1、Y2指示灯熄灭（运行接触器CC、抱闸继电器JBZ释放），轿厢平层停车。L10指示灯熄灭，1层上行召唤信号消除。主控板输出Y10指示灯点亮，显示1层；Y15指示灯点亮，到站钟输出2s。

5）控制系统发出开门命令，Y6指示灯点亮，Y7指示灯熄灭（正常运行状态Y7一直有输出，保持关门力矩），门机按预先设定的运行曲线开门，轿门、厅门门锁触点断开，主控板X24、X26、X27指示灯熄灭，X18指示灯点亮。开门到位后，门机变频器向微机主控板输出开门到位信号，X14指示灯熄灭。

6）如果没有人进入轿厢操作电梯，经过设定的开门保持时间后，光幕正常（X15指示灯保持亮），微机主控板输出关门指令，Y7指示灯点亮，门机按预先设定的运行曲线关门，电梯关门待机（X18指示灯熄灭、X14指示灯点亮）。

如果有人进入轿厢按7层指令，主控板L9指示灯点亮，7层指令按钮指示灯点亮。电梯定向上运行，主控板输出Y17指示灯点亮，显示向上箭头。电梯控制系统发出关门命令，主控板输出Y7指示灯点亮，门机按预先设定的运行曲线关门。门关到位后，X24、X26、X27指示灯点亮，同时关门限位X18指示灯熄灭。主控板输出Y1、Y2指示灯点亮，运行接触器CC与抱闸继电器JBZ通电吸合，其反馈信号X2、X3指示灯熄灭，电梯向上运行，此时JBZ（5、6）触点接通，滚动控制信号端接通24V电源，上行箭头滚动显示。上行至预设的减速点（或上强迫减速开关动作，X11指示灯灭）后，电梯按预设的运行曲线减速上行。上平层开关LUL、上再平层开关ZUL、下再平层开关ZDL、下平层开关LDL依次插入遮光板，使SCB-A1控制板中的KM2、KM3得电吸合，KM2、KM3常开触点闭合，从SX1端输出门区信号，使主控板上X1指示灯点亮。上平层开关LUL、下平层开关LDL使主控板上X19、X20指示灯依次点亮，主控板输出Y1、Y2指示灯熄灭（运行接触器CC、抱闸继电器JBZ释放），轿厢平层停车。L9指示灯熄灭，7层指令按钮指示灯熄灭，Y10、Y11、Y12点亮显示7层，Y15到站钟输出2s。微机主控板输出开门命令Y6指示灯点亮，Y7指示灯熄灭，电梯开门。

（5）显示电路 厅外召唤信号和轿内指令信号显示如图4-67b所示。这里仅介绍操纵盘和厅外召唤盒上的显示器，如图4-68所示，主要有电梯层楼信号、运行方向（滚动）、检修信号、超载信号等显示。电梯楼层显示由主控板Y10～Y14输出，Y10～Y13以BCD码（可选择格雷码、8421码或一对一显示方式）输出个位数0～9，Y14输出十位数1（最高限16层）。本系统7层站的电梯只用Y10、Y11、Y12，分别对应楼层显示A、B、C端子。主控板输出Y17、Y18，用于显示上行箭头（UP端子）、下行箭头（DOWN端子）。电源P24经抱闸继电器JBZ（5、6）常开触点接DRO端子，用于控制（向上或下行）运行箭头在电梯运行时滚动显示。Y22对应OL端子，用于显示"超载"。Y16对应FULL端子，用于显示

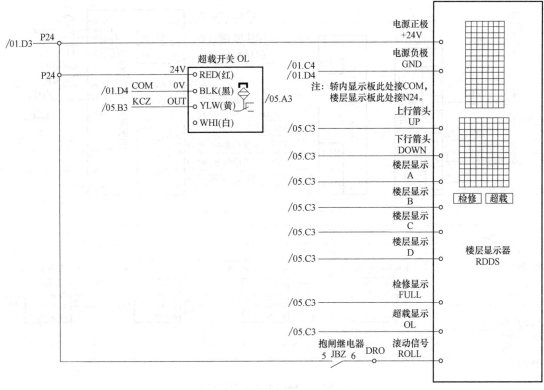

图 4-68　显示电路

"检修"状态。

（6）电梯门机控制电路　如图 4-69 所示。端子 201、202 接交流 220V 电源，向光幕控制器、门机变频器供电。光幕正常工作时控制器输出常闭触点接通，即端子 P24、AB1 通，主控板输入 X15 指示灯点亮。若电梯在关门过程中（Y7 指示灯点亮），有人或物遮挡红外光线时，光幕控制器输出常闭触点断开，X15 指示灯灭。控制系统立即停止关门，而发出开门指令（Y6 指示灯点亮，Y7 指示灯熄灭），电梯停止关门，并立即开门。

微机控制器根据电梯运行的控制环节或开关门按钮信号向门机控制系统发出开、关门指令（Y6、Y7），实现对门机的控制，由门机专用变频控制器按预设的运行曲线控制门电动机的正转、反转、减速和转矩保持（电梯正常运行时 Y7 一直有输出，保持关门力矩）等。在开关门过程中，变频门机结合专用的位置编码器实现闭环自动调速。

（7）电梯检修电路　如图 4-70 所示，当轿顶检修开关 INST、轿内检修开关 INSC、机房检修（紧急电动）开关 INSM 都置于正常位置时，主控板输入 X4 指示灯亮，电梯处在有司机或无司机运行状态。当某一检修开关置于检修位置，主控板 X4 指示灯灭，输出 Y16（指示灯点亮），楼层显示器上显示"检修"，这时可在相应位置操纵电梯检修上下运行。检修状态下可以利用层轿门旁路功能，当层门锁故障时，短接门旁路控制板的插座 S2（4、5）；当轿门锁故障时，短接插座 S2（3、4），但不能同时旁路层门、轿门的触点（控制系统自动检测禁止），使门锁继电器 JMS 得电吸合，进行检修运行，方便电梯维修。检修运行的工作原理如下：

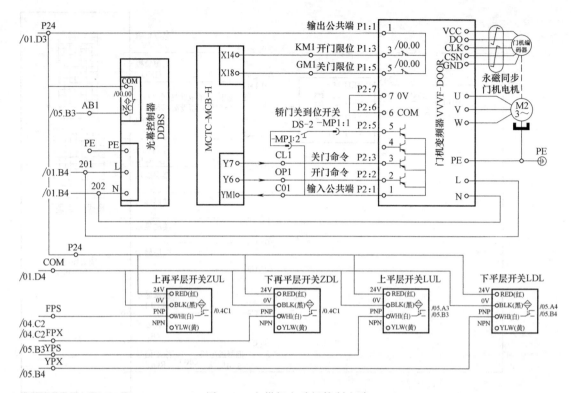

图 4-69　电梯门电动机控制电路

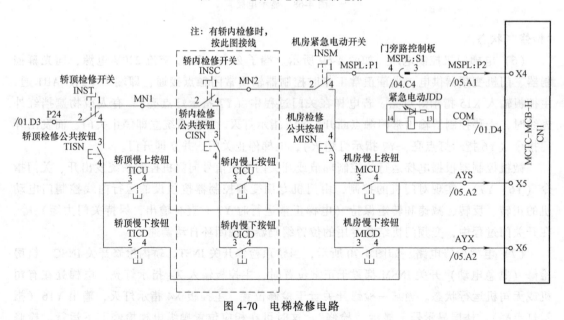

图 4-70　电梯检修电路

1）轿顶检修操作。轿顶检修开关置于检修位置，INST（2、4）闭合，主控板输入 X4 指示灯灭，输出 Y16 指示灯点亮，显示"检修"。这时轿内检修、机房检修（紧急电动）操作无效，即轿顶检修具有最高优先权。在安全回路通、MC 接触器得电吸合，主控板 X23、X25 指示灯亮的条件下，按下轿顶慢上按钮 TICU 或慢下按钮 TICD，同时按下轿顶检修公共按钮 TISN（点动有效），主控板输入 X5 或 X6 指示灯亮，输出 Y17 或 Y18（指示灯点亮），楼层显示器上显示向上或向下运行箭头。此时，若门锁不通，主控板输入 X24、X26、X27 指示灯灭，则控制系统输出关门命令（指示灯 Y7 点亮），电梯关门运行，关门到位 X18 指示灯熄灭，X24、X26、X27 指示灯亮。然后主控板依次输出 Y1、Y2（指示灯先后点亮）使运行接触器 CC、抱闸继电器 JBZ 得电吸合，运行接触器、抱闸继电器反馈输入主控板，X2、X3 指示灯熄灭，电梯起动向上或向下检修运行。

2）轿内检修操作。轿顶检修开关置于正常位置，INST（1、2）闭合。轿内检修开关置于检修位置，INSC（2、4）闭合，主控板输入 X4 指示灯灭，输出 Y16 指示灯点亮，显示"检修"。此时，机房检修（紧急电动）操作无效。在安全回路通，主控板 X23、X25 指示灯亮的条件下，按下轿内慢上按钮 CICU 或慢下按钮 CICD，同时按下轿内检修公共按钮 CISN，主控板输入 X5 或 X6 指示灯亮。电梯关门到位后起动向上或向下检修运行（工作过程原理同上）。

3）机房检修（紧急电动）操作。轿顶检修开关 INST 与轿内检修开关 INSC 置在正常位置，INST（1、2）、INSC（1、2）闭合。机房检修（紧急电动）开关 INSM 置于检修位置，INSM（2、4）闭合，主控板输入 X4 指示灯灭，输出 Y16 指示灯点亮，显示"检修"。此时，紧急电动继电器 JDD 得电吸合，JDD（5、9）与 INSM（23、24）把安全回路中的上极限开关 DTT、下极限开关 OTB、缓冲器开关 BUFS、限速器超速开关 GOV、安全钳开关 SFD 短接，即可在这些安全开关故障而其他安全开关正常的情况下，安全接触器得电吸合，主控板 X23、X25 指示灯亮。按下机房慢上按钮 MICU 或慢下按钮 MICD，同时按下机房检修公共按钮 MISN，主控板输入 X5 或 X6 指示灯亮，电梯关门到位后起动向上或向下检修运行（工作过程原理同上）。即在机房检修"紧急电动"状态下操纵电梯检修上或下运行。

如果取消紧急电动继电器 JDD，那么机房检修操作只有在安全回路中所有安全开关接通的情况下才有效，这就是传统电梯机房检修操作功能。

4.5　电梯联控

随着建筑物向大型化和高层化发展，往往会在建筑物内安装多台电梯，如果各台电梯都单独运行，乘客在召唤电梯时，通常会同时登记各台电梯的召唤信号，则各台电梯同时应答同一个乘客的召唤信号，这将造成电梯额外的运行与不必要的停站，浪费能源且增大机械磨损。因此，必须根据电梯台数和客流量的大小，对电梯进行并联控制或群控。

4.5.1　两台电梯并联控制的调度原则

并联控制就是两台电梯共用厅外召唤信号，并按预先设定的调度原则，自动地调度某台电梯去应答厅外召唤信号。两台电梯并联控制的调度原则如下：

1）正常情况下，一台电梯在基站待命，另一台电梯停留在最后停靠的层楼，该梯常称为自由梯或忙梯。若某层有召唤信号，则忙梯立即应答该召唤信号。

2）两台电梯因轿内指令而到达基站后关门待机时，则应执行"先到先行"的原则。例如，A 梯先到基站，而 B 梯后到，则经一定延时 A 梯立即起动运行至事先指定的中间层楼待机，并成为自由梯，而 B 梯则成为基站梯。

3）当 A 梯正在上行时，若其上方出现任何方向的召唤信号，或是其下方出现向下的召唤信号，则均由 A 梯在一周行程中完成，而 B 梯留在基站不予应答运行。但如果在 A 梯的下方出现向上召唤信号，则在基站的 B 梯起动上行应答该上召唤信号，此时 B 梯也成为忙梯。

4）当 A 梯正在向下运行时，其上方出现任何向上或向下召唤信号，则在基站的 B 梯起动上行应答该召唤信号。但如果 A 梯下方出现任何方向的召唤信号，则 B 梯不予应答而由 A 梯完成。

5）当 A 梯正在运行，各层楼的厅外召唤信号又很多，但在基站的 B 梯又不具备上述起动条件，且在 30~60s 后，召唤信号仍存在，尚未消除，则令 B 梯起动运行。同理，如果本应由 A 梯应答厅外召唤信号，但由于 A 梯故障而不能运行时，也经 30~60s 的延时后令 B 梯（基站梯）起动运行。

NICE1000^{NEW} 系列一体化控制系统具有电梯并联控制功能，可直接通过 CAN 通信端口实现两台电梯之间的信息交换与处理，提高电梯运行效率。并联方案的实现方法：①并联参数设置见表 4-3；②并联通信接线如图 4-71 所示，只需将两台电梯的 CN3 端子直接连在一起即可。

表 4-3　并联参数设置

功能码	含义	设定范围	并联时设置
FD-03	群控数量	1~2	2
FD-04	电梯编号	1~2	主梯：1；从梯：2

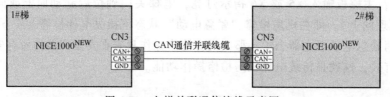

图 4-71　电梯并联通信接线示意图

4.5.2　多台电梯群控的工作状态

为了提高电梯的运行效率和充分满足楼内客流量的需要，以及尽可能地缩短乘客的候梯时间，把多台梯组合成电梯群，并加以自动控制和自动调度，简称群控。电梯群控系统能提供各种工作程序来适应急剧变化的客流状态。

电梯群控系统通常有四程序、六程序和随机程序（也称无程序）的工作状态。过去通过"硬件逻辑"的方式进行控制，现在是用微机"软件逻辑"的方式进行控制。不论用"硬件逻辑"还是"软件逻辑"的方式，群控的调度原则是类同的。现就六程序的控制程序及其调度原则进行介绍。

1. 六个工作程序

自动程序控制系统可根据客流量的实际情况加以判断，提供下列六种客流状态的工作程序：

1）上行客流量高峰状态。

2）上行客流量较下行大的状态。

3）客流量平衡状态。

4）下行客流量较上行大的状态。

5）下行客流量高峰状态。

6）空闲时间的客流状态。

电梯四程序群控系统只有上行客流量高峰状态、下行客流量高峰状态、客流量平衡状态与空闲时间的客流状态。

2. 六个工作程序的切换方法

群控系统中工作程序的切换可以是自动的或手动切换的。只要将群控系统的程序选择开关转向自动位置，则系统中的电梯按照当时实际的客流情况，自动选择最合适的工作程序，为乘客提供迅速而有规律的服务。如果将程序选择开关转向六个程序中的某一程序，则电梯在这个工作程序连续运行，直至该转换开关转向另一个工作程序为止。

3. 六个工作程序的工作状况及其自动切换条件

（1）上行客流量高峰工作程序　这个程序的客流交通特征是：从下端基站向上去的乘客特别多，通过电梯将大量乘客运送至大楼内各层，这时楼层之间的相互交通很少，并且向下外出的乘客也很少。

该程序的切换条件是：当电梯轿厢从下端站（基站）向上行驶时，若连续两台梯满载（超过额定载重量的80%），则上行客流量高峰工作程序被自动选择。若从下端（基站）向上行驶的轿厢负载连续降低至小于额定载重量的60%，则在一定时间内，上行客流量高峰工作程序被解除。

（2）客流量平衡工作程序　这个程序的客流交通特征是：客流量强度为中等或较繁忙程度，一定数量的乘客从下端站（基站）到大楼内各层，另一部分乘客从大楼中各层到下端站（基站）外出，同时还有相当数量的乘客在楼层之间上下往返，上、下行客流量几乎相等。

该程序的切换条件是：当上行客流量高峰或下行客流量高峰程序被解除后，如果有召唤信号连续存在，则系统转入客流量非高峰状态。在客流量非高峰状态下，如果电梯向上行驶的时间与向下行驶的时间几乎相同，而且轿厢负荷也相近，则客流量平衡工作程序被自动选择。

若出现持续不能满足向上行驶的时间与向下行驶的时间几乎相同的条件，则在相应的时间内客流量平衡工作程序被自动解除。

（3）上行客流量较下行大的工作程序　这个程序的客流交通特征是：客流量强度是中等或较繁忙程度，但其中大部分是向上客流。基本运转方式与客流量平衡工作程序的情况完全相同，也是在客流量非高峰状态下，轿厢在上、下端站之间往复行驶，并对指令及楼层召唤信号按顺方向予以停层。因为向上交通比较繁忙，所以向上运行时间较向下运行时间要长些。

该程序的切换条件是：在客流量非高峰状态下，如果电梯向上行驶的时间较向下行驶的时间长，则在相应的时间内，上行客流量较下行大的工作程序被选择；若上行轿厢内的负荷超过额定载重量的60%，则该程序应在较短时间内被选择；若出现持续不能满足向上行驶时间较向下行驶时长的条件，则在相应的时间内，上行客流量较下行大的工作程序被解除。

（4）下行客流量较上行大的工作程序　这个程序的客流交通特征和其切换条件正好与

上行客流量较下行大的工作程序相反，只不过将前述的向上换成向下而言。该程序也属客流非高峰范畴内。

（5）下行客流量高峰工作程序　这个程序的客流交通特征是：客流量强度很大，由各楼层去往下端站（基站）的乘客很多，而楼层间相互往来以及向上的乘客很少。

在该程序中，常出现向下的轿厢在高区楼层已经满载的情况，使低区楼层的乘客等待电梯的时间增加。为了有效地应付这种现象，系统将电梯群投入"分区运行"状态，即把大楼分为高楼层区和低楼层区两个区域，同时也将电梯群平分为两个组，分别运行于所属的区域内。高区梯优先应答高区内各层的向下召唤信号，同时也接收轿厢内的指令信号。高区电梯从下端站（基站）向上行驶后，顺途应答所有的向上召唤信号。低区电梯主要应答低区内各层站的向下召唤信号，不应答所有的向上召唤信号，但也允许在轿厢指令的作用下上升至高区。低区电梯从下端站（基站）向上行驶后，若无高区的轿厢内指令存在，则在上升到低区的最高层后立即反向向下行驶。若有高区的轿厢内指令存在，则在执行完该（高区）指令后，立即反向向下行驶。无论高区电梯还是低区电梯，当轿厢到达底层端站时，立即向上行驶。

该程序的切换条件是：当出现轿厢连续两台满载（超过额定载重量的80%）下行到下端站（基站），或层站间出现规定数值以上的向下召唤信号时，则下行客流量高峰工作程序被自动选择。若下行轿厢的负载连续降低至小于额定载重量的60%时，而且这时楼层的向下召唤信号数在规定数以下，则经过一定的时间，下行客流量高峰工作程序被解除。

在下行客流量高峰工作程序中，当满载轿厢下行时，低区内的向下召唤数达到规定数以上时，则分区运行起作用，系统将梯群中的电梯分为两组，每组分别运行在高区和低区内。在分区运行情况下，如果低区内的向下召唤信号数降低到规定数以下，则分区运行被解除。

（6）空闲时间客流工作程序　这个程序的客流交通特征是：客流量极少，而且是间歇性的（如假日、深夜、黎明）。轿厢在下端站（基站）按照"先到先行"的原则被选为"先行"。

该程序的切换条件是：当电梯群控系统工作在上行客流量高峰以外的各个程序中，若90~120s内没有出现召唤信号，而且这时轿厢内的载重小于额定载重量的40%，则空闲时间客流工作程序被选择。

在空闲时间客流工作程序中，如果在90s内连续存在1个召唤信号，或在一个较短时间（约45s）内存在2个召唤信号，则空闲时间客流工作程序被解除。当出现上行客流量高峰状态时，空闲时间客流工作程序立即被解除。

上述六个工作程序的自动转换是通过系统中的交通分析器件中的召唤信号计算器、台秒计算器、自动调整计时器、任选对象与元件等实现的。因此，在电梯的群控系统中，交通分析器件的优劣及其正确性、可靠性是至关重要的。

4.5.3　电梯智能群控系统的调度原则

电梯群控系统的调度原则可以分为"硬件逻辑"和"软件逻辑"两大类。固定模式的"硬件逻辑"系统，就是前面所述的，分为六种客流状态，在两端站按时间间隔发车的调度系统和分区的按需要发车的调度系统。这种固定模式的调度系统在近几年的电梯产品中已经逐渐淘汰。

从 20 世纪 70 年代开始至今，在高级电梯产品中均已采用由各类微处理器构成的按需发车的自动调度系统。例如奥的斯电梯公司的 Elevonie 301、401 系统，三菱电梯公司的 AI-2200，日立电梯公司的 CIP3800，瑞士迅达电梯公司的 Miconie-V、Miconie-VX 系统等。下面介绍几种典型的调度原则。

1. 能源消耗最低调度原则

瑞士迅达电梯公司的 Miconie-V 系统采用了"成本报价"原则，即"人·秒综合成本"的调度原则。该系统不仅考虑了时间因素，还考虑了电梯系统的能量消耗最低及输送效率最大等因素。据统计，该系统较其他系统可提高输送效率 20%，节能 15%~20%，缩短平均候梯时间 20%~30%。

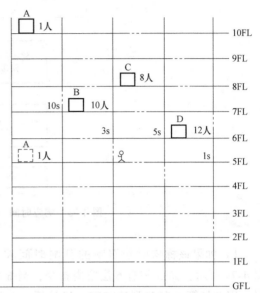

图 4-72 "人·秒综合成本"调度原则示意图

例如：已知楼层数为 20 层，共 4 台电梯（A、B、C、D），速度为 2.5m/s，若 5 层有乘客登记了向下召唤信号。各台电梯的瞬间位置及其运行至 5 层所需的时间和各梯轿厢内的乘客数如图 4-72 所示。

从图 4-72 可知：若各台电梯去 5 层所需综合成本为 $Q_a = 1 人 \times 10s = 10 人·s$，$Q_b = 10 人 \times 3s = 30 人·s$，$Q_c = 8 人 \times 5s = 40 人·s$，$Q_d = 12 人 \times 1s = 12 人·s$。对 5 层的召唤信号来说，虽然 A 梯最远，运行至 5 层需 10s，但其轿内只有 1 人，到 5 层接客人只需"成本"为 10 人·s，而其他 3 台梯虽离 5 层很近，但其轿厢内却有很多人，所需"成本"高。因此，比较结果是 A 梯的"成本"最低，就由 A 梯来应答 5 层的召唤信号。如果以响应时间最短为原则调度，应是 D 梯来应答，这样为了 5 层的一个召唤信号，轿厢内的 12 个人均要在 5 层停留一下，影响到 12 个人的时间。

2. 响应时间"极大极小"调度原则

日立电梯公司的 CIP3800 群控系统采用"极大极小"调度原则。微机首先估算每个召唤信号登记后电梯前往应召所需的时间，以及电梯抵达所需的时间。当有新召唤时，虽然某台电梯能最快响应新召唤信号，但系统并不首先考虑将这个新召唤信号分配给最快响应的电梯，而是考虑已分配的召唤信号受新召唤信号影响的待梯时间，将每台电梯响应召唤信号的最大待梯时间做比较之后，在不超过最大待梯时间的基础上，将新召唤信号分配给预测到达时间最短的电梯，如图 4-73 所示。

微机对每一个召唤都要计算预测到达时间，到达时间由以下因素决定：召唤与轿厢的相对距离，召唤的数量及轿内指令的数量，乘客人数及电梯速度，可能产生的新的轿内指令及拥挤程度。这种预测综合了多种因素，准确性较高，为召唤分配提供基础依据。

3. 优先分配原则

当某一层新登记一个召唤信号，而这个召唤信号刚好与梯群中某一台电梯的轿内指令同层时，这个召唤优先分配给该电梯。但最终分配由下列原则决定：

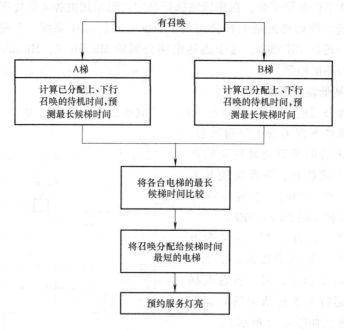

图 4-73　响应时间"极大极小"调度框图

1）如果该梯响应新召唤的预测时间在规定时间范围内，则将召唤分配给该梯。如图 4-74 所示，如 A 梯有 6 层轿内指令，当 6 层厅外发生一个召唤信号时，优先考虑 A 梯应召，因此计算 A 梯的到达时间。经计算，A 梯的到达时间在规定时间范围内，决定将该召唤信号分配给 A 梯。

2）如果该梯响应新召唤的预测时间超过规定值时，新召唤交由"极大极小"原则分配。如图 4-75 所示，如 A 梯有 6 层轿内指令，这时 6 层厅外发生一个新召唤信号，优先考虑 A 梯应召信号。经计算，A 梯响应时间超过规定值，交由"极大极小"原则分配。分配结果是将 6 层召唤信号分配给 B 梯。

决定是否分配的规定时间，可根据大楼的情况简单地改变。图 4-76 所示为优先分配流程图。

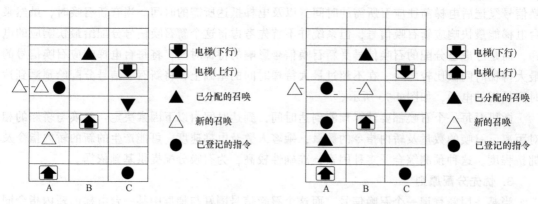

图 4-74　新召唤分配给有同层指令的电梯　　　图 4-75　新召唤由"极大极小"原则分配

4. 群控电梯的其他调度原则

（1）特定层集中控制 该功能用于解决特定层的拥挤问题。如在有餐厅、食堂、会议室的楼层，当乘客特别拥挤时，一台电梯难以应付需求，会发生大量乘客集中候梯现象，该控制功能可分配多台电梯为特定层的召唤信号提供服务，防止拥挤。

当特定层登记召唤信号时，群控系统检查应召电梯的人数是否满载，然后检查已受令前往的电梯是否足够，如果不够，再增加前往该层的电梯数。

（2）特定层优先控制 该功能可使电梯优先服务于公司要人或其他重要人物，以保证其安全。当特定层有召唤信号

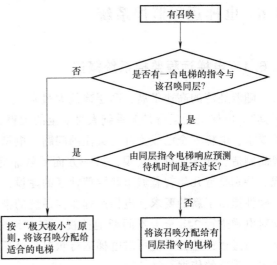

图4-76 优先分配流程图

时，系统会将召唤信号分配给最短时间到达的电梯，提供优先服务。其他新的召唤信号不再分配给正在响应特定层召唤的电梯，以便该梯能最快到达特定层。

（3）节省电能运行 根据客流量的变化实行节电运行，在保持一定服务水准的条件下，夜间及假日等客流量不大时，使部分电梯自动停止运行；白天客流量增大时，自动起动电梯，以使梯群的运行节奏达到最佳。

（4）分散功能 在非高峰服务时间，将电梯分散到各层，以便有召唤信号时能缩短待梯时间。

（5）区域优先分配控制 当一个召唤信号与某台服务中的电梯邻近时，优先考虑将召唤信号分配给该梯，以提高运行效率。

（6）客满预测控制 根据轿厢内的人数及分配到的召唤信号数，预测轿厢是否将会客满，从而限制将新召唤信号分配给该梯。

（7）轿厢客满控制 轿厢客满时，停止将新的召唤信号分配给该梯，并将已分配的一部分厅外召唤信号重新分配给其他电梯。

（8）重新分配长时间候梯的召唤信号 某一个已分配的召唤信号，按照新计算的等候时间可能超过系统设定的长时间等候值，则这个召唤信号会重新被分配，以缩短等候时间。

（9）轿厢指令专用操作 通过开关操作，将一台电梯与梯群分离，由司机操作，专为轿内指令提供服务。

（10）贵宾服务 迎接或欢送重要人物时，可按动候梯厅特设的按钮召唤轿厢，并按轿内按钮将贵宾直接送往所需楼层。

（11）按客流量控制开门时间 利用光电感应器来监测乘客进出流量，使开门时间最适当。

（12）防止恶作剧功能 轿厢登记的指令数多于乘客人数时，就断定为恶作剧，电梯消除全部指令，让乘客重新登记指令。

4.6 电梯远程监控系统

4.6.1 电梯远程监控系统概述

随着经济的高速发展，高层建筑大量涌现，电梯已成为人们生活中必不可少的"交通工具"。电梯安全运行是关系到人身安全的大事，人们对电梯运行的安全可靠性提出了更高的要求，电梯安全已成为社会关注的问题。电梯运行可靠性的提高一方面要通过改进设计，提高制造、安装质量来实现，另一方面要依靠完善的维修保养体系和先进的监控手段来实现。特别是近几年智慧城市和智慧社区的建设，对电梯维修保养和突发事件处理的及时性、准确性提出了新的要求，电梯远程监控系统的推广应用具有重要的意义。电梯远程监控系统能对电梯进行 24h 全天不间断地监视，实时地分析并记录电梯的运行状况，统计电梯故障率。通过远程监控系统可对电梯运行状况和修理单位工作质量实行有效的监督，并为检验考核提供重要的依据。

电梯远程监控技术是随着计算机控制技术和网络通信技术的发展而产生的一种对运行电梯进行集中监测与管理的新兴技术，它提出了一种全新的产品概念和服务理念，是当前电梯服务管理领域的前沿技术。远程监控的主要目的是对在用电梯进行远程数据维护、远程故障诊断及处理、故障的早期预告，以及对电梯运行状态（群控效果、使用频率、故障次数及故障类型）进行统计与分析等。

1. 电梯远程监控系统的主要功能

1）进行故障的早期预告，变被动保养为主动保养，使用户电梯的停梯时间减到最少，如门锁触点超过设定时间后才接通或者一直没有接通，电梯起动加速时间延长，呼梯按钮卡住不能消号，平层超差等故障的预告。监控系统将电梯运行异常信息通知维修单位（人员）及时处理，实现故障的早期预告及排除。

2）协助现场人员进行远程的故障分析及处理。

3）通过远程操作，控制电梯的部分功能，如锁梯、取消某层的停靠、改变群控调度原则等。

4）进行电梯的远程调试，如修改电梯的部分控制参数等。

5）进行故障记录与统计，有利于产品性能的改进。

6）进行电梯运行频率、停靠层站、呼梯楼层的统计，以便于进一步完善群控原则，并可根据该建筑物电梯的实际使用情况，制订专门的群控调度原则。

7）结合大数据技术，可对电梯运行状况和修保单位工作质量实行有效的监督，并为检验考核提供有效依据。

2. 电梯运行数据采集

现代电梯控制系统（微机、PLC）都有标准的监控接口，能采集电梯运行状态信号达几十个甚至上百个，有利于远程故障诊断。由于电梯的基础信息、运行监测信息、故障预警信息等数据采集、传输标准和规范不统一，因此电梯控制系统的监控接口只适用于电梯制造商本身的电梯监控系统。

电梯安全法规规定：非本电梯制造商开发的电梯运行数据采集器必须与电梯设备本身的

电气线路无任何连接，且不得影响电梯设备原有的功能及运行安全。因此，其他企业开发的电梯运行数据采集器通常采用外加传感器，采集的电梯运行状态信号通常比较少。这类系统适用于各种品牌、各种控制方式（继电器、PLC、微机）的电梯。

电梯运行状态采集的主要信号如下：

1）一般电梯采集的主要信号有电源、电梯的开梯/关梯、有司机/无司机、检修、消防、安全回路、门锁回路、抱闸、开门、关门、门保护（安全触板、光幕）、上下限位、门区、上下行方向、运行速度、轿厢层楼位置等。液压电梯还应采集油温信号。

2）自动扶梯采集的主要信号有电源、安全回路（急停）、扶梯速度、扶手带速度、主传动链、主制动器、超速、过低速、上下行方向等。

3. 远程监控系统的主要通信方式

1）公用电话网通信。当主机相对距离超过 1200m，并且光纤局域网无法覆盖监控区域时，计算机之间可通过串行调制解调器、借助公共电话网（或 ISDN 线路）建立数据连接通道。

2）无线通信。当地形复杂或地点常变动时，采用无线数据传输是一种可选的通信方式。

3）直接通过以太网等公用 TCP/IP 通信。当计算机由局域网或广域网互联时，它们之间通过 TCP/IP 通信。基于 TCP/IP 的通信有标准的编程接口 Sockets，在 Windows 平台上为 Windows Sockets。

4.6.2 常见的电梯远程监控系统

1. 小型电梯监控系统

小区、酒店的电梯数量不多，通常只有几台或者十几台，可采用小型电梯监控系统。如图 4-77 所示，监控系统主要由数据采集（器）模块和监控中心计算机两部分组成。若小区、酒店的电梯为同一品牌，则无需数据采集（器）模块，利用电梯控制系统的标准接口就可直接与监控中心计算机连接实现电梯集中监控。

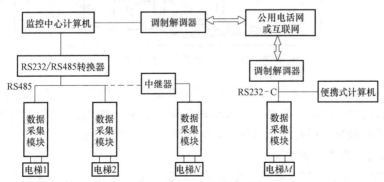

图 4-77 小型电梯监控系统结构图

数据采集（器）模块通常带有两个通信接口，近距离的电梯采用 RS485 串行总线接口，可直接与监控中心计算机通信；若距离超过 1km，可加装 485 中继器延长通信距离；远距离的电梯采用 RS232-C 串行总线接口，通过调制解调器、公共电话网或互联网将数据传送给远程监控中心计算机，实现对每一台电梯的实时监控。数据采集（器）模块采集到的电梯状态数据发送到监控中心计算机，进行故障判断，若有故障，发出报警信号，并自动（或管理人员）启动故障诊断专家系统，自动判断故障的性质与范围，帮助维修人员迅速准确地确定故障点。当监控中心需要在线监控某台电梯时，可主动拨号实现连接；当监控中心无需在线监控时，监控中心计算机进入休眠（低功耗）状态，此时，来自电梯的呼叫信号可将服务器自动唤醒。

2. 多层次电梯远程监控系统

对于电梯生产（安装维保）企业，在全国各地可能拥有多个维修服务站点，这就涉及监控网络的层次管理问题。借助公用网络，电梯企业可以便捷地组建具有三层架构的电梯远程监控服务网络，如图4-78所示。设在电梯企业总部的监控中心为系统的第一层，它有权观察整个监控网络内的任何一部电梯，但不接收任何电梯的故障呼叫。设在各个城市的监控中心或区域监控中心负责对本区域的电梯进行管理，是系统的第二层。它有权观察本辖区的任何一部电梯，并接收本辖区电梯的故障呼叫，进行故障诊断、故障维修记录。如果第一层服务中心想得到这些信息，可以借助网络通过Email的方式或远程登录的方式来获取。

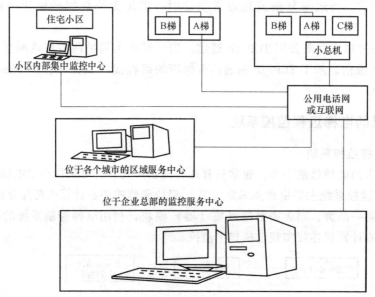

图4-78　多层次电梯远程监控系统结构图

设在小区、酒店或综合办公大楼内的监控中心是系统的第三层，它只监控本小区、酒店或综合办公大楼内的电梯。当这些电梯出现故障时，它一方面通知本项目的电梯维修工（管理人员）进行处理，同时将故障信息发送给第二层监控中心。

3. 远程故障诊断专家系统

当监测程序发现电梯有故障时，发出故障报警信号，系统自动（或管理人员）启动故障诊断系统对电梯故障进行远程自动诊断，判断故障的性质与范围，帮助维修人员迅速准确地确定故障点。图4-79是神经网络与专家系统相结合的智能型电梯故障诊断系统结构图。当进行诊断时，从所有检测点获得检测信息，建立非正常检测点的故障假设集。再利用检测知识库判断检测点值是否正常。如果有故障，则送至动态数据库或相应的人工神经网络进行浅层推理，如果不成功，就转入深层知识库进行规则逻辑推理。最终得到故障部位、可能原

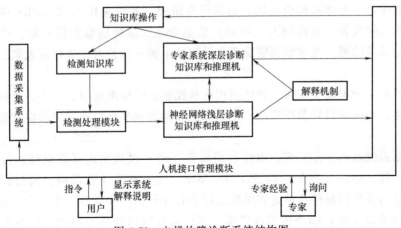

图 4-79 电梯故障诊断系统结构图

因和维修策略,送至人机接口和解释系统。解释模块给出推理过程和推理根据,解释用户的提问,并以系统询问的方式补充诊断所缺少的信息。知识库操作模块主要用来供专家通过人机接口对知识库进行扩充、修改、删除及自学习等操作。

4.6.3 电梯物联网监控管理系统

1. 电梯物联网监控管理系统的结构

电梯物联网监控管理系统是基于物联网技术,通过对电梯运行数据采集、电梯轿厢实时监控,实现电梯故障自动告警、电梯困人紧急救援及视频安抚等应急处置机制以及实现电梯维保监管、考核等功能的远程监控与综合管理系统。电梯物联网监控管理系统的结构如图 4-80 所示。系统由现场电梯数据采集监控终端,维保监控中心、特种设备检验监控中心、

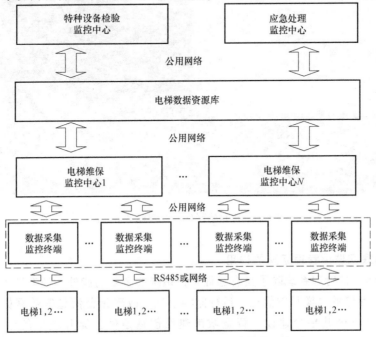

图 4-80 电梯物联网监控管理系统结构示意图

应急处理监控中心、电梯数据资源库、通信网络组成。系统采用 GSM/GPRS 移动公网。该系统具有电梯故障报警、电梯困人（接警）应急处理、故障信息短信通知、故障处理与困人紧急救援记录等功能。电梯数据资源库自动记录电梯安全监管、电梯困人紧急救援等相关的信息。

图中虚线框是根据需要配置，若能使用电梯控制柜的标准接口，就不需要数据采集监控终端。如大楼、小区未设置监控终端，则电梯控制柜的标准接口或采集模块直接与维保监控中心连接。

下面介绍系统基本工作原理。电梯数据采集（器）模块实时采集电梯运行状态的相关信息，并在大楼、小区（物业）监控终端上显示，在电梯发生故障时，通过公用网络将电梯的运行信息与故障信息传送给电梯维保监控中心计算机。维保监控中心计算机随时可连接现场电梯数据采集（器）模块或监控终端，通过监控窗口观察电梯的运行情况，并可进行远程故障诊断或调整特定参数。维保监控中心计算机向电梯数据资源库上传与电梯安全监管、电梯困人紧急救援等相关的信息，如电梯故障发生时间、维修（紧急救援）人员到达现场时间、电梯恢复正常运行时间，以及故障类型等信息。应急处理监控中心在接到电梯困人报警时，按预定的应急处理程序，分三级进行救援（电梯维保单位救援、划区救援站点救援、专家指导公共救援）。特种设备检验监控中心通过查询工作站，随时可以监视各电梯的运行情况，查询电梯的基本信息与安全监管信息，掌握各电梯的健康情况，查询各维保企业所维保的电梯运行数据，自动统计数据、生成各类管理报表，实现对电梯维保企业、注册电梯设备进行有效监管。电梯物联网监控管理平台界面如图 4-81 所示。

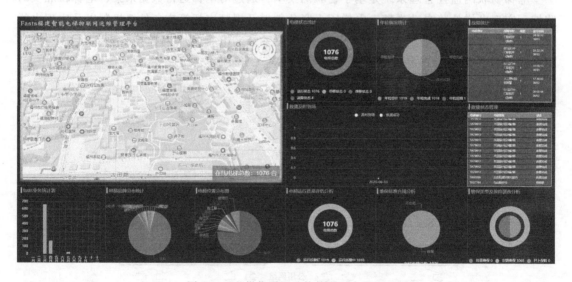

图 4-81　电梯物联网监控管理平台界面

2. 电梯物联网监控管理系统的作用

电梯物联网监控管理系统除了具有远程监控系统的主要功能外，还有以下作用：

1）数据库存储的电梯基础信息、运行监测信息、故障预警信息等数据标准化，有关数据可共享，为城市公共平台建设、智慧城市建设创造条件，提升城市的服务水平和服务质量。

2）充分发挥物联网技术、大数据分析技术优势，提升电梯维修保养工作的科学性和有效性，强化电梯管理、使用、维保企业的主体责任，提升电梯安全运行水平。

3）使电梯运行安全监管便捷有效，对维保企业、维保人员服务质量的评估有依有据，电梯事故原因可追溯，有助于公平公正地确定责任方。

4）应用电梯应急抢修、救援 APP 系统，充分利用全社会电梯救援（维保）资源，就近服务，使故障紧急维修、困人紧急救援服务更及时有效，解决电梯维修保养人员短缺的问题。

5）现场电梯维修人员可结合系统数据库查询、专家视频指导进行故障诊断，排除故障更加快速、便捷，缩短维修时间。

3. 电梯物联网监控管理系统亟待解决的问题

（1）电梯物联网监控管理系统相关标准制定　物联网技术作为新兴技术，在我国还未形成成熟的技术体系与产业链，各地建设的电梯物联网监控管理系统缺乏统一的标准体系，制约了电梯物联网系统的建设与应用。因此，应尽快制定电梯物联网监控管理系统的相关标准如下：

1）物联网系统数据采集、传输标准和规范。

2）数据库存储的电梯基础信息、运行监测信息、故障报（预）警信息等数据标准和规范。

3）特种设备监督检验监控中心与应急处置监控中心接收或查询的数据信息标准和规范。

4）电梯困人应急处置平台建设。

5）电梯设备质量、安装与维保企业服务质量、从业人员维修保养的效果（质量）的考核办法及评价细则。

（2）电梯物联网监控管理系统的高标准与兼容性　目前一些物联网企业开发的电梯物联网监控系统主要用于处理"电梯困人紧急呼叫"接警，并具有电梯运行监视、故障报修、维保刷卡以及日常管理等功能。这类系统适用于各种品牌电梯，但它采集的电梯运行状态信号只有少数几个，难以满足电梯职能部门的安全管理、考核的要求。

电梯生产企业通过控制系统标准接口可直接获得很多电梯运行状态信息（几十个甚至上百个），有利于故障诊断，但公共安全管理与电梯困人应急处置平台建设共享信息不宜要求太多，否则，数据传送流量、数据库存储容量巨大，造成系统建设成本与运行成本剧增，不利于电梯物联网综合监控管理系统的推广应用。GB/T 7588.1—2020 要求，电梯数据信息输出的方式应符合 GB/T 24476—2017 中 5.1.1 的规定。当采用监测终端输出数据时，应符合 GB/T 24476—2017 中 5.2 的规定。当采用企业应用平台输出数据时，应符合 GB/T 24476—2017 中第 6 章的规定。

据统计，至 2020 年年底我国在用电梯 786.55 万台，其中，电梯生产企业直接维保的电梯为 300 万台左右，第三方企业维保接近 500 万台。因此，电梯物联网监控管理系统的建设不能一味追求高标准，必须与第三方维保企业承担我国在用电梯维保主体的实际情况相适应。电梯物联网监控管理系统应能兼容电梯生产企业的物联网监控系统与部分性能较好的第三方电梯物联网监控系统。

4. 电梯困人应急处置平台建设

随着智慧城市从概念导入期进入实质推进期，各种公共平台建设要求各行业、各单位的基础数据共享及流程互通。其中，城市应急处置平台是重点之一，因此，电梯困人应急处置平台的建设刻不容缓。电梯困人应急处置平台结构如图 4-82 所示。电梯困人接警后，首先由电梯维保单位救援，若维保单位不能救援再由划区救援站点救援，最后是专家指导公共救援。

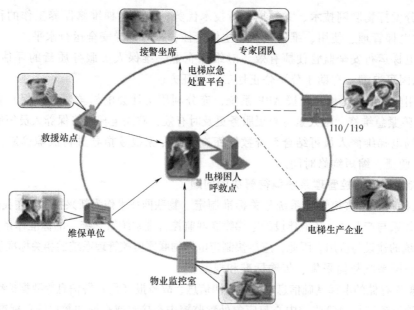

图 4-82　电梯困人应急处置平台结构图

电梯困人应急处置平台建设中，要组建电梯困人应急呼叫与处置机构、划区救援站点，进行电梯救援队伍建设与人员培训，电梯困人救援专线建设；制订救援任务下派、救援过程监管、救援结果核实确认、救援情况记录备案等管理办法；利用北斗（或 GPS）定位技术，开发电梯应急救援（急修）APP，如图 4-83 所示，充分利用全社会电梯救援（维保）资源，实现就近救援，7×24h 接警服务。

图 4-83　电梯应急救援 APP

本 章 小 结

本章介绍了电梯控制系统的主要部件及典型控制电路，包括指层电路、轿内指令登记电路、厅外召唤登记电路、定向选层与换速电路、平层电路、起动与制动运行电路、开关门电路、检修电路、安全保护电路等主要环节的工作原理，以及电梯消防状态的功能。其中分别介绍了继电器控制电梯、可编程序控制（PLC）电梯、微机控制电梯的控制系统，详细介绍了电梯 PLC 控制梯形图、电梯一体化（微机）控制系统电气原理图及其原理，并对电梯的远程监控系统、电梯物联网监控管理系统的原理、功能及其作用做了简要介绍。

思 考 与 练 习

4-1 电梯电路的主要部件有哪些？

4-2 分析电梯指层电路的工作原理。

4-3 分析电梯轿内指令电路的工作原理。

4-4 分析电梯厅外召唤电路的工作原理。

4-5 分析定向选层与换速电路的工作原理。

4-6 分析双速电梯起动加速与减速制动电路的工作过程。

4-7 简述交流双速电梯的 PLC 控制系统、电梯运行过程的工作原理。

4-8 与继电器控制电梯相比，PLC 控制电梯具有哪些优点？

4-9 简述微机控制电梯管理及操作的主要功能。

4-10 简述电梯一体化控制系统的特点。

4-11 简述两台电梯并联控制的调度原则。

4-12 电梯群控系统通常有哪些工作状态？

4-13 简述电梯智能群控系统典型的调度原则及其特点。

4-14 简述电梯远程监控系统的组成和功能。

4-15 简述电梯物联网监控管理系统的组成和功能。

第5章

电梯安装与调试

电梯是一种复杂的大型机电设备，电梯制造企业生产的只是半成品电梯，需要安装单位把电梯分散的部件在使用地安装调试成为完整的电梯，并经特种设备检验机构检验合格后才能交付使用。安装质量决定电梯的整机性能、安全性能、故障率和使用效果。因此，电梯安装单位必须具有国家行业管理部门颁发的许可资格证，其安装作业人员应取得特种设备安全监督管理部门颁发的电梯安装操作资格证，持证上岗。安装工程开工前应到当地特种设备安全监督管理部门办理开工申请，未经批准不得进场安装，安装过程应随时接受特种设备安全监督管理部门的监管等。

5.1 电梯安装前的准备工作

1. 组建安装班组

根据电梯台数和工期要求，并考虑不同用途电梯的技术要求、规格、层站数、自动化程度不同组建安装小组。安装小组一般由 4~6 名取得电梯安装操作资格证的人员组成，其中必须有熟悉电梯产品的电工和钳工至少各一名，以便全面负责电梯的安装和调试工作。如果工程规模比较大，还应配备专职的安全员和质检员，确保施工安全和工程质量。

电梯安装小组负责人应向小组成员介绍有关电梯的基本情况，如施工现场、电源、报警、医疗、工作周期等事项，并进行必要的安全教育。

2. 熟悉安装技术资料

安装人员应熟知电梯安装、验收的国家标准（GB/T 10060—2011《电梯安装验收规范》和 GB 50310—2002《电梯工程施工质量验收规范》）、地方法规、企业产品标准，同时还应阅读土建资料及随机技术文件。随机技术文件应包括电梯安装说明书、使用维护说明书、易损件图册、电梯安装平面布置图、电气控制说明书、电路原理图和电气安装接线图、装箱单，以及合格证书等。

3. 施工现场勘察

检查电梯的施工现场，包括检查通道是否畅通、是否需要清理现场、仓库及零部件存放地点是否干燥和安全，认真核对和测量机房、井道位置、尺寸，确认是否符合电梯供货商的产品样本、产品安装平面布置图的要求，是否符合 GB/T 7025.1~3《电梯主参数及轿厢、井道、机房的型式与尺寸》的相关规定，并做好记录。主要包括：

1）对于电梯机房，应检查其位置、高宽深、门及进入门的通道、机房屋顶承重梁及其吊钩、预留孔洞等是否符合要求。

2）井道的横截面尺寸、顶层高度和底坑深度、井道壁的铅垂度、预留孔洞（包括导轨架的预埋件或预留孔洞、层门洞）等是否符合要求。

3）因建设需要，在井道底坑下方仍可能有人通过时，对其安全防护措施也应予以检查，了解底坑地面的实际承载能力是否满足 $5000N/m^2$ 的均衡载荷要求，并应将对重缓冲器安装在延伸到坚固地面的实心墩上，或在对重上装设安全钳装置。

4）了解施工现场的供电、供水、临时库房安置等情况是否具备开工的基本条件。

5）现场勘察中发现的问题应向业主方代表提出，并商量好解决方案。

4．办理安装告知手续

根据现场勘察情况，项目安装施工组织责任人确认具备开工条件时，应到当地特种设备安全监督管理部门办理安装告知手续。办理安装告知手续时应持以下有效证件和文件资料：

1）电梯安装开工告知书、安装合同和营业执照。

2）安装资质证（副本）和安装人员名单及其操作证、施工方案和施工组织、安装设备和检测手段、施工进度计划、工程质量和安全保证措施等。

3）产品制造许可证（复印件）和产品合格证、安全部件的型式试验报告等。

以便特种设备安全监督管理部门审查安装单位所从事的电梯安装业务是否符合相关法规的规定，所安装的设备是否为合法生产，安装施工方案能否确保电梯设计规定的安全性能。

5．电梯设备的开箱验收

安装人员在开始安装前，应会同用户及制造企业的代表一起开箱。根据装箱单开箱清点、核对电梯的零部件和安装材料，并将核对结果进行记录，由三方代表当场签字，限期内补齐缺损件。清理、核对过的零部件要合理放置和保管，避免压坏或使楼板的局部承受过大载荷。通常根据部件的安装位置和安装作业的要求就近堆放，尽量避免部件的重复搬运，以便安装工作的顺利进行。如：将导轨、对重铁块及对重架堆放在一层楼的电梯厅门附近；各层站的厅门、门框、地坎堆放在各层站的厅门附近；轿厢架、轿底、轿顶、轿壁等堆放在上端站的厅门附近；曳引机、控制柜、限速装置等搬运到机房；各种安装材料搬进安装工作间妥善保管，防止损坏和丢失。

6．安全防护与安全标识

根据 GB 50310—2002《电梯工程施工质量验收规范》的相关条款，电梯安装之前，所有层门预留洞都必须设有高度不小于 1.2m 的安全围栏，并保证有足够强度。电梯安装单位应按规定做一次检查，各电梯层门洞在层门安装前均应装设安全护栏，并在各层门洞周围贴有"电梯安装现场请勿靠近"的安全标识，防止无关人员误入电梯井道，造成人身伤害事故。

7．清理井道

电梯安装施工之前必须先清理井道，特别是底坑内的杂物，必须清理干净。

8．搭脚手架

电梯安装施工方式分为有、无脚手架两种，对于 10 层站以下的电梯通常采用有脚手架安装，10 层站以上的电梯通常采用无脚手架安装，以减轻电梯安装人员的劳动强度。两种安装的差别只是作业方法不同，而电梯产品各零部件的安装位置和安装质量要求是完全相同的。因此，本书重点介绍有脚手架电梯安装方式的零部件安装及其调整要求，对于无脚手架电梯安装只介绍其安装方法等。

脚手架可用竹竿、木杆、钢管搭成。对重装置在轿厢后面的脚手架如图 5-1a 所示；对重装置在轿厢侧面的脚手架如图 5-1b 所示。如果电梯的井道截面尺寸或电梯的额定载重较大，采用单井式脚手架不够牢固时，可增加图 5-1b 中所示的虚线部分，即为双井式脚手架，以增加脚手架的承载能力和稳定性。不管哪种型式的脚手架，都应满足以下要求：

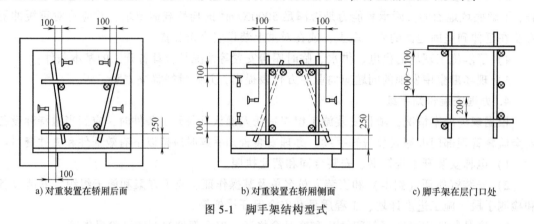

a) 对重装置在轿厢后面　　　　b) 对重装置在轿厢侧面　　　　c) 脚手架在层门口处

图 5-1　脚手架结构型式

1）不影响电梯的正常施工作业，如吊装导轨、吊挂铅垂线等。

2）搭设的脚手架应便于安装人员上下攀登，横梁的间隔应适中，一般应不大于 1300mm，每层横梁上应铺设两块以上竹架板或木板，架板两端应伸出横梁 200～250mm。架板与横梁间应捆扎牢固，层与层之间的架板应交错摆放。搭设的脚手架应牢固，其承载能力应在 $2.45×10^3 Pa$ 以上。

3）脚手架在层门口处应符合图 5-1c 所示的尺寸要求。

4）用竹竿或木杆搭设的脚手架应有防火措施。

5）位于上端站的脚手架立杆应尽量选用长度适中的材料，方便组装轿厢时先将其拆除。脚手架立管最高点位于井道顶板下 1.5～1.7m 处为宜，以便放稳样板架。

井道内施工照明必须采用 36V 以下的低压安全灯，严禁使用 220V 照明，线路插头、插座绝缘层均不得破损、漏电。

5.2　电梯机械设备安装

5.2.1　有脚手架的电梯机械设备安装

电梯机械设备安装基本程序如图 5-2 所示。

1. 样板架制作与悬挂铅垂线

样板架的参数尺寸及悬挂铅垂线的位置与数量，应根据随机技术文件中的电梯安装平面布置图的要求确定。制作样板架的木料应干燥、不易变形、四面刨平、互成直角，其截面尺寸可参照表 5-1 的规定；悬挂铅垂线通常选用 20～22 号铁丝。图 5-3 是样板架制作安装和悬挂铅垂线的平面示意图，对提升高度比较高的电梯，为保证安装质量，安装时可采用双样板架，即上、下各装设一个样板架的方法进行安装作业。

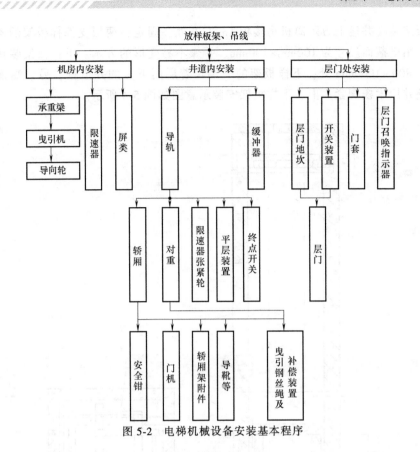

图 5-2 电梯机械设备安装基本程序

表 5-1 样板架木料尺寸

提升高度/m	厚/mm	宽/mm
≤20	40	80
20~40	50	100

注：提升高度增大，木料厚度和宽度相应增加，也可采用型钢制作。

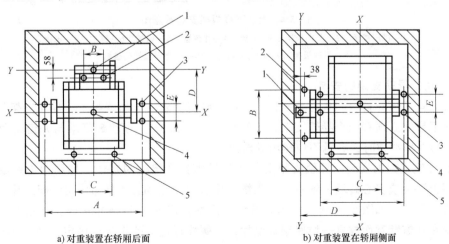

a) 对重装置在轿厢后面　　　b) 对重装置在轿厢侧面

图 5-3 样板架及悬挂铅垂线示意图

A—轿厢导轨架面距　B—对重导轨架面距　C—厅门净门口尺寸　D—轿厢和对重装置中心距　E—轿厢导轨固定孔中心距
1—对重装置中心垂线　2—对重导轨架导轨固定孔中心垂线　3—轿厢导轨架导轨固定孔中心垂线
4—轿厢中心垂线　5—厅门净门口宽铅垂线

上样板架装在井道上方距离机房楼板 1m 左右处，固定在两根支撑样板架的木梁上，两根木梁可采用横截面尺寸为 100mm×100mm、干燥不易变形的方木。下样板架装在井道下方距底坑地面 800～1000mm 处，下样板架的一端顶着层门下方的井道壁，另一端顶着层门对面的井道壁并用木楔楔紧。上、下样板架安装示意图如图 5-4 所示。

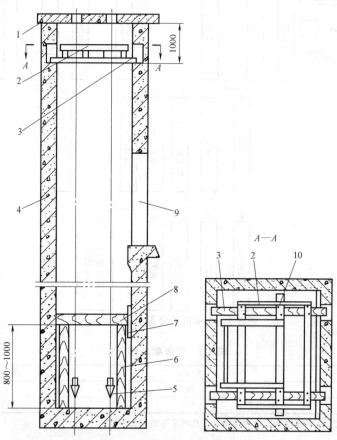

图 5-4　上、下样板架安装示意图

1—机房楼板　2—上样板架　3—木梁　4—井道壁　5—铅锤　6—撑木　7—木楔
8—下样板架　9—厅门入口处　10—固定样板架的铁钉

2. 导轨、导轨支架的安装

一般导轨用压导板、圆头方颈螺栓、垫圈、螺母固定在导轨支架上，导轨支架与井道墙固定。每根导轨必须有两个导轨支架，其间距不大于 2.5m。导轨最高端与井道顶距离 50～100mm，当电梯冲顶时，导靴不应越出导轨。

（1）导轨支架的安装　导轨支架安装通常采用膨胀螺栓固定法，即用冲击钻或墙冲在井道混凝土圈梁或实心砖墙上钻一与膨胀螺栓规格（常用 M12、M16）相匹配的孔，用膨胀螺栓将支架固定，如图 5-5a 所示。当井道墙（圈梁）厚度小于 150mm 时，采用对穿螺栓固定法，即在井道壁背面放置一块厚钢板垫片，用螺栓通过穿孔将支架固定，如图 5-5b 所示。以前有些导轨支架安装采用预埋螺栓法和预埋钢板焊接固定法，如图 5-5c、d 所示，由于需要在土建施工时，按要求预埋入螺栓或带有钢筋弯脚的钢板，因此，现在很少采用。导轨支架安装应达到的技术要求如下：

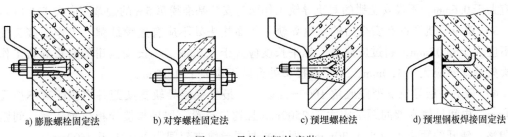

a) 膨胀螺栓固定法　　b) 对穿螺栓固定法　　c) 预埋螺栓法　　d) 预埋钢板焊接固定法

图 5-5　导轨支架的安装

1）导轨支架两端的水平误差≤5mm，垂直误差≤0.3mm。

2）导轨支架和井道壁间的衬垫总厚度为 5mm 以下，衬垫的大小为导轨支架宽度尺寸。当井道壁存在平面误差时，也可以仅在单侧垫入 10mm 以下的衬垫。

3）导轨支架和导轨背面间的衬垫厚度以 3mm 以下为标准，在 3~7mm 时，要在衬垫之间进行点焊。导轨支架与导轨背面的间隙超过 7mm，要垫入厚 3mm 的衬垫，再插入与导轨架宽度相等的钢垫片。

（2）导轨的安装　导轨一般用装在机房楼板下的滑轮和尼龙绳，由下往上逐根吊装对接（导轨的凸榫头应朝上），并随时用压导板和螺栓把导轨固定在导轨架上（不允许采用焊接与螺栓连接），导轨之间用连接板固定。导轨的下端应与底坑槽钢连接，上端与机房楼板之间的距离和电梯运行速度有关（国标规定：当对重装置完全坐在它的缓冲器上时，轿厢导轨的长度应能提供不小于 $0.1 + 0.035v^2$（m）的进一步制导行程）。两列导轨侧面平行度校正如图 5-6a 所示，自上而下，用图示的导轨卡规（校导尺）进行测量校正定位，当卡规两端的指针指向卡规的中心线时，两列导轨侧面平行。导轨的垂直度可用线坠与钢板尺进行测量校正，如图 5-6b 所示。导轨必须进行认真的调整校正，尤其是轿厢导轨的安装质量对电梯运行舒适感和噪声等性能有着直接关系，且电梯速度越快，其影响就越大。导轨安装校正后应达到的技术要求如下：

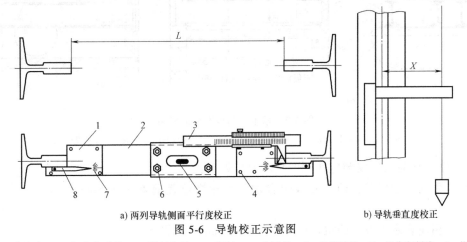

a) 两列导轨侧面平行度校正　　　　　　　b) 导轨垂直度校正

图 5-6　导轨校正示意图

1—不锈钢板　2—铝合金型材　3—游标卡尺　4—铆钉　5—水平仪　6—定位螺栓　7—扭曲度刻线　8—指针

1）两列导轨顶面间距 L 允许偏差：轿厢导轨为 0~+2mm，对重导轨为 0~+3mm。

2）轿厢导轨和设有安全钳的对重导轨工作面（侧面与顶面）与安装基准线每 5m 的偏差

不应大于 0.6mm；不设安全钳的对重导轨工作面与安装基准线每 5m 的偏差不应大于 1.0mm。

3）轿厢导轨和设有安全钳的对重导轨工作面接头处不应有连续缝隙，工作面接头处台阶不应大于 0.05mm，超过应修平，修平长度应大于 150mm。不设安全钳的对重导轨工作面接头处缝隙不应大于 1.0mm，工作面接头处台阶不应大于 0.15mm。

4）最下一层导轨支架距底坑 1000mm 以内，最上一层导轨支架距井道顶距离不应大于 500mm，中间导轨支架间距不应大于 2500mm 且均匀布置，如果与接导板位置相遇，间距可以调整，错开的距离不应小于 30mm，但相邻两层导轨支架间距不应大于 2500mm。

5）电梯导轨严禁焊接，不允许用气焊切割。

3. 承重梁、曳引机的安装

承重梁通常采用槽钢或工字钢，固定在井道向机房延伸的水泥墩子或墙体上，客梯承重梁与水泥墩子间应放置防振橡胶垫，货梯可不用橡胶垫，并将钢梁与墩子浇灌牢固。承重梁如需埋入承重墙时，埋入端应超过墙厚中心至少 20mm，且支撑长度不小于 75mm。承重梁与曳引机的安装如图 5-7 所示。无导向轮、复绕轮曳引机的承重梁贴近楼面安装，与机房楼面间距通常为 30～50mm；有导向轮、复绕轮曳引机的承重梁与机房楼面间距为 400～600mm。曳引轮、导向轮外缘（钢丝绳中心的位置）铅垂线对准轿厢中心和对重中心，如图 5-7b 所示。对曳引比为 2：1 的曳引机，使曳引轮的外缘中心位置（钢丝绳中心位置）与轿厢反绳轮及对重反绳轮的外缘中心位置重合，如图 5-7a 所示。同时调整曳引轮铅垂，使其误差不超过 0.5mm。然后，将曳引机座与承重梁定位固定。

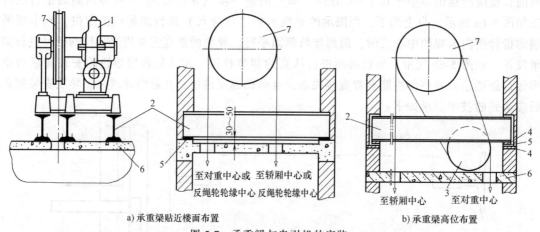

a) 承重梁贴近楼面布置   b) 承重梁高位布置

图 5-7　承重梁与曳引机的安装

1—曳引机　2—工字梁　3—导向轮　4—钢板　5—橡胶垫　6—楼板　7—曳引轮

曳引轮（导向轮）安装应达到的技术要求如下：

1）曳引轮位置偏差，即中心线位置偏差和轮缘位置偏差如图 5-8a 所示，其偏差值见表 5-2。

2）曳引轮在水平方向的扭转误差不大于 0.5mm，如图 5-8b 所示。

3）曳引轮垂直度不大于 0.5mm，如图 5-8c 所示。

4）曳引轮与导向轮或轿厢顶轮的不平行度不大于 1mm。

5）导向轮中心线位置偏差不大于 1mm，轮缘位置偏差不大于 3mm，垂直度偏差不大于 0.5mm。

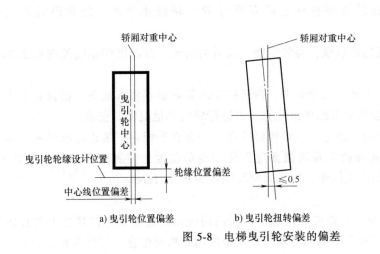

a) 曳引轮位置偏差　　　　b) 曳引轮扭转偏差　　　　c) 曳引轮垂直度偏差

图 5-8　电梯曳引轮安装的偏差

表 5-2　曳引轮位置偏差要求　　　　　　　　　　　　（单位：mm）

要求范围	高速梯	快速梯	慢速梯
曳引轮中心线位置偏差	2	3	4
曳引轮轮缘位置偏差	1	2	2

4. 轿厢、安全钳及导靴的安装

电梯安装中通常把对重装置放在井道底坑组装，轿厢在井道最高层内安装。首先将最高层的脚手架拆去，在上端站层门地面与对面井壁之间，水平地架设两根不小于 200mm×200mm 的方木或 160#槽钢。方木或槽钢的一端平压在层门口的地面上，另一端水平地插入层门对面井壁的孔洞中，并楔实、楔牢固（或用角钢托架固定）。这两根方木或槽钢作为组装轿厢时的支承架，两根方木或槽钢应在一个水平面上。然后，通过井道顶预留的曳引绳孔（与轿厢中心对应），悬挂一只手动葫芦，以便起吊轿底、轿厢架等质量大的部件，如图 5-9 所示。

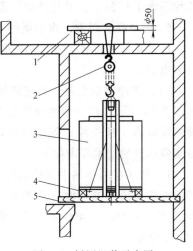

图 5-9　轿厢组装示意图

1—机房　2—2~3t手动葫芦　3—轿厢
4—木块　5—200mm×200mm 方木

轿厢安装顺序为下梁→立柱→上梁→轿底→轿壁→轿顶→导靴→轿门，安全钳在装下梁时先装好。安装步骤如下：

1）将下梁放在支承架（安装梁）上，调整安全钳口（老虎嘴）与导轨侧面的间隙。安装安全钳楔块，使其钳口距导轨侧面间隙为 3~4mm 且一致，并固定，同时调整下梁水平度，使其横、纵向水平度均不大于 1/1000。

2）分别吊装两侧立柱，用螺栓与下梁（或底框）连接，通过垫片调整立柱的垂直度，使其误差不大于 1.5mm，然后紧固连接螺栓。

3）用葫芦将上梁吊至适当高度，再慢慢下降，使上梁嵌入立柱，用螺栓连接，调整上梁水平度，横向误差不大于 2mm，纵向误差不大于 1mm。

4）轿底安装时，通过轿架斜拉杆上的双螺母调节轿底水平度，使其误差不大于2/1000。

5）安装轿厢壁，一般先装后壁，再装侧壁，最后装前壁，其高度误差应控制在2.0mm以内。

6）轿顶预先组装好，用吊索悬挂起来，待轿壁全部装好后再将其放下，按设计要求与轿壁用螺栓连接并紧固。轿厢架及厢体组装完后再进行轿内其他机件的安装。

7）导靴安装时，应使同一侧上、下导靴保持在一个垂直平面内。滚轮导靴外圈表面与导轨工作面应紧贴；固定式导靴与导轨顶面应保留适当的间隙，使其两侧间隙各为0.5~1mm；弹性导靴与导轨顶面应无间隙，使其两侧间隙各为0.5~1mm。

8）安装轿门。

① 门机安装于轿顶，轿门导轨应保持水平，轿门门板用连接螺栓与门导轨上的挂板连接，调整门板的垂直度使门板下端的门滑块与地坎上的门导槽相配合。门板垂直度误差不大于1mm。

② 安全触板（或光幕）安装后要进行调整，使之垂直于水平面。轿门全部打开后安全触板端面和轿门端面应在同一垂直平面上。安全触板的动作应灵活，功能可靠。其碰撞力不大于5N。在关门行程1/3之后，阻止关门的力不应超过150N。

③ 在轿门扇和开关门机构安装调整完毕后安装门刀，门刀端面和侧面的垂直度偏差全长均不大于0.5mm，并且达到厂家规定的其他要求。

5. 缓冲器、对重、曳引绳的安装

缓冲器和对重装置安装都在井道底坑进行，通常先安装缓冲器，再安装对重装置，然后安装曳引绳。

（1）缓冲器的安装　首先清洁底坑，在两导轨之间找缓冲器的中心点，并做一个记号，如图5-10所示。然后安装膨胀螺栓，通过膨胀螺栓将缓冲器（延长件）固定在底坑地面。缓冲器安装应达到的技术要求如下：

1）轿厢在两端站平层位置时，轿厢、对重装置的撞板与缓冲器顶面间的距离规定：耗能型缓冲器应为150~400mm，蓄能型缓冲器为200~350mm。

2）轿厢、对重撞板中心与缓冲器中心的偏差不大于20mm。

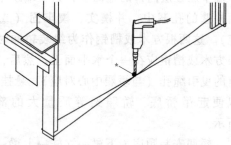

图5-10　缓冲器的中心点示意图

3）油压缓冲器柱塞铅垂度误差不大于0.5%（不大于0.5mm）；弹簧缓冲器顶面的水平度不大于2/1000。

4）轿厢（对重）采用两个缓冲器时，两个缓冲器的高度差不超过2mm。

（2）对重的安装

1）先在底坑架设一个由方木构成的木台架，其高度为底坑地面到缓冲越程位置的距离（弹簧缓冲器为200~350mm，油压缓冲器为150~400mm）。

2）拆卸下对重架一侧的上、下两个导靴，在电梯的第二层左右吊挂一个手动葫芦，将对重架吊起，就位于对重导轨中，下面用方木顶住垫牢，然后将拆卸下的两个导靴装好。

3）计算所需对重块的数量，并装入对重块。对重块要平放、塞实，并用压板固定，防止运行时由于铁块窜动而发出噪声。

4）对重如果设有安全钳，应在对重装置未进入井道前，将安全钳的部件装妥。

5）安装底坑安全栅栏，安全栅栏的底部距底坑地面不大于300mm、顶部距底坑地面不小于2500mm，一般用扁钢制作。

（3）曳引绳的安装　曳引钢丝绳的安装一般分绳长测量、绳头组合制作、挂绳安装和调整张力四个步骤。

1）绳长测量　根据电梯安装的实际要求计算和实地测量确定曳引绳的长度，可把成卷的曳引钢丝绳放开拉直，按所需长度做好截绳标记点，并在截取点两端用铁丝扎紧，以免曳引绳截断后发生绳股松散现象。

2）绳头组合制作　自锁楔式锥套绳头制作如图5-11所示。图5-11a所示为往锥套孔插入曳引绳，图5-11b所示为绳头绕过楔块穿出锥套孔，图5-11c所示为拉紧绳头，图5-11d所示为继续拉紧绳头，图5-11e所示为曳引绳头拉紧后，用三个绳夹板将绳头夹紧。

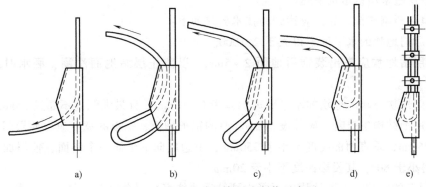

a)　　　　b)　　　　c)　　　　d)　　　　e)

图5-11　自锁楔式锥套绳头制作示意图

绳头组合制作还有一种巴氏合金锥形套筒法。如图5-12所示，将绳头穿入锥套孔，然后松开端头的扎丝，擦去油污，做好花结，将绳头拉入锥套内后将花结摆放好，再用布带将锥套下端小孔堵塞缠扎好，防止浇灌巴氏合金时从小口漏出。巴氏合金需加热至270～350℃，每个绳头要一次浇灌完成，以保证质量。采用巴氏合金锥形套筒法制作比较麻烦，现在很少采用。

3）挂绳安装和调整张力　挂绳时从机房往下挂，当曳引比为1∶1时，把曳引绳的一端从曳引轮一侧放至轿架并固定在轿架的绳头板上，另一端经导向轮下放至对重装置并固定在对重架绳头板上。当曳引比为2∶1时，曳引绳需从曳引轮两侧分别下放至轿厢和对重装置，穿过轿顶轮和对重轮再返到机房，并固定在绳头板上。曳引绳挂好后，可借助手动葫芦把轿厢吊起，

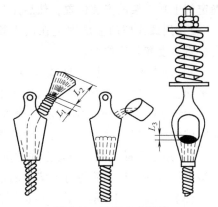

图5-12　巴氏合金锥形套筒绳头制作示意图

拆除支撑轿厢的方木，放下轿厢。通过调整绳头组合的螺母使全部曳引绳受力一致。

6. 厅门、门锁、门自闭装置的安装

（1）厅门地坎的安装　厅门地坎安装在电梯每一层门口的井道牛腿上。根据精校后的轿厢导轨位置，计算和确定厅门地坎的精确位置，并校正样板架悬挂下放的厅门口铅垂线，然后用 400# 以上的水泥砂浆把厅门地坎固定在井道内侧的牛腿上。图 5-13a 所示是混凝土牛腿，在早期电梯中被广泛采用，但它对土建要求较多，工期较长，现在只在一些需要更高强度的货梯中采用。图 5-13b 所示是钢结构牛腿，它结构简单，可以现场利用角铁制作，使用膨胀螺栓固定，安装速度快，效率高。现在电梯中普遍采用钢结构牛腿。

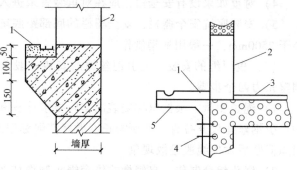

a) 混凝土牛腿示意图　　　b) 钢结构牛腿示意图

图 5-13　牛腿结构示意图

1—地坎　2—门套　3—装修地面　4—膨胀螺栓　5—角钢牛腿

厅门地坎经调整校正后，应达到的技术要求如下：

1）各厅门地坎的水平度不得大于 2/1000。

2）各层站地坎应高出装饰后地面 2~5mm，以防止层站地面洗涮、洒水时，水流进井道。

3）厅门地坎与轿门地坎的水平距离偏差为 0~+3mm，且最大距离不超过 35mm。

4）采用钢结构牛腿时，应装设 1.5mm 厚的钢护脚板，钢板的宽度应比照层门口宽度两边各延伸 25mm，垂直面的高度不小于 350mm，下边应向下延伸一个斜面，使斜面与水平面的夹角不得小于 60°，其投影深度不小于 20mm。

（2）门套的安装　安装地坎的混凝土硬结后才能安装门套（门立柱、门上坎）。

1）将厅门左右立柱、上坎用螺栓组装成门套，门套放到地坎上，确认左右门套立柱与地坎的出入口画线重合，拧紧立柱下端与地坎之间的固定螺栓。门套上端与门头临时固定，确定门上坎支架的安装位置，然后用膨胀螺栓或焊接方法将门上坎支架固定在井道壁上。

2）用螺栓把门上坎固定在门上坎支架上，按要求调整门套、门立柱、门上坎的水平度、垂直度和相应位置。

3）用水平尺测量层门导轨安装是否水平。如果是侧开门，两根门导轨上端面应在同一水平面上，用厅门样线检查层门导轨中心与地坎槽中心的水平距离 X，应符合图样要求，偏差不大于 1mm，如图 5-14 所示。检查门导轨的垂直度以及门上坎的垂直度，确认合格后，紧固门立柱、门上坎支架、门上坎及地坎之间的连接螺栓。

4）用厅门样线校正门套立柱的垂直度，全高应垂直一致，然后将门套与门上坎之间的连接螺栓紧固，用钢筋与打入墙中的钢筋和门套加强板进行焊接固定。

（3）门头、门扇的安装　根据厅门样线和门头板的尺寸，在合适位置打入固定螺栓用于固定门头板，把门头板暂时悬挂在固定螺栓上。沿水平方向左右移动门头板直到门头板位于左右方向的正确位置，紧固左右移动的螺栓，然后沿水平方向前后移动门头板，直到门头板位于正确的位置，紧固前后移动的螺栓。

把门滑块固定在门扇下端，将门扇滑块插入层门地坎槽内，并在层门下端与地坎之间垫

上厚度合适的垫片以保证层门与地坎的运动间隙，然后把层门通过螺栓与门挂板（门滑轮组件）连接，调整门挂板与门扇之间的垫片，使门扇下端与层门地坎的间隙为（5±1）mm。

（4）门锁、层门自闭装置的安装　门锁安装前应对锁钩、锁臂、滚轮、弹簧等按要求进行调整，使其灵活可靠，按图样规定的位置进行安装。调整层门门锁和门安全开关，使其达到在证实锁紧的电气安全装置动作之前，锁紧元件的最小啮合长度为7mm。并且门刀与厅门地坎、门锁滚轮与轿门地坎、门刀与门锁滚轮之间的距离符合标准。

在门扇装完后，应将层门自闭装置（强迫关门装置）装上，使层门具有自闭能力，层门被打开时，在无外力作用下，层门能自动关闭，以确保层门口的安全。层门手动紧急开锁装置应灵活可靠，每个层门均应设置。

层门安装调校后，应达到的技术要求如下：

1）层门关闭后，门扇之间及门扇与立柱、门楣和地坎之间的间隙，对乘客电梯不大于6mm，对载货电梯不大于8mm。

2）层门地坎至轿厢地坎之间的水平距离偏差为0～+3mm，且最大距离不大于35mm。

3）与层门联动的轿门部件与层门地坎之间、层门门锁装置与轿厢地坎之间的间隙应为5～10mm。

4）层门锁钩必须动作灵活，在证实锁紧的电气安全装置动作之前，锁紧元件的最小啮合长度大于7mm。

5）锁紧元件的啮合应能满足在沿着开门方向作用300N力的情况下，不降低锁紧的效能。

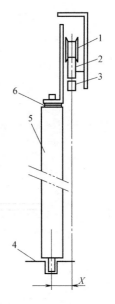

图5-14　门导轨中心与地坎槽中心的水平距离

1—门吊轮　2—门导轨
3—限位轮　4—地坎
5—门扇　6—垫片

7. 限速器的安装

限速器安装在井道顶部的楼板上，为了保证限速器与张紧装置的相对位置，安装时在限速器轮绳槽中心挂一铅垂线至轿厢横梁处的安全钳拉杆的绳接头中心。再从这里另挂一根铅垂线到底坑中张紧轮绳槽中心，要求上下垂直重合。然后，在限速器绳槽的另一侧中心到底坑中的张紧轮槽再拉一根线，如果限速器绳轮的直径与张紧轮直径相同，则这根线也是铅垂的，如图5-15所示。以该铅垂线定位，用膨胀螺栓把限速器固定在机房地板上，在底坑导轨上的适当高度安装张紧装置。

把限速器钢丝绳挂在限速器绳轮和张紧轮上进行测量，根据所需长度截断钢丝绳，做绳头（方法与曳引绳绳头相同），然后将绳头与轿厢安全钳拉杆固定。

限速器装置经安装调整后，应达到的技术要求如下：

1）限速器绳轮的铅垂度偏差不大于0.5mm。

2）限速器钢丝绳每一部分的张力应不小于150N，预张紧是靠张紧装置实现的。

3）限速器绳索与导轨的距离，按安装平面布置图的要求，偏差值应不超过5mm。

4）限速器动作时，限速器绳的张力大于安全钳起动时所需力的2倍，且不小于300N。

5）限速器绳的公称直径不小于6mm，限速器绳轮的节圆直径与绳的公称直径之比不应小于30。

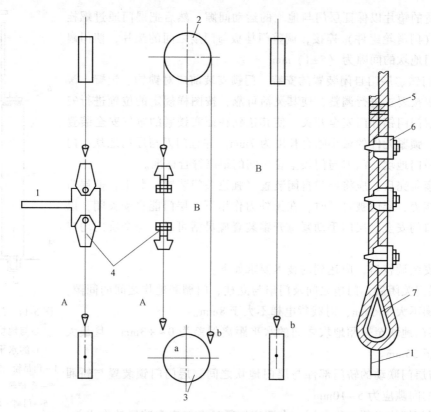

图 5-15　限速器定位示意图

1—轿厢安全钳拉杆　2—限速器轮　3—限速器张紧轮　4—绳头　5—扎丝绳　6—头卡　7—套环

5.2.2　无脚手架的电梯机械设备安装

无论有、无脚手架，电梯零部件安装技术要求是相同的，只是安装人员在井道内开展安装作业时上下移动方式不同而已。因此，这里只介绍无脚手架电梯安装的步骤和方法。

1) 搭设上工作平台。上工作平台用于吊拉对重架，方便从机房吊放、调整铅垂线位置。

① 在上端站楼面门洞两侧与对面井壁孔洞间纵向平摆两根架管，并在两根架管上横向平放 3 根架管和若干块竹质架板。

② 将 $\phi15$ 的麻绳穿过机房屋顶的吊环并与吊环捆扎牢，将绳的两端穿过轿厢曳引绳预留孔后将两绳头打个活结。

③ 将安全带扣挂到 $\phi15$ 的麻绳上，然后踏着架管和架板用扣件将纵向和横向架管扣紧扣牢，并将纵向架管插入井壁处楔实楔牢，将架板与架管捆扎牢固。

2) 吊放铅垂线。

① 从机房的轿厢曳引绳预留孔处吊放 1 或 2 根铅垂线，在上工作平台上以该铅垂线为依据，测量井道的参数尺寸，并以此核对井道与机房位置关系。在机房地板上确定 2 根层门位置铅垂线、打孔、悬挂下放 2 根层门铅垂线。

② 再以这 2 根层门铅垂线为基准，确认 4 根轿厢导轨（每列导轨 2 根）铅垂线、4 根

对重导轨铅垂线等的具体位置，以及曳引机承重梁和曳引机的位置等。然后打孔、悬挂下放8根导轨安装的基准线。

③ 调整稳固好10根铅垂线。

3）根据确定的承重梁位置，安装承重梁和曳引机。

4）安装井道底坑至3楼面的轿厢、对重导轨支架，安装轿厢、对重导轨并调校好。

5）搭建移动工作平台。移动工作平台是安装人员的移动施工作业平台，搭建步骤如下：

① 在下端站楼面，按有脚手架的安装方法和要求先将轿厢架、轿厢底、轿厢架与轿厢底的拉条装配好。

② 以轿底上平面为支撑，向上搭设包括3个井字在内的脚手架，第1个井字高度为500mm左右，第2个井字高度通常为2000～2200mm，并在第2和第3层井字架上铺放架板和木板，防止杂物坠落井道时伤害安装作业人员。

6）在机房的对重曳引绳预留孔处摆放一根架管，并在架管上吊挂一只2t环链手动葫芦，将对重架吊放到电梯安装平面布置图规定的位置上。

7）计算和实地测量曳引绳的长度、截绳、制作绳头、挂绳、调整张力，以符合规定要求。

8）置入适量对重块并压紧，使对重的质量与轿厢架和轿底的质量（包括3个人和常用工具的质量）相近。

9）配接点动控制操作盒，慢速移动工作平台。

10）移动工作平台，开展无脚手架电梯安装施工作业。

无脚手架电梯安装危险性比较大，需严格按预定的安全规程进行作业，切不可粗心大意。无脚手架电梯安装的优点如下：

① 免去租赁、搬运、搭脚手架、拆脚手架、再搬运归还脚手架的重复劳动。

② 降低了安装人员上下攀登脚手架时的体力消耗，降低了劳动强度。

③ 避免了上下交叉施工作业而发生事故的可能性等。

5.3　电梯电气设备安装

1. 电源箱的安装

每台电梯有一个单独的电源箱，箱内有电梯的主电源开关、井道照明开关和轿厢照明开关。电源箱应安装在机房入口处能方便迅速接近和操作的位置，高度一般为1.3～1.5m，用膨胀螺栓固定。送到机房的三相电源直接接至电梯的主电源开关和照明开关的进线端，以满足电梯电路的主开关不能切断机房、轿厢和井道的照明电路和插座等装置供电电路的规定。

如果机房为几台电梯共用，则各台电梯的电源箱（主开关）必须有与之对应曳引机的明显识别标记。

2. 控制柜的安装

控制柜安装在曳引机附近合理的位置，用膨胀螺栓固定在平整的地面上。为了便于维修操作，控制柜门应面向曳引机，控制柜与墙、门窗的距离必须不小于600mm。

3. 安装分接线箱和敷设电线槽管

电梯控制柜至电源箱、曳引电动机（制动器）、限速器、楔形插座（或井道中间接线箱）、井道各层站接线盒等需敷设电线槽、管。一般电梯电线槽、管路敷设如图 5-16 所示。中间接线箱安装在电梯提升高度 1/2 往上 1.5～1.75m 的井道墙上。各层站接线盒主要接收井道内开关或触点信号，如极限开关、限位开关、强迫减速开关、缓冲器开关、张紧装置开关、底坑检修开关、层门锁、呼梯信号、井道照明等，通常安装在各层站靠门锁比较近的地方。现在微机控制电梯采用串行通信，外召唤信号登记与传送线路不受层站数的影响，控制柜至各层站的线路敷设采用多芯电缆和接插件后，不再设中间接线箱与各层站分线盒。

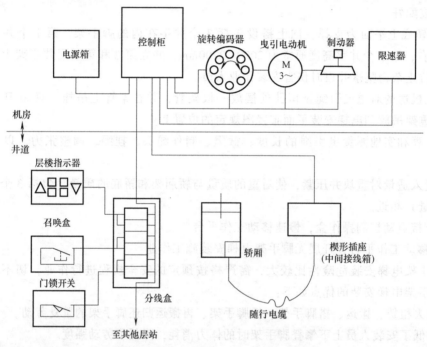

图 5-16　电梯电线槽、管路敷设示意图

电线槽、管路敷设后应满足的技术要求如下：

1）竖向槽、管每隔 2.5m，横向槽、管每隔 1.5m，金属软管不大于 1.0m 应做固定处理。单根电线槽、管两端应做固定处理。

2）全部槽、管敷设完后应连成一体。

3）在各层对应召唤盒、层楼指示器、厅门锁开关、限位开关等的相对位置处，根据引线的数量选择适当的金属软管安装。

4. 随行电缆的安装

每台电梯需装设两个随行电缆固定支架，其中一个装在电梯提升高度 1/2 往上 1.3～1.5m（若装有井道中间接线箱，在该接线箱下方 100mm 左右）处，另一个装在轿底下方的轿架下梁附近，便于稳固随行电缆的地方。现在电梯控制柜引至轿厢的导线大多采用电梯专用的扁平随行电缆，省去井道中间接线箱，并采用楔形插座固定。随行电缆安装如图 5-17 所示。

以前的电梯采用井道中间接线箱作为控制柜至轿厢的单芯控制线与多芯软电缆之间的过

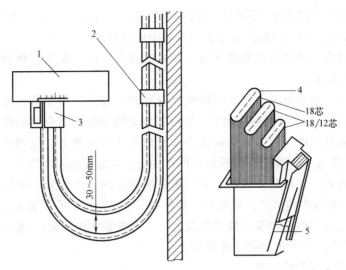

图 5-17　专用扁平随行电缆安装示意图
1—轿厢底梁　2、3、5—楔形插座　4—扁形电缆

渡转换接线箱，这种电梯随行电缆安装如图 5-18 所示。电缆架主要由一根 $\phi 25 \sim 30\text{mm}$ 的小钢管外套穿一根 $\phi 30 \sim 35\text{mm}$ 的大钢管构成，随行电缆捆扎在大钢管上，电梯上下运行时，捆扎随行电缆的大钢管能随之转动，减少外力造成随行电缆损伤。

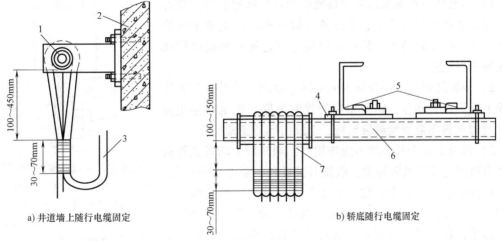

a) 井道墙上随行电缆固定　　　　　　　　b) 轿底随行电缆固定

图 5-18　传统随行电缆安装示意图
1—钢管　2—井壁　3、7—随行电缆　4—轿底电缆架　5—电梯底梁　6—电缆架钢管

随行电缆的长度应根据控制柜（中间接线箱）及轿顶接线盒的实际位置，加上两头电缆支架绑扎长度及接线余量确定。保证在轿厢蹲底或撞顶时不使随行电缆拉紧，在正常运行时不蹭轿厢和地面，蹲底时随行电缆距地面 $100 \sim 200\text{mm}$ 为宜。挂随行电缆前应将电缆自由悬垂，使其内应力消除。安装后不应有打结和波浪扭曲现象，多根电缆安装后长度应一致。

5. 轿厢顶电气装置的安装

轿厢顶电气装置主要有自动门机、平层装置，以及各种安全开关和轿厢顶检修盒等。

（1）自动门机　门机控制器和电动机在出厂时都已组合成一体，安装时只需将自动门机安装支架按规定位置固定好。限位开关装在开关架上，通过转动轮上的撞块来触及限位开关使触点断开或闭合，限制轿厢门在开关门过程中的位置。

（2）轿顶检修盒　照明和电源插座与检修盒组合在一起，安装在轿厢架上梁，面板朝层门，便于操纵的位置。

（3）平层装置　通常有上、下平层传感器（如果有开门区传感器，位于上、下平层传感器的中间），先装在一个专用的支架上，然后固定在轿厢架侧面合适的位置。遮光板（遮磁板）每个层站装有一块，其支架安装在轿厢导轨的适当位置上。经调整校正后，遮光板（遮磁板）应位于光电（干簧管）传感器凹形口中心，与底面的距离应为 4~6mm。

（4）轿顶接线盒　安装在轿厢架上梁，靠近检修盒的合适位置。随行电缆进入轿顶接线盒后，分别用导线或电缆引至称重装置、操作盘、自动门机、平层装置、照明灯、安全开关 等。安全钳开关安装在轿厢架上横梁腹板上（也有安装在轿厢底）。称重装置通常安装在轿厢底钢梁上，个别安装在轿厢架上横梁处。

6. 终端超越保护装置的安装

电梯终端超越保护装置由强迫减速开关、限位开关、极限开关组成，分上、下两组，如图 5-19 所示。先将终端超越保护开关装到支架上，然后将支架安装在轿厢导轨的背面，用压导板固定在相应的位置上，上、下开关打板装在轿厢上。终端超越保护装置安装调整后应满足以下要求：

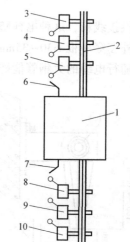

1）当电梯运行到最高层或最底层的正常减速位置而没有减速时，装在轿厢上的上、下开关打板首先碰到上或下强迫减速开关，并使其动作，强迫电梯轿厢减速运行到最高层或最底层平层位置。

2）当轿厢超越平层位置 50mm 时，轿厢上的开关打板使上或下限位开关动作，切断相应的控制电路，使电梯停止运行（此时电梯不能继续越层运行，但反向运行正常）。

3）当以上两个开关均不起作用时，则轿厢上的开关打板最终会碰到上或下极限开关，极限开关动作，切断安全电路，使电梯停止运行，防止轿厢冲顶或蹲底（此时电梯检修与自动均不能运行）。极限开关一般可在越过轿厢平层位置 150mm 时起作用，且在轿厢或对重未触及缓冲器之前动作，并在缓冲器被压缩期间保持动作状态。

图 5-19　终端超越保护装置

1—轿厢　2—导轨　3—上极限开关
4—上限位开关　5—上强迫减速开关
6—上开关打板　7—下开关打板
8—下强迫减速开关　9—下限位
开关　10—下极限开关

7. 召唤盒、层楼指示器的安装

以前电梯的召唤盒和层楼指示器是分开安装的，一般情况下，层楼指示器装在厅门正上方，距离门框 250~300mm 处，召唤盒装在厅门右侧，距离门框 200~300mm、距离地面 1300mm 左右处。现在电梯大多是召唤盒和层楼指示器合并为一个部件，装在厅门侧面，面板应垂直、水平、紧贴墙壁的装饰面。

8. 电气控制系统的保护接地

现在电梯必须采用三相五线制供电，因此，电气设备的金属外壳、框架等要做接地保护。其接地线必须用截面不小于 $4mm^2$ 的黄绿双色铜线，机房内的接地线必须穿管敷设，与电气设备的连接必须采用线接头，并设有防松脱的弹簧垫圈。井道内的电器部件、接线盒与电线槽或电线管之间也可用 $4mm^2$ 的黄绿双色铜线焊成一体。轿厢的接地线可根据软电缆的结构型式决定，采用钢芯支持绳的电缆可利用钢芯支持绳做接地线，采用尼龙芯的电缆则可把若干根电缆芯线合股作为接地线，但其截面应不小于 $4mm^2$。每台电梯的各部分接地设施应连成一体，并可靠接地。

5.4　电梯安装后的调试与试验

1. 试运行前的准备工作

为了防止电梯在试运行中出现事故，确保试运行工作的顺利进行，在试运行前需认真做好以下准备工作：

1）清扫机房、井道、各层站周围的垃圾和杂物，并保持环境卫生。

2）对已经安装好的机、电零部件进行彻底检查和清理，打扫擦洗所有的电气和机械装置，并保持清洁。

3）检查下列润滑处是否清洁，并添足润滑剂。

① 机房环境温度保持在 5~40℃，减速箱应添足润滑剂（无齿轮曳引机除外）。

② 擦洗导轨上的油污。采用滑动导靴，导靴上设有油杯，油杯应添加足够的 HJ40 机械油。而导靴上未设油杯时，应在导轨上涂适量的钙基润滑脂。

③ 采用油压缓冲器时，应按规定添足油料，油位高度符合要求。

4）清洗曳引轮和曳引绳的油污。

5）检查导向轮或轿顶和对重的反绳轮、限速器和张紧装置等一切具有转动摩擦部位的润滑情况，确保处于良好的润滑工作状态。

6）牵动轿顶上安全钳的绳头拉手，检查安全钳的动作是否灵活可靠，导轨的正工作面与安全嘴底面、导轨两侧的工作面与两钳块间的间隙是否符合要求。

7）检查所有电器部件和电器元件是否清洁，且电器器件动作和复位是否自如，触点闭合和断开是否正常可靠，内外配接线的压紧螺钉是否无松动，焊点是否牢靠。

8）检查电梯的接地保护设施是否连成一体，并可靠接地。接地电阻应符合下列规定要求：

① 动力电路和电气安全装置电路为 0.5MΩ。

② 其他电路（控制、照明、信号）为 0.25MΩ。

9）通电检查电气控制系统各电器部件的内外配接线是否正确无误，动作程序或指示信号灯是否正常。发现问题及时排除，确保试运行工作顺利进行。

10）检查各电气安全保护开关功能是否正确，必须认真全面检查，直至正常为止。

以上准备工作完成后，拆去对重装置支撑架和脚手架，准备进行试运行。

2. 试运行和调整

先用盘车手轮使轿厢向下移动一定距离，确定无任何问题后，方能准备通电试运行。试运行工作只能在慢速状态下进行。

1）将电梯置于检修运行状态，准备在慢速检修状态下试运行。电梯的试运行工作应有三名技工参加，机房、轿内、轿顶各有一人，由具有丰富经验的专业调试人员指挥、协调整个试运行工作。

试运行时可以通过轿内操纵盘或轿顶检修盒上的慢上或慢下按钮，分别控制电梯上、下往复运行数次后，对下列项目逐一进行考核和调整校正：

① 轿厢与对重的最小距离应不小于50mm，限速器钢丝绳应张紧，在运行过程中不得与轿厢或对重碰触。

② 层门地坎与门刀、层门锁滚轮与轿厢地坎的间隙应不小于5mm。门锁电路的接通与断开应可靠。

③ 各层门的紧急开锁装置应灵活，作用应可靠。

④ 平层装置的遮光板（遮磁板）与光电（干簧管）开关传感器凹形口底面及两侧的间隙等应符合随机技术文件的要求。

⑤ 终端上下极限开关、限位开关等安全装置动作应灵活可靠，安全保护功能正常。

2）经慢速试运行和对有关部件进行调整校正后，才能进行快车试运行和调试。将电梯置于有司机或无司机运行状态，通过轿内操纵盘上的指令按钮和厅外召唤按钮操纵电梯上、下往复快速运行。有司机和无司机两种工作状态需分别进行试运行。在电梯的上下快速试运行过程中，通过单层和多层往复进行起动、加速、满速运行、减速、平层、停车以及开关门等过程，全面考核电梯的各项功能、运行的可靠性和舒适感、各层站的平层准确度、开关门过程的速度，以及电梯运行噪声水平等，并进行反复调整，提高电梯运行的安全性、可靠性、舒适性等综合技术指标。

3. 试运行和调整后的试验与测试

电梯经安装和全面试运行及认真调整后，根据电梯技术条件、安装规范、制造和安装安全规范的规定进行试验与测试。

（1）安全装置试验

1）安全开关。通常有相序继电器（断、错相保护）、（轿顶、控制柜、轿厢、底坑处）急停开关或按钮、上下极限开关、限速器超速开关、张紧装置开关（限速器断绳开关）、缓冲器开关、安全钳开关、安全窗开关等，个别电梯还有盘车轮开关、热继电器等。任何一个安全开关动作，电梯均不能运行。对交-直-交型VVVF电梯不要求错相保护。

2）限速器、安全钳装置联动试验。轿厢空载，在合适位置，以检修慢速下行或上行，当人为使限速器动作拉动安全钳，安全钳的联动开关应能可靠地切断控制电路。短接安全钳的联动开关，轿厢以检修慢速下行或上行，安全钳钳块应能可靠地制停轿厢运行。

其他形式的上行超速保护装置的试验应按GB/T 7588.1—2020要求进行。

3）极限开关试验。电梯以检修速度向上和向下运行，当电梯超越上或下极限开关工作位置并在轿厢或对重接触缓冲器前，上或下极限开关应起作用。

4）层门与轿门电气联锁装置试验。

① 当层门或轿门没有关闭时，操作运行按钮，电梯应不能运行。

② 电梯运行时，将层门或轿门打开，电梯应停止运行。

③ 当轿厢不在本层，开启的层门在外力消失后应自行关闭。如果被动门是间接机械连接的，应有证实被动门关闭的电气开关。

（2）整机性能的试验与测试

1）按空载、半载（额定载重量的50%）、满载（额定载重量的100%）三种不同载荷，在通电持续率为40%的情况下，往复开梯各1.5h，电梯在起动、运行和停靠时，轿内应无较大的振动和冲击。制动器的动作应灵活可靠，运行时，制动器闸瓦不应与制动轮摩擦，制动器线圈的温升不应超过60℃。减速器油的温升不应超过60℃，且温度不应高于85℃。电梯的全部零部件工作正常，元器件工作可靠，功能符合设计要求。主要技术指标符合有关文件的规定。

2）超载运行试验。断开超载控制电路，电梯置110%的额定载荷，通电持续率符合厂家规定的情况下，到达全行程范围。起动、制动运行30次，电梯应能可靠地起动、运行和停止（平层不计），曳引机工作应正常。

3）速度测试。供电电源供以额定频率和额定电压，轿厢以50%的额定载重量下行至行程中段时（除去加速和减速段）的速度不得大于额定速度的105%，且不得小于额定速度的92%。

4）平衡系数测试。轿厢以空载和额定载重量的30%、40%、45%、50%、60%时做上、下运行，当轿厢与对重运行到同一水平位置时，记录电流、电压及转速的数值。交流电动机仅测量电流，直流电动机在测量电流的同时测量电压。绘制电流、负荷曲线，由向上、向下运行曲线的交点确定平衡系数。

5）平层准确度的测量。平层准确度检验应符合下列要求：对于交流双速电梯，额定速度 $v \leqslant 0.63\text{m/s}$ 者为 $\pm 15\text{mm}$，额定速度 $0.63\text{m/s} < v \leqslant 1.0\text{m/s}$ 者为 $\pm 30\text{mm}$；对于其他调速方式的电梯，应在 $\pm 15\text{mm}$ 的范围内。

6）电梯舒适性测试。起动加速度和制动减速度最大值均不应大于 1.5m/s^2，额定速度为 $1.0\text{m/s} < v \leqslant 2.0\text{m/s}$ 时，其平均加、减速度不应小于 0.5m/s^2；额定速度为 $2.0\text{m/s} < v \leqslant 6.0\text{m/s}$ 时，其平均加、减速度不应小于 0.7m/s^2；

乘客电梯轿厢运行时垂直方向和水平方向的振动加速度分别不应大于 25cm/s^2 和 15cm/s^2。

7）曳引性能试验。电梯在行程上部范围内、空载上行及行程下部范围内以125%额定载重量下行，分别停层3次以上，轿厢应被可靠地制停（下行不考核平层要求）。在125%额定载重量以正常运行速度下行时，切断电动机及制动器供电，轿厢应被可靠制动。

使轿厢位于底层，连续平稳地加入载荷，以150%的额定载重量经10min后，各承重机件应无损坏，平层状态应不变化，即曳引绳在槽内应无滑移，制动器应可靠地制停。

当载货电梯的轿厢面积不能限制其额定载重量时，应以150%的额定载重量做曳引静载检查，历时10min，曳引绳应无打滑现象。

8）噪声测试。机房噪声：对额定速度 $v \leqslant 4\text{m/s}$ 的电梯，应不大于80dB（A）；对额定速度 $v > 4\text{m/s}$ 的电梯，应不大于85dB（A）。乘客电梯和病床电梯运行中轿内噪声：对额定速度 $v \leqslant 4\text{m/s}$ 的电梯，应不大于55dB（A）；对额定速度 $v > 4\text{m/s}$ 的电梯，应不大于60dB（A）；乘客电梯和病床电梯开关门过程噪声应不大于65dB（A）。

5.5　电梯监督检验与交付使用

电梯安装竣工并经全面调整后，企业质检人员依据电梯随机技术条件、国标 GB/T 10060—2011《电梯安装验收规范》和 GB 50310—2002《电梯工程施工质量验收规范》等有关电梯的规定，对电梯的安全装置和整机性能进行试验与测试，并出具完整的自检合格报告后，可向当地电梯安全监督管理部门的检验机构申请监督检验。监督检验有关的工作如下：

1. 施工单位自检

自检的内容、要求、方法及自检报告应符合国家有关标准的要求，一般应按制造或安装企业的技术要求及内容格式，由企业专职检验员进行全面检验，并出具完整的自检合格报告。

2. 应准备的资料

自检合格后，应对电梯安装过程的各种记录及技术资料进行整理，以便监督检验机构的检验人员查阅，包括电梯制造、安装企业应提供的资料。

1）电梯制造企业应提供的资料和文件：①装箱单；②产品出厂合格证；③机房、井道布置图；④使用维护说明书；⑤动力电路和安全电路的电气示意图及符号说明；⑥电气敷线图；⑦部件安装图；⑧安装说明书；⑨安全部件（门锁装置、限速器、安全钳、缓冲器、含有电子元件的安全电路（如果有）、可编程电子安全相关系统（如果有）、轿厢上行超速保护装置、轿厢意外移动保护装置）型式试验证书，其中限速器与渐进式安全钳还须有调试证书。

2）电梯安装单位应提供的资料和文件：①自检记录和自检报告；②安装过程中事故记录与处理报告；③由电梯使用单位提出的经制造企业同意的变更设计证明文件。

3. 监督检验

各地市市场监管局特种设备检验机构负责当地电梯的监督检验，检验应按国家总局颁布的《电梯监督检验规程》及电梯的有关标准进行。《电梯监督检验规程》规定了电梯监督检验必备检测检验仪器设备、电梯监督检验内容与要求及检验方法、电梯验收检验报告、电梯定期检验报告等项目。电梯监督检验项目包括：①技术资料；②机房；③井道；④轿厢与对重；⑤曳引绳与补偿绳（链或缆）；⑥层站（层门与轿门）；⑦底坑；⑧整机（功能）性能检验等项目的监督检验内容、要求与方法。

检验工作完成后，检验机构应在10个工作日内，根据原始记录中的数据和结果，填写并向受检单位出具检验报告。检验报告结论页必须有检验、审核、批准的人员签字和检验机构的检验专用章。

4. 交付使用

施工单位应协助使用单位在电梯监督检验合格后领取检验报告和合格证，并在30日内到当地特种设备安全监督管理部门办理登记注册手续，方可与电梯使用单位办理电梯交付使用手续，移交资料文件（电梯制造企业与安装单位应提供的资料和文件）、易损件、电梯的各种钥匙等，同时向使用单位介绍保质期的维修保养情况。

本 章 小 结

本章主要介绍了电梯的安装、调试、验收的全过程。通过本章的学习，可了解电梯安装前的准备工作，熟悉现场勘察、搭脚手架、开箱验收等工作的内容，掌握电梯机械设备与电气设备的安装方法，以及电梯安装后的试运行与调整、试验与测试的工作内容。

思考与练习

5-1　电梯安装前需要做哪些准备工作？

5-2　简述电梯机械安装基本程序。

5-3　简述搭设电梯安装脚手架的方法与技术要求。

5-4　样板架的制作有什么技术要求？样板架搭在何处？起什么作用？

5-5　简述电梯导轨支架安装的技术要求。

5-6　简述电梯导轨安装的技术要求。

5-7　简述限速器安装的技术要求。

5-8　简述限速器张紧轮（装置）安装的技术要求。

5-9　简述轿门安装的技术要求。

5-10　层门部件的安装包括哪些内容？对其安装的技术要求是什么？

5-11　轿厢有关部件安装包括哪些内容？对其安装的技术要求是什么？

5-12　简述轿厢安装的技术要求。

5-13　简述曳引钢丝绳的技术要求。简述绳头制作的技术要求。

5-14　简述对重安装的技术要求。

5-15　简述曳引机安装的技术要求。

5-16　简述缓冲器安装的技术要求。

5-17　简述终端超越保护装置安装的技术要求。

5-18　轿厢电气设备安装包括哪些内容？对其安装的技术要求是什么？

5-19　机房电气设备安装包括哪些内容？对其安装的技术要求是什么？

5-20　井道电气设备安装包括哪些内容？对其安装的技术要求是什么？

5-21　电梯调试前需要做哪些准备工作？

5-22　慢速运行的调试工作包括哪些内容？

5-23　高速运行的调试工作包括哪些内容？

5-24　安全装置试验有哪些项目？

5-25　整机（功能）性能检验有哪些项目？

第 6 章

电梯维修与保养

6.1 电梯安全使用与管理

电梯设备的产权单位应加强电梯的使用管理，按照《中华人民共和国特种设备安全法》和相关法律法规的要求办理电梯设备注册登记、建立设备档案、进行定期检验，由取得电梯维修保养资质的单位进行维保。为确保电梯在使用过程中人身和设备安全，电梯使用管理单位，必须做到以下几点：

1）重视加强对电梯的管理，建立并坚持贯彻切实可行的规章制度。

2）有司机操纵的电梯必须配备专职司机，无司机操纵的电梯必须配备管理人员。除司机和管理人员外，如果本单位没有维修许可资质，应及时委托有许可资质的电梯专业维修单位负责维护保养。

3）制订并坚持贯彻司机、乘用人员的安全操作规程。

4）坚持监督维修单位按合同要求做好日常维修和预防性检修工作。

5）司机、管理人员等发现不安全因素时，应及时采取措施直至停止使用。

6）电梯停用超过一周后重新使用时，使用前应经维保单位认真检查和试运行后方可交付继续使用。

7）机房内应备有灭火设备。

8）电梯的工作条件和技术状态应符合随机技术文件和有关标准的规定。

根据电梯的运送任务及运行特点，制订并严格执行电梯司机、乘用人员和维修人员的安全操作规程与管理制度。

1. 电梯司机的安全操作规程

电梯司机须经安全技术培训，考试合格，并取得特种设备作业人员证，方可上岗，无特种设备作业人员证的不得操作电梯。

（1）行驶前的准备工作

1）在多班制的情况下，司机在上班前应做好交接班手续，了解电梯在上一班的运行情况。

2）开启厅门进入轿厢之前，需注意电梯的轿厢是否停在该层站。

3）进入轿厢后，司机应操纵电梯上、下试运行一两趟，观察并确定电梯的运行与安全保护功能是否全部正常。

4）做好轿厢、厅轿门及其他乘用人员可见部分的卫生工作。

（2）使用过程中的注意事项

1）最后一班工作的司机下班时，应将电梯开到基站，关门锁梯后方可离开。

2）严格禁止乘用人员扳弄操纵箱上的开关和按钮等电气元件。

3）司机应监督控制轿厢的载重量，不得超载使用电梯。

4）装运易燃易爆物品时应预先报告电梯管理责任人，并采取必要的安全措施。

5）装运质量大的货物时，应将货物置于轿厢的中间，防止轿厢倾斜运行。

6）任何人不允许在轿门与层门之间长期停留。

7）电梯发生故障时，要阻止任何人逃离轿厢，防止造成人身伤害。

8）电梯运行过程中要注意提醒乘员不要依靠轿门，防止开关门时挤碰乘员。

9）司机需暂时离开轿厢时，可将电梯置于无司机运行模式，办完事后再通过厅外召唤按钮将电梯召回，并置于司机运行模式。

10）做好当班电梯运行记录，对存在的问题及时报告有关部门及检修人员。

2. 无司机电梯运行操作规程

1）轿厢内应挂有电梯使用操作规程和注意事项。

2）管理人员应每天开着电梯上、下运行一两趟，确保电梯处于良好状态后再将电梯置于无司机运行模式。若发现有问题，管理人员一定要及时通知维保人员处理，一定不能让电梯带故障运行。

3）发生突然停电时，若电梯没有装设"停电困梯救援装置"，应立即派人检查是否有乘员被困在电梯轿厢内，若有，则应及时将被困人员救出。

4）电梯的五方通话系统应保持处于良好状态。

3. 电梯应急管理措施

（1）发生下列现象之一时，应立即停梯并通知维修人员检修

1）当轿内指令登记，关闭轿厅门后，电梯不能起动。

2）在厅门、轿门开启的情况下，按下轿内指令按钮能起动电梯。

3）到达预选层站时，电梯不能自动提前换速，或者虽能自动提前换速，但平层时不能自动停靠，或者停靠后超差过大，或者停靠后不能自动开门。

4）电梯在额定速度下运行时，限速器和安全钳动作，制停轿厢。

5）电梯在运行过程中，在没有轿内外呼梯登记信号的层站，电梯自动换速停靠。

6）在厅外不用专用的开门锁匙，能把厅门扒开。

7）人体碰触电梯部件的金属外壳时有麻电现象。

8）熔断器频繁熔断或断路器频繁跳闸。

9）元器件损坏，信号失灵，无照明。

10）电梯在起动、运行、停靠开门过程中有异常的噪声、响声、振动等。

（2）电梯突然停止运行（突然停电或故障）时的应急处理措施

1）迅速检查电梯内是否有人。

2）如果困人，应迅速启动电梯困人应急救援程序。

3）在完成检查、救出被困人后，要在电梯厅门口设置告示牌。

（3）火灾（地震）情况下的电梯管理措施

1）按下1楼（基站）电梯厅门口的消防按钮，电梯会自动返回1楼（基站），其中消防电梯自动转入"消防员专用"状态，开门待机，其他电梯则开门放出乘客，延时自动关门，停止运行。

2）如果发现电梯消防按钮失灵，用钥匙将1楼（基站）的泊梯开关从ON的位置转到OFF位置，电梯也会自动停到1楼（基站），开门放出乘客，延时自动关门，停止运行。

3）在电梯厅门口设置告示牌。

4）地震、火灾后，要组织有关人员认真检查和试运行，确认可继续运行后，方能投入使用。

4. 电梯检修运行操作规程

检修运行装置包括运行状态的转换开关（自动/检修），慢上、慢下运行按钮和停止按钮。轿顶检修开关"优先"，即当轿顶检修开关置于检修运行位置时，机房、轿厢的检修运行装置全部暂时失效。检修运行的操作方法及注意事项如下：

（1）在轿厢内的检修运行及操作

1）用钥匙打开操纵盘下面的控制盒。

2）将运行方式转换开关置于检修位置。

3）按关门按钮，将门关闭、关好（现在有些电梯不需要按关门按钮，步骤4）可完成关门）。

4）持续按上方向按钮（▲）或下方向按钮（▼），并同时按下检修公共按钮，即可点动操纵电梯慢速上行或下行（现在电梯按上或下方向按钮将先进行关门，然后向上或下运行）。

（2）在轿厢顶上的检修运行操作

1）用三角钥匙打开轿厢所在层站的上一层站的层门。

2）一人用手挡住层门不让其自闭，另一人将轿顶停止按钮（开关）按下，使轿厢处于急停状态。

3）两人相互配合进到轿顶安全处，厢顶检修人员一般不得超过3人。

4）先将运行方式转换开关置于检修位置，再将停止开关恢复到正常位置。

5）关闭层门（轿门）。

6）持续按上或下方向按钮，并同时按下检修公共按钮，即可点动操纵电梯慢速上行或下行。

7）离开轿顶时应先按下停止按钮，其他开关、按钮恢复正常位置，然后离开轿顶，从层门外恢复停止按钮，再关门。

（3）检修操作时的注意事项

1）电梯检修操作必须由经过专业培训的人员进行，且一般应不少于2人。

2）严禁短接层门门锁等安全开关进行自动运行。

3）检修运行时必须注意安全，检修人员要相互配合，做到有呼有应，相互没有联系好时，绝不能检修运行。

4）请勿长距离检修运行，宜走走停停相结合运行。

5）当检修运行到某一位置，需进行井道内或轿底的某些电气、机械部件检修时，操作人员必须切断轿顶检修盒上的停止开关或轿厢操纵盘的停止开关后，方可进行操作。

6）每次下到井道底坑时都应先按下急停按钮，再扳动照明灯开关。离开井道底坑时先关灯后复位急停按钮。

7) 使用的手灯必须采用带护罩的、电压为 36V 以下的安全灯。

8) 给转动部位加油、清洗，或观察钢丝绳的磨损情况时，必须停止电梯。

5. 电梯机房管理规定

1) 电梯机房应保持清洁、干燥，通风或降温设备有效。

2) 机房温度应控制在 5~40℃（建议温度最好控制在 30℃左右），且保持空气流通以使机房内温度均匀。

3) 机房门或至机房的通道应单独设置，且保证上锁，并加贴"机房重地，闲人莫入"标识。

4) 机房内要设置相应的电气类灭火器材。

5) 应急工具齐全有效且摆放整齐。

6) 机房管理作为电梯日常管理的重要组成部分，应由专人负责落实。

7) 各类标识清楚、齐全、真实。

6. 专用钥匙管理规定

通常，电梯专用钥匙有四种，即机房钥匙、电梯钥匙、操纵盒钥匙及开启厅门机械钥匙。各种钥匙应有标识，标识应耐磨。管理使用要求如下：

1) 各种钥匙应指定专人保管和使用，开启层门的钥匙只有取得电梯上岗资格证书的人员才能使用。

2) 电梯司机使用的钥匙应由安全管理人员根据工作需要发放。

3) 电梯钥匙不许外借或私自配制，如果不慎丢失，应及时上报。

4) 建立领用电梯钥匙档案，单位保管人员变动时，应办理钥匙交接手续，且有文字记录和双方签字。

6.2 电梯维护保养

6.2.1 电梯维护保养的周期与内容

电梯是涉及人身安全的特种设备，电梯维护保养的目的是使电梯始终保持良好的工作状态。维护保养工作做得好，就能减少故障，延长使用寿命，因此，电梯维护保养必须由取得电梯安装维保资质的法人单位负责。

TSG T5002—2017《电梯维修保养规则》规定，电梯的维保分为半月维保、季度维保、半年维保、年度维保。维保单位应当依据其要求，按照电梯的使用特点，制订合理的维保计划与方案，对电梯进行清洁、润滑、检查、调整，更换不符合要求的易损件，保证电梯能够安全正常运行。电梯半月维保、季度维保、半年维保、年度维保的内容（项目）与要求见附录 C。

6.2.2 电梯主要部件的检查调整

1. 曳引机

（1）曳引电动机

1) 应保证电动机各部分的清洁，不应让水或油浸入电动机内部，应定期吹净电动机内部的灰尘（对直流电动机包括换向器、电刷等部分）。

2）要耳听电动机运行时有无异常声音，发现异常声音要查明原因并及时处理。

3）检查电动机的温升情况（用手触摸电动机的外壳），一般情况下，电动机的温升应不超过60℃，若温升过高，应查明原因并及时处理。

4）检查电动机轴承的润滑情况，及时加油（含油轴承除外）。当电动机轴承噪声增大或磨损过大（使电动机运转不平稳）时，应更换轴承。

5）定期检查电动机三相电流是否平衡（相差应不大于平均值的5%）。

6）定期检查电动机的绝缘电阻，各相之间、各相对地的绝缘电阻不小于0.5MΩ。

（2）减速箱（有齿轮曳引机）

1）箱体内的油量应保持在油针或油镜的标定范围，油的规格应符合要求。

2）应保证箱体内润滑油的清洁，当发现杂质明显时，应换新油。一般对新使用的减速箱，头2年每年应换油一次，以后2~3年换油一次。

3）应使蜗轮蜗杆的轴承保持合理的轴向游隙，当电梯在换向时，发现蜗杆轴与蜗轮轴出现明显窜动时，应及时调整中心距或更换轴承使其达到规定值。中心距调整方法有垫片法、偏心轮法、偏心轴法、升降箱体盖法等。

4）应使轴承的温升不高于60℃，箱体内的油温不超过80℃，否则应停机检查原因。

5）当轴承在工作中出现撞击、磨切等不正常噪声，并通过调整也无法排除时，应考虑更换轴承。

6）当减速箱中蜗轮蜗杆的齿磨损过大，在工作中出现很大换向冲击时，应进行大修，内容是调整中心距或换掉蜗轮蜗杆。

（3）制动器

1）应保证制动器的动作灵活可靠。各活动关节部位应保持清洁，并用润滑油定期润滑。电磁铁必要时可加石墨粉润滑。

2）制动瓦在松开时，与制动轮的周向间隙应均匀，且最大不超过0.7mm。当间隙过大时，应调整。

3）制动器应保持足够的制动力矩，当发现有打滑现象时，应调整制动弹簧。

4）固定制动闸皮的铆钉头任何时候都不准接触到制动轮，当制动闸皮磨损达到原厚度的1/4时应及时更换。对于新换的制动闸皮，其固定铆钉头埋入制动闸皮的座孔深度不小于3mm。

5）新换装的制动闸皮与制动轮接触后（抱闸），其接触面不少于制动闸皮面积的75%。

（4）曳引轮　应保证曳引绳槽的清洁，不允许在绳槽中加油润滑。

1）应使各绳槽的磨损一致。当发现曳引轮上的曳引绳水平高度不一时，就应检查曳引绳的张力是否一致并进行调整，使其张力差在平均值的±5%之内。

2）对于带切口半圆槽，当发现个别曳引绳出现落底情况时，应重车曳引绳槽，重车后的曳引绳槽底与曳引轮下轮缘的垂直距离应不小于该曳引绳的直径。

2. 曳引绳与绳头组合

1）应使全部曳引绳的张力保持一致，当发现松紧不一致时，应通过绳头弹簧加以调整（张力差在平均值的±5%之内）。

2）曳引绳依靠天然纤维或人造合成纤维芯藏储的润滑油润滑，因此不必也不允许在曳引绳上涂抹凡士林或黄油，否则会降低曳引力。

3）应经常注意曳引绳是否有机械损伤，若有断丝、爆股或磨损后的曳引绳直径小于原直径的 90%，应及时更换曳引绳。

4）应保持曳引绳的表面清洁，当发现表面粘有砂尘等异物时，应用煤油擦干净。

5）应保证电梯在顶层端站平层时，对重与缓冲器间有足够的越层距离。当由于曳引绳伸长，使越层距离过小，不满足安全要求时，可将对重下面的调整垫摘掉。如果不能以此解决问题，对自锁楔式锥套绳头可直接调整曳引绳长度；对巴氏合金锥形套筒绳头，则应截短曳引绳，重新制作绳头。

6）应定期检查绳头锥套上的锁紧螺母有无松动、开口销是否完好，电梯运行过程中有无由于相互碰撞而产生异常声音等。

3. 导轨和导靴

1）对配用滑动导靴的导轨，检查油杯中的油，少于总油量的 1/3 时应加油，并调整油毛毡的伸出量及保持清洁。

2）检查滑动导靴靴衬工作面磨损量，一般侧工作面的磨损量超过 1mm（双侧）或内端面超过 2mm 时应更换。

3）应保证弹性滑动导靴对导轨的压紧力，当因靴衬磨损而引起松弛时，应加以调整。

4）应使滚动导靴滚轮滚动良好，当出现磨损不均时，应加以修理；当出现脱圈、过分磨损时，应更换。

5）检查导轨连接板和导轨压板处螺栓的紧固情况，每年应对全部压板螺栓进行一次重复拧紧。

6）当安全钳动作后，应及时修光钳块夹紧处的导轨工作面。

4. 限速器与安全钳

1）检查限速器在电梯运行过程中有无异常声音，限速器开关是否稳固，作用是否良好，并给转动部位补注适量润滑油。

2）检查限速器张紧装置是否稳固、转动灵活。限速器绳伸长的程度如果超过规定值应及时处理。检查断绳开关作用是否可靠等。

3）检查两组 4 只安全钳钳块与导轨侧工作面之间的间隙是否在 1.5~2.0mm 的范围内。

4）定期通过安全钳的绳头拉手检查安全钳传动机构的提拉力是否符合规定要求，绳头拉手碰打的安全钳开关是否灵活可靠，传动机构是否灵活，作用是否可靠，并给转动部位适量补注润滑油。

5. 轿门、厅门及门锁

1）要按计划定期检查轿门、层门吊挂装置、门导轨、门传动机构、门锁装置、层门自闭装置的工作状况是否正常，清除门导轨上的油垢并补注适量润滑油脂，发现问题及时处理。

2）当门滚轮的磨损导致门扇下坠及歪斜时，应调整门滚轮的安装高度或更换滚轮，并同时调整挡轮位置，保证合理间隙。

3）定期检查门滑块与轿门、层门地坎之间的间隙，发现磨损严重的滑块应及时更换。

4）检查安全触板的传动机构、安全触板开关的工作情况是否正常，安全触板的碰撞力应不大于 5N。对于采用光幕门的电梯，应定期检查光幕门的作用是否可靠。

5）检查自动门锁的锁钩、锁臂及滚轮是否转动灵活，作用是否可靠，给轴承挤加适量的钙基润滑脂。每年应彻底检查和清洗换油一次。

6）检查门刀与各层门锁滚轮的间隙，避免门刀碰擦门锁滚轮。

7）应定期检查层门关妥后，是否能将门锁紧，门锁是否可靠，能否在层门外将层门扒开等情况。

6. 自动门机

1）应保持调定的调速规律，当门在开关时的速度变化异常时，应立即做检查调整。

2）检查开门机传动带（链）是否有合理的张紧力，当发现松弛时应及时调整。检查限位和减速开关是否稳固，作用是否良好。

3）自动门机各转动部分应保持有良好的润滑，对于要求人工润滑的部位，应定期加油。

4）对直流开关门机构，应定期检查电动机电刷磨损情况，并清理因磨损产生的炭沫，电刷磨损严重者应及时更换。

7. 缓冲器

1）对于弹簧缓冲器，应保护其表面不出现锈斑，使用时间长了，应视需要加涂防锈油漆。

2）对油压缓冲器，应保证油在液压缸中的高度，一般每季度应检查一次，当发现低于油位线时，应添加油（油的黏度相同）。

3）油压缓冲器柱塞外露部分应保持清洁，并涂抹防锈油脂。定期检查缓冲器柱塞的复位情况（所需时间不大于 90s）。

4）保证缓冲器的稳定螺栓紧固。

8. 终端超越保护装置（上下强迫减速开关、限位开关、极限开关）

1）定期检查轿厢上终端超越保护装置的上下打板的铅垂度是否符合规定要求，固定螺钉是否紧固。

2）定期检查上下强迫减速开关、限位开关、极限开关的固定支架压导板螺栓是否紧固，各开关在支架上的固定螺钉是否紧固；并以检修慢速检查打板与各开关滚轮之间的配合压力是否合适；检查开关动作和作用是否可靠，如果不可靠应及时更换。各开关转动部分可用钙基润滑脂润滑。

3）定期检查上下强迫减速开关、限位开关、极限开关的作用点是否在规定范围内。同时满足上、下极限开关分别在对重缓冲器、轿厢缓冲器之前动作的要求。

9. 控制柜

1）在断开控制柜输入电源的情况下，应经常用软刷和吹风清除屏体及全部电器件上的积尘，保持清洁。

2）定期检查 PLC 和微机控制的 LCD 显示屏上的指示灯亮、灭情况是否正常，继电器和接触器动作时有无异常声音，引出、引入线是否紧固。检查主接触器每组触头被电弧烧伤的程度，严重者应更换触点或接触器。每年将控制柜全部引出、引入线的压紧螺钉紧固一次。

3）对控制柜进行比较大的维护保养后，应根据电路原理图检查 PLC 和微机控制输入、输出的指示灯亮或灭是否正常，控制电梯上、下试运行一两趟。经检查一切正常后方能投入正常运行。

4）应经常检查电梯供电电源电压是否正常，变压器和电抗器等有无发热现象。

10. 操纵盘和召唤盒

1）操纵箱和召唤盒是乘员的可见部件，使用频率比较高，比较容易损坏。因此，应经常检查，一旦发现按钮的功能不正常应及时更换，以免影响电梯的正常使用。

2）检查操纵箱下方的检修盒里各开关、按钮的功能是否正常，暗盒的锁头是否完好，发现有问题应及时处理。

3）检查操纵盘和召唤盒上层楼指示器显示是否正常。

11. 换速、平层装置

1）对于采用光电（或干簧管）传感器和遮光板（或遮磁板）作为换速、平层控制装置的电梯，应在检修慢速运行状态下，定期检查传感器和遮光板（或遮磁板）的紧固螺钉有无松动，遮光板（或遮磁板）应位于光电（或干簧管）传感器凹形口中心，与底面的距离应为 4~6mm。传感器的作用可靠。

2）采用双稳开关与永久磁铁作为换速、平层控制装置的电梯，应在检修慢速运行状态下，定期检查永久磁铁与双稳态开关之间的间隙，该间隙应不大于 8mm。永久磁铁和双稳态开关的固定螺钉紧固，装置的作用可靠。

12. 机房和井道

1）机房应禁止无关人员进入，维修人员离开时应锁门，门上贴有"机房重地，闲人莫入"标识。

2）应注意不让雨水浸入机房。平时保持良好通风，机房的温度控制在 5~40℃。

3）机房内不准放置易燃易爆物品，应急工具齐全有效且摆放整齐，同时保证机房中灭火设备的可靠性。

4）底坑应保持干燥、清洁，发现有积水时，应及时排除。

6.3　电梯故障与排除方法

电梯的质量是由制造质量、配套件质量、安装质量、维护保养质量四个方面决定的。进入 21 世纪后，电梯电气控制系统广泛采用微机（PLC）控制，机械系统优化，零部件的结构、材料与制造工艺技术水平提高，使电梯故障率大大降低。微机控制器实时监视各种输入信号、运行条件、外部反馈信息等，电梯一旦发生异常，微机控制器自动诊断故障性质，相应的保护装置动作，保障了电梯的安全运行。同时，微机控制器显示故障代码、故障原因以及处理方法，为迅速排除电梯故障奠定了基础。

6.3.1　电梯机械故障维修基础

1. 电梯机械系统故障的主要原因

1）由于没有及时补注油或润滑油路堵塞，造成润滑不良而发生电梯零部件的转动部位发热损坏或抱轴，造成滚动或滑动部位的零部件损坏而被迫停机修理。

2）由于没有开展预防性检修工作，未能及时检查部件的转动、滚动、滑动部位中有关机件的磨损程度，并根据各机件磨损程度和电梯使用频繁程度，制订修复或更换有关机件的期限，造成零部件损坏而被迫停机修理。

3）由于电梯常处于频繁起动、制动和运行过程中，起动、制动和运行过程中的振动造成紧固螺钉松动，特别是某些存在相对运动、并在相对运动过程中实现机械动作的部件，由于紧固螺钉松动造成零部件位移或失去原有精度，导致磨、碰、撞坏机件而被迫停机修理。

4）由于平衡系数与标准要求相差太大，或严重超载造成轿厢蹲底或冲顶。

从上面机械系统故障的原因分析可知，在电梯日常维护保养中必须定期润滑有关部件及检查有关紧固件情况，调整机件的工作间隙，方可减少机械系统的故障。

2. 电梯机械故障的检查方法

1）检查异常振动。振动是机械运动的属性之一，检查是否有不正常的振动往往是测定设备故障的有效手段。

2）检查异常声响。电梯正常运行过程中，设备发出的声响应是均匀与轻微的。当设备在运行中发出异常的声响时，提示设备出现故障。

3）检查过热现象。电梯正常运行过程中，检查电动机、制动器、轴承等部件是否超出正常工作状态的温度。如不及时发现并处理，将引起机件烧毁等事故。

4）检查磨损残余物的激增。通过观察运行部件的磨损残余物，可以判定机件磨损的程度。

5）检查裂纹的扩展。通过机械零件表面或内部缺陷的变化趋势，特别是裂纹缺陷的变化趋势，判断机械故障的程度，并对机件强度进行评估。

3. 电梯典型机械故障的原因与排除方法

电梯常见故障及其主要原因和排除方法见表6-1。下面介绍电梯典型机械故障的原因与排除方法。

表6-1　电梯常见故障及其主要原因和排除方法

故障现象	主要原因	排除方法
在基站将钥匙开关闭合后，电梯不开门	1）控制电路的熔断器熔体熔断 2）钥匙开关触点接触不良或损坏 3）开门到位开关触点接触不良或损坏 4）开门继电器或其控制电路故障	1）更换熔体，查找原因并修复 2）钥匙开关触点清洗、修复或更换 3）开门到位开关触点清洗、修复或更换 4）检查开门继电器线圈与触点是否故障，检查控制电路是否故障，并排除故障
电网供电正常，电梯没有快车和慢车	1）主电路或控制电路的熔断器熔体熔断 2）安全回路故障：安全继电器损坏、安全开关的触点接触不良或损坏或动作未恢复 3）门锁回路故障：门锁继电器损坏、门锁开关的触点接触不良或损坏 4）抱闸继电器线圈或触点故障，或抱闸线圈故障 5）有关电路接线松动或脱落	1）检查主电路和控制电路熔断器熔体是否熔断，是否安装夹紧到位，并排除故障 2）如果安全继电器不吸合，检查继电器线圈是否接通，检查各安全开关触点是否接通，并排除故障 3）如果门锁继电器不吸合，检查继电器线圈是否接通，检查各门锁开关触点是否接通，并排除故障 4）检查抱闸继电器线圈、抱闸线圈是否接通，继电器触点是否接触不良或损坏，并排除故障 5）检查有关电路接线是否到位夹紧
电梯下行正常，上行无快车（或反之）	1）上终端强迫减速开关、限位开关触点接触不良或损坏 2）上行接触器（继电器）不吸合、触点接触不良或损坏 3）控制电路出现故障（接线松动或脱落等）（反之是下终端开关、下行接触器故障）	1）如果电梯不能检修上行，检查上终端限位开关触点是否接通；如果检修上行正常，则检查上终端强迫减速开关触点是否接通，并排除故障 2）检查上行接触器（继电器）线圈是否接通、触点是否接触不良或损坏，并排除故障 3）检查并排除控制电路的故障

（续）

故障现象	主要原因	排除方法
电梯轿厢到目的层平层位置不停车	1）上、下方向接触器不复位 2）上、下平层感应器损坏或接线松动、脱落 3）平层板与感应器相对位置不符合标准要求或松动、脱落 4）控制电路出现故障（接线松动或脱落等）	1）调整或更换上、下方向接触器 2）检查上、下平层感应器是否能正常动作。调整或更换感应器 3）调整平层板与感应器的相对位置，使平层板在感应器凹槽的中间，距离凹槽底部4~6mm 4）检查并排除控制电路的故障
运行到预选层站换速点不换速（预选层站不停车）	1）楼层换速感应器损坏或接线不良 2）换速感应器与感应板位置尺寸不符合标准要求 3）快速运行接触器不复位 4）错层（轿厢实际位置与显示位置不一致）	1）更换感应器或将感应器接线接好 2）调整感应器与感应板的相对位置，使其符合标准 3）调整或更换快速接触器 4）重新写层
按关门按钮不能自动关门	1）开关门电路的熔断器熔体熔断 2）关门继电器损坏或其控制电路有故障 3）关门到位开关的触点接触不良或损坏 4）安全触板未复位或开关损坏，或光幕保护装置有故障 5）关门按钮触点接触不良或损坏 6）门电动机损坏或门机传动机构故障或传动带脱落	1）更换熔断器熔体，查找原因并修复 2）检查关门继电器线圈是否接通、触点是否接触不良或损坏，并排除故障 3）调整修复或更换关门到位开关 4）调整或更换安全触板及安全触板开关，调整或更换光幕保护装置 5）检查关门按钮触点是否接触不良或损坏，并排除故障 6）检查电动机是否损坏；检查传动机构是否运行灵活、可靠，并进行修复或更换
开关门过程中门扇有抖动或卡住现象	1）地坎滑槽内有异物堵塞 2）门挂板滚轮的偏心挡轮松动，与上坎的间隙过大或过小 3）门挂板与门扇连接螺栓松动 4）门挂板滚轮严重磨损或门导轨有异物	1）清除地坎滑槽内异物 2）调整偏心挡轮并修复 3）拧紧门挂板与门扇连接螺栓 4）更换门挂板滚轮，清洗门导轨
电梯到站不能自动开门	1）开关门电路熔断器熔体熔断 2）开门到位（限位）开关触点接触不良或损坏 3）门区传感器损坏（触点接触不良）或脱落 4）开门继电器损坏或其控制电路有故障 5）门电动机损坏或开门机传动机构（传动带）松脱或断裂	1）更换熔体，查找原因并修复 2）开门到位开关触点清洗、修复或更换 3）检查门区传感器是否正常动作、触点是否接触良好，并排除故障 4）检查开门继电器线圈是否接通、触点是否接触不良或损坏；检查控制电路是否有故障，并排除故障 5）检查电动机是否损坏，调整或更换传动机构（传动带）
电梯起动困难或运行速度明显降低	1）电源电压过低或主电路断相 2）电动机滚动轴承润滑不良 3）曳引机减速器润滑不良 4）制动器抱闸未松开，或其控制电路出现故障（接线松动或脱落等）	1）检查电源电压，误差不超过额定值的±10%；检查主电路接触器触点是否接触不良造成断相，紧固各触点或更换 2）电动机轴承补油、清洗，更换润滑油或更换轴承 3）减速箱补油或更换润滑油 4）调整制动器，使其间隙符合标准要求；检查并排除控制电路的故障

（续）

故障现象	主要原因	排除方法
轿厢运行未到换速点突然换速停车	1）门刀与层门锁滚轮碰撞 2）安全保护开关动作 3）安全钳动作 4）过载或其他原因引起电流过大，主电路或控制电路熔断器熔体熔断或断路器跳闸 5）外电网停电	1）调整门刀与各层门锁滚轮相对位置 2）检查各安全保护开关，调整或更换 3）找出安全钳动作的原因并处理。检修上行使安全钳钳块复位、安全开关复位。检查安全钳钳块与导轨工作面的间隙，使其为 2~3mm，并对导轨上的制动痕进行打磨 4）找出原因并处理，更换熔体或重新合上断路器 5）考虑加应急电源或断电自动平层装置
轿厢平层误差过大	1）轿厢超载 2）制动器调整不当 3）制动器闸皮与制动轮的接触面太小或闸皮磨损严重或烧坏，制动力不足 4）平层感应器与平层板位置变化	1）严禁轿厢超载运行 2）调整制动器，使其间隙符合标准要求 3）调整修复或更换闸皮，并使制动器闸皮与制动轮的接触面 ≥75% 4）调整平层感应器与平层板相对位置
电梯冲顶或撞底	1）终端超越保护装置强迫减速开关、限位开关、极限开关等失灵 2）错层（轿厢实际位置与显示位置不一致） 3）快速运行继电器（接触器）触点粘住，使电梯保持快速运行，直至冲顶或撞底 4）制动器闸皮与制动轮的接触面太小或闸皮磨损严重或烧坏，制动力矩不足	1）检查上下强迫减速开关、限位开关、极限开关动作是否可靠，触点是否接触不良或损坏，并排除故障 2）重新写层 3）修复或更换快速运行继电器（接触器）或触点 4）调整修复或更换闸皮，并使制动器闸皮与制动轮的接触面 ≥75%
电梯运行时轿厢内有异常的噪声或振动	1）滚动导靴轴承磨损严重 2）导轨润滑不良；导靴靴衬磨损严重，使两端金属板与导轨发生摩擦；滑动导靴中卡入异物 3）感应器与遮光（磁）板有碰撞现象 4）反绳轮、导向轮轴承与轴套润滑不良 5）随行电缆刮导轨支架；补偿链（绳、缆）刮护栏 6）曳引钢丝绳张力不平衡 7）曳引机减速器蜗轮蜗杆磨损，齿间隙过大	1）更换滚动导靴轴承或更换导靴 2）润滑导轨；更换导靴靴衬；清洗导轨、导靴靴衬 3）调整感应器与遮光（磁）板的位置 4）润滑反绳轮、导向轮轴承或更换轴承 5）调整或重新捆绑随行电缆；调整补偿链（绳、缆），避免刮蹭 6）调整曳引钢丝绳张力使其误差 ≤5% 7）调整减速器中心距或更换蜗轮蜗杆
局部熔体经常熔断	1）该电路导线有接地或元器件有接地 2）继电器绝缘垫片击穿 3）熔体容量选得小或接触不良	1）检查接地点，加强绝缘 2）加绝缘垫片或更换继电器 3）核实工作电流，更换熔丝，并压接紧固
主熔体经常熔断	1）熔丝容量选得小或接触不良 2）接触器接触不良或被卡阻 3）电梯起动、制动时间过长	1）核实熔体容量，按额定电流更换熔丝，并压接紧固 2）检查调整接触器，排除卡阻或更换接触器 3）调整起动、制动时间
接触轿厢或厅门有电麻感觉	1）轿厢或厅门接地线断开，或者接触不良 2）保护接零系统重复接地线断开 3）线路有漏电现象	1）检查接地线，使接地电阻 ≤4Ω 2）接好重复接地线 3）检查线路绝缘，使其绝缘电阻 ≥0.5MΩ

（1）轿厢在运行中有异常振动声

1）故障原因：

① 主机基础的平面度不合规定而引起整个主机振动或未采取减振措施。

② 电动机的输出轴承损坏；减速箱的蜗杆轴轴承损坏或轴承滚道变形；曳引轮的轴承损坏；电动机输出轴与减速箱蜗杆轴的同轴度偏差过大。

③ 蜗杆副啮合不好或蜗轮与蜗杆轴不在同一个中心平面上，造成啮合位置偏移，使蜗杆分头精度偏差或齿厚偏差而引起传动机构振动。

④ 各曳引钢丝绳张力不一致造成与轮槽磨损不一，引起各钢丝绳的线速度不一致，致使轿厢上两横梁在绳头弹簧的作用下振动。

⑤ 轿厢架变形造成安全钳座体与导轨端面碰擦而产生振动；轿厢架紧固件松动或轿壁固定连接不牢靠；轿底减振垫块脱落。

⑥ 各种导靴与导轨配合间隙过大或磨损；两导轨开档尺寸变化或导轨压板松动引起轿厢运行时飘移振动。

2）处理方法：

① 手触检查曳引主机的外壳是否有振动感，同时触摸主机底面看是否有振动，检查有无橡皮减振垫。如果有振动感，则可能是主机底座平面度（扭力）误差造成的，应采用垫片垫实以消除振源。

② 检查轿厢架是否因加强撑板脱焊松动，导致轿厢框架变形。若轿厢向一侧倾斜，可将轿厢开到最低层站，再用木板垫在倾斜的一侧，松开紧固件，利用重力将其矫正，用水平仪复核轿厢倾斜度，并紧固轿厢架的加强撑板，用点焊固定。

③ 更换曳引钢丝绳、修正曳引轮绳槽、调整绳头端接处（绳头组织）的调整弹簧，确保各根钢丝绳张力一致（误差不超过平均值的5%）。

④ 若由于电动机和蜗杆同轴度超差或蜗杆副啮合不好、轴承损坏等故障造成异常振动，则应更换与调整这些有故障的零部件。

（2）轿厢发生冲顶或蹲底

1）故障原因：

① 平衡系数不当，轿厢与对重平衡系数失调。

② 曳引钢丝绳拉长变细、严重磨损；曳引轮绳槽磨损（局部严重磨损），使曳引力下降。

③ 曳引钢丝绳表面及绳槽内油太多；曳引钢丝绳上抹黄油。

④ 制动器抱闸间隙太大而制动力矩小（制动弹簧压缩量小、闸皮磨损严重或烧坏）。

⑤ 上、下平层感应器与上、下端站平层的遮光板（遮磁板）位置偏差大或失效。

⑥ 轿厢上开关打板与上、下终端超越保护开关滚轮的位置偏差大，使上、下端站强迫减速开关和限位开关不起作用等。

2）处理方法：

① 对新安装的电梯，应核查供货清单的对重块数量以及每块对重铁的重量，重新校验平衡系数。

② 检查曳引钢丝绳及曳引轮绳槽的磨损情况，更换磨损太多或太细的曳引钢丝绳。对磨损严重的绳槽，应重新车削或更换轮缘。

③ 洗净钢丝绳上的黄油（或去除多余的油），擦净槽内油污。

④ 检查调整制动器，更换损坏的闸皮，使其符合国标要求，确保制动力矩合适，抱闸间隙不超过 0.7mm，开合闸灵活可靠。

⑤ 检查上、下平层感应器与上、下端站平层的遮光板（遮磁板）是否在正确位置，使其恢复平层功能。

⑥ 检查调整上、下端站强迫减速开关、限位开关、极限开关及轿厢上开关打板的位置，使其恢复正常保护功能。

（3）限速器与安全钳误动作

1）故障原因：

① 限速器误动作，如限速器转动部分或绳轮润滑不良、限速器壳内积尘油秽过多、固定限速器的螺钉松动、限速器钢丝绳与限速器制动块严重摩擦等都可能导致限速器误动作，引起安全钳误动作。

② 导轨上有毛刺、台阶，造成安全钳楔块误动作。

③ 安全钳与导轨间隙中有油垢、间隙过小，造成安全钳楔块误动作。

④ 安全钳拉杆扭曲变形，复位弹簧刚度小、不能自行复位，导致安全钳误动作。

⑤ 限速器钢丝绳张力不够或钢丝绳过松，造成安全钳误动作。

2）处理方法：

① 检查排除限速器误动作原因，对限速器进行良好的维护，彻底清扫、擦拭干净，转动部分应及时润滑，固定螺栓应拧紧并加弹簧垫以防松动，并检验其动作可靠性。

② 校正导轨垂直度，打磨接头台阶与导轨工作面上的毛刺。

③ 清洗安全钳钳块和调校间隙，使其与导轨两工作面间隙一致，一般为 2~3mm。

④ 检查安全钳拉杆是否扭曲变形，复位弹簧是否能自行复位，若有问题，应调整修复或更换。

⑤ 检查并调整限速器钢丝绳，调校张紧装置的张力。

（4）层轿门开、关时不顺畅

1）故障原因：

① 门导轨与门底部地坎滑道不在同一个垂直面。

② 门导轨或门挂板轮轴承磨损，门导轨污垢过多或润滑不良，致使滑轮磨损。

③ 门导轨连接松动使导轨下坠，层门或轿门下移，门下边缘碰触门地坎。

④ 门地坎滑槽有缺陷，门滑块磨损、折断或滑出地坎滑槽。

⑤ 门传动带太松失去张紧力，或链轮与链条磨损或拉长，引起跳动使门运动不畅或不能运行。

⑥ 开关门机构从动轮支承杆弯曲，造成主动轮与从动轮传动中心偏移，引起链条脱落，使开、关门受阻。

⑦ 开、关门机构主动杆或从动杆支点磨损，造成两扇门滑行动作不一致。

⑧ 门机调速开关（光电盘、编码器）未调整好或开、关门电动机有故障。

2）处理方法：

① 更换磨损严重的滑块、门挂板轮或挂板轮轴承。

② 调整门下边距地坎的高度（为 4~6mm）。

③ 清洗和擦拭门导轨上的污垢，并调整门导轨与地坎滑槽的垂直度、平行度及扭曲程度，使上、下对应一致。

④ 修正门导轨异常的凸起，以确保滑行通畅。

⑤ 调整开、关门主动撑杆和从动撑杆臂，使两撑杆长度一致，即将门关闭后门的中心与曲柄轮中心相交（移动短门臂杆狭槽内长臂端部的暗销即可）。

⑥ 更换或调整V带，调整两轮轴的平行度与张力；更换同步带，调整其张力；更换拉长的链条并调整两轴平行度和中心平面。

⑦ 修理或更换电动机，调整好门机调速开关（光电盘、编码器）的位置，清洗干净所有活动部位并加润滑油。

（5）曳引钢丝绳打滑（或加减速过程中在绳槽内滑动）

1）故障原因：

① 绳槽局部严重磨损，使曳引力下降。

② 曳引钢丝绳拉长变细，使绳与绳槽的摩擦力减小。

③ 轿厢严重超载，使绳槽曳引力超过规定值后，产生打滑。

④ 钢丝绳张力不均造成打滑。

⑤ 绳槽内积油污太多，或绳芯浸油太多，或曳引钢丝绳上抹黄油。

2）处理方法：

① 更换曳引轮或重车绳槽。

② 适当截短曳引钢丝绳或更换曳引绳。

③ 控制轿厢载荷。

④ 调整各钢丝绳张力，使其不超过规定值（误差不超过平均值的5%）。

⑤ 洗净钢丝绳上的黄油（或去除多余的油），擦净槽内油污。

6.3.2　电梯电气故障维修基础

电梯故障绝大部分是电气故障，电气故障主要包括元器件质量、安装调整质量、维护保养质量引发的故障，外界环境条件变化和电磁脉冲干扰引发的故障，机电配合动作的元器件被反复碰撞造成元器件变形损坏、元器件触点在反复接通断开电路时产生的电弧把触头烧伤氧化、电路板上的元器件烧坏引发的故障等。故障的原因是多方面的，故障点难以预测。下面介绍电梯电气系统的常见故障类型与排除方法。

1. 电梯电气故障的类型

（1）断路故障　断路故障就是该接通的电路不通，常见的有：元器件的引入、引出线的压紧螺钉松动或焊点虚焊造成断路或接触不良；继电器、接触器的触点被电弧烧蚀、烧毁，触点表面有氧化层，触点接通或断开时产生的电弧加热、自然冷却处理导致其簧片失去弹力，造成触点的接触压力不够而接触不良；继电器或接触器吸合和复位时产生的振动，造成一些元器件的触点开路或接触不良；元器件的烧毁或撞毁造成断路，元器件触点表面有氧化层或污垢等。

（2）短路故障　短路故障就是不该通的电路被接通，而且接通后电路内的电阻很小，造成短路。短路时轻则熔断器熔体熔断，重则烧毁元器件，甚至引起火灾。常见的短路故障有：接触器的主触点接通或断开时，产生的电弧将周围的介质击穿而产生短路；元器件的绝缘材料老化、失效、受潮造成短路；由于外界导电物质入侵造成短路等。

（3）位移型故障　在电梯运行过程中，一些元器件因振动或频繁接触碰撞而发生位移，造成电梯不能正常运行。如：电梯减速、平层装置与遮光板（遮磁板）、上（下）强迫减速开关、限位开关、极限开关与开关打板，电梯运行时间长了，就容易产生磨损或位移，轻则使电梯的性能变差，重则使电梯产生故障。

（4）微机（PLC）控制器故障　微机（PLC）控制电梯的电气系统发生故障时，应首先检查其外围电路，经认真检查确认外围电路确实没有问题后再检查微机（PLC）控制器内部的电路板故障。

1）由于元器件损坏或烧坏，使微机（PLC）控制器电路板没有信号输入或输出，信号不正常造成电梯不能正常运行。

2）微机（PLC）控制器（继电器输出型）的输出继电器触点因外部电路过载或短路被烧蚀、烧毁，造成电梯不能正常运行。

3）微机（PLC）控制器内的锂电池失效造成程序丢失，使电梯不能正常运行。

4）由于外界强脉冲信号干扰，造成程序瞬间混乱，使电梯瞬间运行失常。

5）由于外界腐蚀性物质的入侵（如老鼠尿）造成印制电路板损坏等。

2. 电梯电气故障的检查方法

（1）掌握电梯电路原理　电梯的电气系统，特别是控制电路，结构非常复杂，而且元器件的安装非常分散。一旦发生故障，要迅速排除，单凭经验是不够的，必须熟练掌握电梯控制电路的工作原理，弄清电梯选层、定向、关门、起动、运行、换（减）速、平层、停车、开门全过程的运行原理，熟悉各元器件的安装位置，以及机电之间配合动作的机理，才能准确地判断故障的发生点，并迅速排除故障。

（2）观察故障现象

当电梯发生故障时，维修人员首先要观察故障现象，再根据电路原理，分析故障可能发生的范围，然后借助仪器仪表（万用表、钳表、兆欧表等）检测相关电路，确定故障点，制订相应的维修方案。观察故障现象的方法很多，通常是问、看、听、闻、摸。

1）问：询问电梯司机、乘用人员、管理人员故障发生时的现象，查询故障前是否对电梯做过调整或更换元器件。

2）看：观察每个元器件是否正常工作；看控制器的各种信号指示是否正确；看故障灯与故障码；看元器件外观颜色是否改变等。

3）听：听电动机和电气元件及线路在工作时有无异响。

4）闻：闻电路元器件（如电动机、变压器、继电器、接触器线圈等）及电气线路是否有异味。

5）摸：用手触摸检查元器件温度是否异常，拨动接线头检查是否松动等（要注意安全）。

（3）常用的电气故障检查方法

1）程序检查法。电梯是按照一定程序运行的，每次运行都要经过选层、定向、关门、起动、加速、运行、换（减）速、平层、停车、开门的过程，每个工作环节都有一个独立的控制电路（程序）。程序检查法就是模拟电梯运行的操作过程，观察各环节电路的信号输入和输出是否正常，确定故障发生在哪一个控制环节，缩小故障范围，明确排除故障的方向。

2）电阻测量法。在断电情况下，用万用表的电阻档测量电子电路的阻值是否正常，或电气线路的通断状况，判断有无故障。因为每一个电气元器件都有一定阻值，连接电气元器件的线路或开关电阻值不是零就是无穷大，因此测量它们的阻值大小和通断情况就可以判断电气元器件的好坏。

3）电压法。在通电情况下，用万用表的电压档检测电路某一元器件两端的电位的高低，来确定电路（或触点）的工作情况。常用电压法检测一条线路（或触点）的两点通或断，当线路（触点）两点的电位一样，即两点间的电压为零，则两点间电阻为零，可判定这两点之间通；当两点的电位不一样，且电压降等于电源电压，则两点间电阻为无限大，可判定两点之间已断开。

有时维修人员手头没有万用表，可以用俗称的"低压灯泡法"来检查。即用一个220V、15W或25W的灯泡，从灯头引出两根线（单股硬线）作为检测棒，用灯泡的亮暗来测线路有无电压以判断线路的通断。

4）短接法。当怀疑某个触点或串联的几个触点（或线路）有故障时，可以用导线把某个触点或串联的几个触点（或线路）短接，模拟触点（或线路）闭合（或接通）来检查故障。如安全回路、门锁回路，串联的开关触点多，意外断开或接触不良使电梯无法运行，在这种情况下短接法是一种有效的方法。当发现故障点后，应立即拆除短接线，不允许用短接线代替开关或开关触点的接通。

5）替代法。当根据以上方法查找出故障出自于某触点或某块电路板时，将有问题的元器件或电路板取下，用新的元器件或电路板替代，若故障消失，则判断正确；反之，则需要继续查找。故障确认后，立即换上新元器件或电路板即可。

电梯维修人员除了掌握常用的电气故障检查方法，在实践中还要不断总结经验，掌握电梯维修的规律，提高故障判断能力，以迅速排除故障。

3. 电梯典型电气故障的检查与排除方法

（1）电梯不会关门 电梯门系统所产生的故障占电梯故障的比例很大。

1）故障原因：

① 安全触板或光幕故障。

② 门电动机或控制电路板故障，或机械部件脱落打滑。

③ 轿内开门按钮、厅外召唤按钮没有释放。

④ 电梯自动开门后（门开到位），开门到位开关故障（或失效）。

⑤ 轿厢超载保护被触发。

⑥ 消防员操作等运行状态下，电梯虽然能登记指令信号，但不会自动关门。

2）处理方法：电梯不会关门一般先检查安全触板开关或光幕是否故障。轿厢超载时电梯通常有超载报警声。对于采用光幕保护微机（PLC）控制的电梯，通常有光幕故障延时"强制关门"功能，即延时一段时间后（比正常自动关门延时长），电梯蜂鸣器发出警示声，并自动缓慢强制关门，则说明不关门故障是由外部因素引起的。如果连检修运行状态下也不关门，则表明故障是出自门机或控制电路（板），或机械部件脱落打滑。

① 检查门安全触板及其开关动作是否灵活可靠，或光幕装置是否正常工作。

② 检查门电动机与控制电路板是否正常工作，检查关门继电器（直流门机等）；检查机械部件（传动带、连杆）是否脱落打滑。

③ 检查轿内开门按钮、厅外召唤按钮是否卡住或触点粘连，更换或修复已坏的按钮。

④ 更换或调整开门到位开关的位置，或更换已坏的开关。

⑤ 调整超载装置传感器的位置，或更换已坏的传感器。

⑥ 检查消防开关是否在自动运行工作状态。

（2）电梯关门后不会起动运行

1）故障原因：

① 层门、轿门门锁开关或门锁继电器故障。

② 运行接触器（快车接触器、上下行接触器）或抱闸接触器故障。

③ 上下限位开关故障或上下强迫减速开关故障。

2）处理方法：

① 电梯关门后不能起动运行，大部分故障是门锁回路不通。因此，首先在机房检查门锁继电器是否吸合，如果不吸合，则用万用表电阻法或电压法测量、判断门锁继电器线圈、层门锁开关或轿门门锁开关有无损坏或接触不良，并予以修复或更换。

② 门锁继电器吸合，而电梯自动/检修状态下均不能起动运行，检查运行接触器、抱闸接触器的线圈、触头、机械装置是否故障，并予以修复或更换。

③ 检查电梯检修运行是否正常，如果电梯一个方向（上或下）的自动/检修运行正常，反方向的自动/检修运行均不正常，则是故障方向（下或上）的限位开关或是该方向的（下或上）运行接触器损坏或接触不良，应予以修复或更换。

如果电梯的检修（上或下）运行正常，只是（下或上）的自动运行不能起动，则是故障方向（下或上）的强迫减速开关损坏或接触不良，应予以修复或更换。

④ 对于双速电梯、交流调压调速电梯自动状态不能运行，应检查快车接触器、上下行接触器的线圈、触头、机械装置是否故障，并予以修复或更换。

（3）电梯在正常运行中突然终止运行

1）故障原因：

① 层门锁装置误动作，轿门门刀与层门门锁滚轮间隙存在偏差，当轿厢运行进入开门区域时擦碰层门锁滚轮，使门锁继电器释放，致使电梯停止运行。

② 如果电梯下行时突然终止运行，可能是轿顶上的安全窗未关好，电梯下行时抖动或风压作用引起安全窗开关接触不良，使电梯停止运行。

③ 限速器钢丝绳变细伸长，引起限速器张紧轮下垂，电梯运行时抖（晃）动拨动限速器断绳开关，切断安全回路，致使电梯停止运行。

④ 主导轨的扭曲引起导轨直线度误差；导轨两端拼接误差；安全钳钳块与导轨工作面之间的间隙比较小；电梯下行时，由于轿厢晃动比较大，而引起安全钳误动作（拨动安全钳开关），切断安全回路，致使电梯停止运行。

⑤ 电源缺相或过载致使主电路热继电器动作，或控制电路电源熔断器熔断，造成电梯突然停止运行。

2）处理方法：

① 检查三相电源是否缺相；检查热继电器是否动作，若动作，应使其复位，并检查（调整）电流整定值；检查主电路、控制电路电源熔断器是否熔断，并予以修复或更换，确认主电路、控制电路电源正常。

② 在确认主电路、控制电路电源正常的情况下，电梯在正常运行中突然终止运行，通常先检查层门锁装置是否误动作，即电梯以检修速度运行，从上到下逐层检查轿门门刀与层门门锁滚轮间隙是否符合标准（对称、居中），并做必要的调整。

③ 在底坑检查限速器张紧轮下垂情况，调节限速器钢丝绳长度或调整断绳开关的位置。

④ 如果电梯只在下行时发生运行中突然停车，则应检查安全窗是否关紧，安全窗开关是否接触良好。

⑤ 如果电梯在下行时无规则停车，应检查安全钳钳块的间隙以及拉杆是否松动，检查安全钳开关的位置、尺寸并予以调整。同时调整导轨拼接误差，必要时对导轨接头台阶、导轨上的制动痕进行打磨。

（4）短路故障的检查与排除

短路故障是指由于某种原因造成控制电路中两根电源引出线直接接触，而且接触电阻很 小而引发的故障。因发生短路故障瞬间熔断器熔体将立即烧毁或断路器立即跳闸（短路保护的容量选择得当），维修人员来不及弄清楚故障现象，无法对故障进行全面分析判断。在这种情况下，修理人员可以拉断电源，用万用表的电阻档对电路进行分区、分段全面测量检查，逐步查找，最终找到故障发生点。这样操作可能要花费比较长的时间才能找到故障点。

短路故障点快速查找方法：按烧毁熔断器熔体或跳闸断路器的保护电路，先将全部被保护电路断开，然后再分区、分段送电，送电后再查看熔断器熔体烧毁或断路器跳闸的情况。如果给甲区域送电后熔断器熔体不烧毁或断路器不跳闸，而给乙区域送电后熔断器熔体烧毁或断路器跳闸，说明短路故障点发生在乙区域内，如果乙区域比较大，还可以将其分为若干段，再按上述方法分段送电检查。这样很快地将故障发生范围缩小到最小限度，然后再用万用表的电阻档进行检查测量，就能迅速找到故障点并把故障排除。

6.3.3　电梯常见故障与排除方法

不同制造厂生产的不同品牌、不同型号的电梯，在机械结构、电气线路等方面都有不同程度的差异，因此，故障产生的原因及排除方法各有不同。表 6-1 所列为电梯常见故障及其主要原因和排除方法，仅供读者分析、判断故障时参考。

现在微机控制的电梯的控制系统可实时监视各种输入信号、运行条件、外部反馈信息等，一旦有异常发生，相应的保护装置就会动作并显示故障代码。维修人员可根据故障代码及其对应的故障原因，确定排除故障方案，迅速修复电梯。如默纳克 NICE1000^{NEW} 电梯一体化控制电梯故障代码、故障原因、排除方法见附录 B。

本　章　小　结

本章简要介绍了电梯的安全使用、操作规程与管理制度，电梯维保的周期、内容（项目）与要求，重点介绍了电梯机械故障的主要原因、机械故障的检查方法，电梯电气故障的类型、电气故障检查方法，电梯常见故障及其主要原因和排除方法。通过本章的学习，可了解电梯维护保养的法律法规，熟悉电梯安全使用与管理的办法，提高电梯故障的分析能力与维修保养技术水平。

思考与练习

6-1　为了安全使用电梯，电梯使用管理单位应做好哪些工作？

6-2　电梯安全操作规程有哪些要求？

6-3　电梯检修运行操作规程有哪些要求？

6-4　电梯司机的安全操作规程有哪些要求？

6-5　简述电梯专用钥匙管理规定的主要内容。

6-6　简述电梯困人救援的步骤。

6-7　电梯发生哪些现象时应立即停梯检修？

6-8　因停电或故障导致电梯突然停止运行时的应急处理措施有哪些？

6-9　《电梯维修保养规则》中电梯维保分为哪几种？

6-10　简述电梯半月维保的内容（项目）与要求。

6-11　简述电梯季度维保的内容（项目）与要求。

6-12　简述电梯半年维保的内容（项目）与要求。

6-13　简述电梯年度维保的内容（项目）与要求。

6-14　电梯机械故障的主要原因是什么？

6-15　电梯机械故障的检查方法是什么？

6-16　简述电梯电气故障的主要类型。

6-17　常用的电气故障检查方法有哪些？

6-18　限速器和安全钳的维保检查内容是什么？

6-19　为什么要经常进行层门及其锁闭装置的检查？

第 7 章

自动扶梯与自动人行道

自动扶梯和自动人行道是一种"以梯代步",在购物中心、超市、机场、火车站、地铁等公共场所使用的重要交通运输设备。自动扶梯与自动人行道的机械结构、电气拖动控制、安全装置等诸多方面具有相同或相似之处,本章只对自动人行道做简要介绍。

7.1 自动扶梯的分类与主要参数

1. 自动扶梯的分类

自动扶梯又称扶手电梯,是一种带有循环运行梯级,向上或向下倾斜连续输送乘客的电力驱动设备,主要用在建筑物的不同层间连续运送人员上下。其主要的分类方法如下:

(1) 按驱动方式分类 有最常用的套筒滚子链牵引的端部驱动自动扶梯和齿轮齿条牵引的中间驱动的自动扶梯两种。后者属重量型扶梯,适用于运行速度快、提升高度大的场所。

(2) 按使用条件分类 有普通型自动扶梯和公共交通型自动扶梯两种。公共交通型自动扶梯(高强度使用)每周运行时间大于140h,且在任何3h的间隔内,其载荷达到制动载荷的100%的持续时间不少于0.5h。

(3) 按提升高度分类 有最高至8m的小提升高度、最高至25m的中等提升高度以及最高达65m的大提升高度三类。

(4) 按运行速度是否可调分类 有恒速(0.5m/s、0.65m/s、0.75m/s)和可调速(0.5~0.65m/s)自动扶梯两种。

(5) 按梯级运行轨迹分类 有直线型、螺旋型、跑道型和回转螺旋型四类。

(6) 按梯级宽度分类 常用的有600mm、800mm、1000mm和1200mm四种。

(7) 按拖动调速方式分类 有交流降压起动运行方式和交流变频拖动方式。因为自动扶梯一旦起动并投入运行,将长时间按同一方向连续运行,均采用三相交流电动机驱动。

变频自动扶梯通常在进出口处设有光电开关,用于检测乘客的出入情况,根据客流量的变化自动调节运行速度。在设定时间内没有乘客进入扶梯,则自动减速,直至间歇性停车;当传感器检测到乘客进入扶梯时,扶梯自动加速到额定速度,将乘客送到扶梯出口,以节约电能。

2. 自动扶梯的主要参数

(1) 额定速度(名义速度) 梯级在空载情况下的运行速度 v 一般为 0.5m/s、0.65m/s、0.75m/s 三种,最常用的为 0.5m/s。

（2）倾角　梯级运行时与水平面构成的最大角度，通常为 30°和 35°，若提升高度超过 6m，则倾角不大于 30°。

（3）提升高度　自动扶梯进出口两楼层板之间的垂直距离称为自动扶梯的提升高度。

（4）梯级宽度　梯级的名义宽度（mm），有 400、600、800、900、1000、1200 等规格。

（5）梯级水平段　扶梯进口处水平运行的距离 L（mm）。当速度 $v=0.5$m/s 时，$L \geqslant$ 800mm；当 $v \leqslant 0.65$m/s 时，$L \geqslant 1200$mm；当 $v \leqslant 0.75$m/s 时，$L \geqslant 1600$mm。

（6）最大输送能力　在正常运行条件下，自动扶梯或自动人行道每小时能够输送的最多人员流量称为它的最大输送能力。GB 16899—2011《自动扶梯和自动人行道的制造与安装安全规范》中给出了自动扶梯或自动人行道的最大输送能力，见表 7-1。

表 7-1　最大输送能力

名义宽度/m	名义速度 v/（m/s）		
	0.5	0.65	0.75
0.6	3600 人/h	4400 人/h	4900 人/h
0.8	4800 人/h	5900 人/h	6600 人/h
1.0	6000 人/h	7300 人/h	8200 人/h

7.2　自动扶梯的结构

自动扶梯由梯级、牵引构件、梯路导轨系统、驱动装置、张紧装置、扶手系统和金属结构等若干部件组成，如图 7-1 所示。

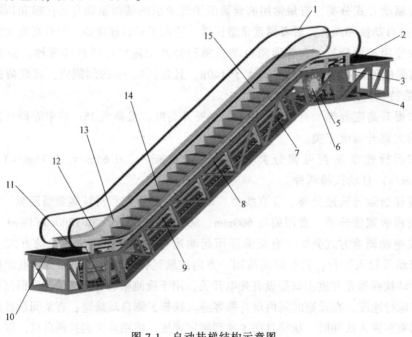

图 7-1　自动扶梯结构示意图

1—扶手装置　2—控制柜　3—驱动主机　4—主传动轴　5—压带部件

6—扶手驱动　7—牵引链条　8—桁架　9—梯路导轨系统　10—前沿板

11—梳齿板　12—外盖板　13—内盖板　14—梯级　15—围裙板

1. 梯级

梯级如图 7-2 所示，主要由踏板、踢板、支架及安全嵌条等组成，由曳引链条对其进行牵引，实现承载和运输乘客。梯级是结构型式特殊的四轮小车，有两只驱动轮（主轮），两只从动轮（辅轮）。梯级驱动轮的轮轴与牵引链条铰接在一起，从动轮的轮轴则不与牵引链条铰接。这样，全部梯级通过按一定规律布置的导轨运行，可以做到在自动扶梯上分支的梯级保持水平，而在下分支的梯级可以倒挂。

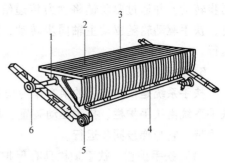

图 7-2　梯级外形图
1—安全嵌条　2—踏板　3—安全嵌条
4—踢板　5—从动轮　6—驱动轮

在一台自动扶梯中，梯级是数量最多的部件。一台小提升高度自动扶梯的梯级需 50~100 梯级，大提升高度自动扶梯的梯级多达 600~700。由于梯级数量众多，又是经常运动的部件，因此一台自动扶梯的质量在很大程度上取决于梯级的结构和质量。图 7-2 中所示的梯级是采用铝合金整体压铸而成的整体式梯级，具有加工速度快、精度高、自重轻、装拆维修方便等优点。

2. 牵引构件

自动扶梯所用牵引构件有牵引链条与牵引齿条两种。牵引构件是传递牵引力牵引梯级的构件。一台自动扶梯有构成闭合环路的两条牵引链条或牵引齿条，且同步运行。使用牵引链条的驱动装置装在上分支水平直线区段的末端，即所谓端部驱动式。使用牵引齿条的驱动装置装在倾斜直线区段上、下分支的当中，即所谓中间驱动式。

如图 7-1 所示，自动扶梯所用牵引构件就是牵引链条，它由链片、小轴和套筒等组成。按连接方法可将牵引链条分为可拆式和不可拆式两种。可拆式就是在任何环节都可分拆而无损于链条及其零件的完整性。不可拆式是仅在一定数目的环节处，也就是在一定的分段长度处可以拆装。在我国自动扶梯制造业中，一般都采用第二种，因为这种结构具有较高的可靠性而且安装方便。目前所采用的牵引链条分段长度一般为 1.6m。牵引链条是自动扶梯主要的动力传递构件，其质量直接影响自动扶梯的运行平稳性和噪声高低。

3. 梯路导轨系统

自动扶梯梯路导轨系统包括驱动轮和从动轮的全部导轨、反轨、导轨支架及转向壁等。导轨系统的作用在于支承由梯级驱动轮和从动轮传递来的梯路载荷，保证梯级按一定的规律运动，以及防止梯级跑偏等。因此，导轨应具有光滑、平整、耐磨的工作表面，具有一定的尺寸精度。

4. 驱动装置

驱动装置的作用是将动力传递给梯路系统及扶手系统，驱动扶梯运行，同时防止超速运行和阻止逆转运行，是自动扶梯的重要部件。自动扶梯的驱动装置有端部驱动与中间驱动两种。端部驱动结构使用、生产时间已久，工艺成熟，维修方便，我国绝大多数扶梯均采用端部驱动。中间驱动结构紧凑，将驱动装置装在自动扶梯梯路中部的上、下分支之间，而该处是自动扶梯未被利用的空间，特别在大提升高度时，可以进行多级驱动。

驱动装置通常由电动机、减速器、中间传动件、主驱动轴、制动器、传动链轮及链条等组成。常见的扶梯端部驱动装置的结构如图 7-3 所示。当扶梯接到运行指令后，驱动装置上的制动器得电松闸，电动机得电转动，通过联轴器带动蜗杆副转动，与蜗轮同轴的传动链轮同步转动，并通过驱动链将动力传递给梯级链轮，带动梯级运行接送乘客。梯级链轮转动时，扶手驱动轮随驱动主轴同步转动，通过扶手带驱动轮以及扶手带张紧系统驱动扶手带运行。

5. 扶手系统

扶手系统是供梯级上的乘客作为扶手用的，特别是在出入扶梯期间，让乘客有安全感。扶手系统由扶手护栏、扶手驱动装置、扶手带等组成。一台自动扶梯有构成闭合环路的两条扶手带，它与梯级同步运行。

（1）**扶手护栏**　扶手护栏具有保护乘客和支承扶手带的作用，护栏导轨和盖板由发纹不锈钢做成。扶手护栏端部延伸到靠近建筑物的地板，以使乘客能平稳地上下自动扶梯。扶手护栏结构分为全透明无支撑式、半透明有支撑式及不透明有支撑式等。

图 7-1 中所示的扶手护栏是全透明无支撑式，又称苗条型扶手护栏。这种结构的扶手胶带下仅有用于导向的导轨，简单而又合理。导轨坯料采用高精度的成形加工材料，下有经久耐用的玻璃夹，该玻璃夹是固定导轨用的衬板。玻璃板的固定不是靠紧固件拧紧，而是依靠自身的弹力固定。

（2）**扶手驱动装置**　常用的扶手驱动装置有摩擦轮驱动型式和压滚驱动型式两种。图 7-3 中所示的扶手驱动装置为压滚驱动型式，由扶手带的上下两组压滚组成，上压滚组由自动扶梯的驱动主轴获得动力驱动扶手带，下压滚组从动，压紧扶手带，张紧轮使扶手带紧贴导轨。这种结构的扶手带基本上是顺向弯曲，较少反向弯曲，

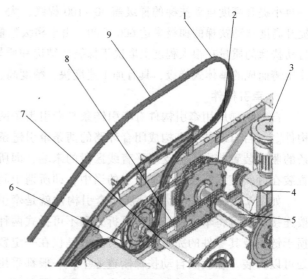

图 7-3　端部驱动装置示意图

1—换向链　2—主驱动链　3—驱动主机　4—齿轮箱　5—驱动主轴
6—扶手带驱动轮　7—扶手带驱动轴　8—扶手带驱动链　9—扶手带

弯曲次数大大减少，降低了扶手带的僵性阻力。由于不是摩擦驱动，扶手带不再需要起动时的初张力，只需装一调整装置以调节扶手带长度的制造误差，因而可大幅度减少运行阻力，同时也可增加扶手带的使用寿命。现在扶梯广泛采用压滚驱动型式扶手驱动装置。

（3）**扶手带**　扶手带是一种边缘向内弯曲的橡胶带，如图 7-4 所示。扶手带内部衬垫有多种类型。多层织物衬垫扶手带的延伸率大。织物夹钢带扶手带在工厂里做成闭合环形带，不需要在工地拼接，延伸率小。其缺点是钢带与橡胶织物间脱胶时，钢带会在扶手带内隆起，甚至戳穿帆布造成扶手带损坏。夹钢丝绳织物扶手带在织物衬垫层中夹一排细钢丝绳，既可增加扶手带的强度，

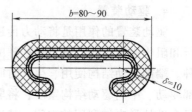

图 7-4　扶手带

又可控制扶手带的伸长。这种扶手带在工厂里做成闭合环形，不需要在工地拼接。我国生产的自动扶梯多用夹钢丝绳织物扶手带。扶手带宽度 $b = 80 \sim 90 \mathrm{mm}$，厚度 $\delta = 10 \mathrm{mm}$。

6. 金属结构

自动扶梯金属结构的作用在于安装和支承自动扶梯的各个部件，承受各种载荷以及将建筑物两个不同层的地面连接起来。端部驱动及中间驱动自动扶梯的梯路、驱动装置、张紧装置、导轨系统及扶手装置等安装在金属结构的里面和上面。自动扶梯常用的是桁架式，如图7-1所示。它通常由三段组成，即驱动段、张紧段以及中间段，中间段又分为标准段与非标准段，三段拼装成金属结构整体，两端支撑在建筑物的不同层之上。提升高度 $H \leqslant 6m$ 时，采用双支座；$H > 6m$ 时，则设置三个或三个以上支座，以保证金属结构有足够的刚度。

大、中提升高度自动扶梯的金属结构常由多段结构组成，除驱动段与张紧段外，还有若干中间结构段。中间结构段的下弦杆的节点支撑在一系列的水泥墩上，形成多支撑结构。

7. 安全装置

自动扶梯设置一系列安全装置，如图7-5所示。图中安全装置分别介绍如下：

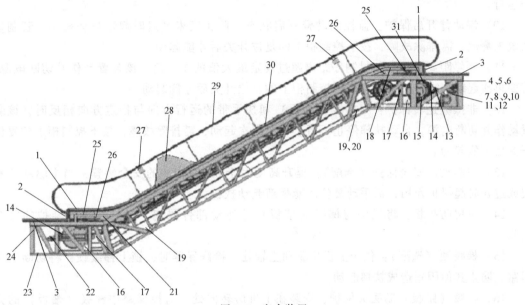

图 7-5　安全装置

1—紧急停止　2—扶手带入口保护　3—楼层板开启保护　4—过载保护　5—短路保护　6—断、错相保护
7—抱闸磨损监控　8—主工作制动器　9—超速保护　10—制动臂开启保护　11—制停距离监控　12—非操纵
逆转保护　13—主驱动链安全保护　14—机房防护板　15—梯级锁　16—梯级（踏板）防丢失保护　17—梯级
（踏板）间隙照明　18—扶手带去静电　19—梯级（踏板）下陷保护　20—梯级（踏板）去静电　21—扶手带监控
22—梯级（踏板）链安全保护　23—水位开关　24—停止开关　25—梳齿安全保护　26—围裙保护开关
27—附加紧急停止开关　28—防爬装置　29—防滑行装置　30—围裙板防夹装置　31—附加制动器

1）紧急停止：位于上下进出口处（及机房接线盒上）的红色停止按钮，遇有紧急情况时，按下停止按钮可使扶梯立即停车。

2）扶手带入口保护：位于扶手转向端下方，如果有异物（如孩童的手指）同扶手带一起进入其入口，则触动安全开关切断自动扶梯电源，使扶梯停止运行。

3）楼层板开启保护：位于自动扶梯上、下机房楼层板下方。在保养或维修时，当开启楼层板后，自动扶梯处于钥匙自动运行锁止保护，此时，自动扶梯只能通过检修盒操作运行。

4）过载保护：当电动机超载或电流过大时，过载保护开关自动断开，使扶梯停车。若要再次起动，需排除故障，按下控制柜上的复位开关后才能起动。

5）短路保护：当电源回路短路时起保护作用。若要再次起动，需排除故障，按下控制柜上的复位开关后才能起动。

6）断、错相保护：当动力电源缺相或错相时（VVVF 不需要错相保护），自动扶梯不能运行。

7）抱闸磨损监控（选配）：对工作制动器的抱闸衬的磨损量进行监控，防止因磨损量过大而失效。

8）主工作制动器：安装在自动扶梯的驱动主机上，正常停车时使用，同时也是安全装置监测到危险事件时必须制动的部件。

9）超速保护：可在自动扶梯运行速度超过名义速度 1.2 倍前切断电源，使自动扶梯停止运行。

10）制动臂开启保护：监控制动臂开启状态，防止其未开启时起动自动扶梯。若制动系统未释放，需排除故障，按下控制柜上的复位开关后才能起动。

11）制停距离监控：如果制停距离超过规定最大值的 1.2 倍，该装置动作并切断电源，若要再次起动，需排除故障，按下控制柜上的复位开关后才能起动。

12）非操纵逆转保护：当梯级（踏板）和扶手带的运行方向与指定方向相反时，该装置动作并切断电源，自动扶梯停止运行。若要再次起动，需排除故障，按下控制柜上的复位开关后才能起动。

13）主驱动链安全保护（选配）：提升高度大于 6m 时增加的安全装置，当主驱动链断裂或过长时起保护作用，需手动复位才能重新起动扶梯。

14）机房防护板：将机房与梯级（踏板）等运动部件隔离，提供检修或维护的安全空间。

15）梯级锁（选配）：位于上机房驱动主轴处。检修保养时，锁上梯级锁，将切断安全回路，防止其他因素造成扶梯起动。

16）梯级（踏板）防丢失保护：安装在下机房转向处，监控梯路中梯级（踏板）的完整性，一旦发现梯路中有梯级（踏板）空隙时立即停梯。若要再次起动，需排除故障，按下控制柜上的复位开关后才能起动。

17）梯级（踏板）间隙照明（选配）：位于上、下出入口处梯级下方，绿色灯光能使乘客及时找到梯级（踏板）上站立的位置。

18）扶手带去静电：消除扶手带在运行时产生的静电。

19）梯级（踏板）下陷保护：监测梯级（踏板）的垂直位移量，当梯级（踏板）因损坏而塌陷时，该保护装置能使扶梯停止运行。若要再次起动，需排除故障，按下控制柜上的复位开关后才能起动。

20）梯级（踏板）去静电：消除梯级（踏板）在运行时产生的静电。

21）扶手带监控：扶手带正常工作时应与梯级同步运动，其速度允许比梯级（踏板）快 2% 以内，但不允许慢于梯级速度，该装置检测扶手带的速度，一旦异常将使扶梯停止运行。

22）梯级（踏板）链安全保护：当链条磨损或其他原因导致链张紧装置的移动超过

±20mm 前，该安全保护装置将切断电源，使自动扶梯停止运行。若要再次起动，需排除故障，按下控制柜上的复位开关后才能起动。

23）水位开关（选配）：用于检测户外型自动扶梯底坑内水位，当水位上升至水位检测装置时，使自动扶梯停止运行。

24）停止开关：按下停止开关，自动扶梯停止运行。

25）梳齿安全保护：位于自动扶梯上、下机房梳齿板处，监控可移动梳齿板的状态。一旦损坏梯级或卡住的异物撞击时，自动扶梯停止运行。

26）围裙保护开关（选配）：运动的梯级（踏板）与静止的围裙间有一定的间隙，为保证乘客乘行安全，在围裙板的背面设置了安全开关，当异物夹入梯级和围裙之间的缝隙后，围裙发生变形触发安全开关，使自动扶梯停止运行。

27）附加紧急停止开关（选配）：用于在紧急情况时快速制停自动扶梯，设置于可使用购物车的人行道上。自动扶梯的紧急停止开关间距过长或出入口疏散区域有阻挡（如安装有防盗门、防火门等）时，也会增设附加紧急停止开关。

28）防爬装置：位于自动扶梯下部的外盖板处，防止儿童攀爬外盖板或将其当作滑梯玩要。

29）防滑行装置：设置在扶手盖板上，阻止儿童攀爬或不当物件放置其上产生向下滑落的危险。

30）围裙板防夹装置：将毛刷安装在围裙上，高于梯级（踏板）处，梯级与围裙板之间存在一定的间隙，该装置可防止乘客的脚或其他的尖锐物体夹入间隙内。

31）附加制动器（选配）：安装在驱动装置的末端，公共交通型自动扶梯或提升高度大于 6m 的普通型扶梯上配备有此安全装置，在超速达 1.4 倍或改变其规定运行方向时，控制器强制切断控制电路，使电磁制动装置失电，附加制动器与工作制动器同时工作，强制制停自动扶梯。

7.3 自动扶梯的安装与维护保养

7.3.1 自动扶梯的安装

自动扶梯一般是先在工厂里拼装好，试车运转正常后，再根据扶梯提升高度不同来决定是整机出厂还是分拆几截出厂。当提升高度小于 4m 时都是整机出厂，运到工地直接安装即可。所以自动扶梯的安装比电梯容易得多。自动扶梯安装流程如图 7-6 所示。

1. 自动扶梯安装前的准备工作

1）组建安装班组、熟悉安装技术资料、办理安装告知手续、开箱及验收，与 5.1 节（电梯安装前的准备工作）的内容一致。

2）自动扶梯土建尺寸核对。现场检查提升高度和跨度的尺寸；检查支承梁，核对垫板的安装位置尺寸；检查底坑，核对底坑尺寸。如果发现与土建图尺寸要求不符，土建单位应针对不符之处采取补救措施。

2. 自动扶梯的安装及其要求

（1）桁架的连接和起吊就位　在桁架起吊前，必须先埋好安装垫板，它是桁架安装就

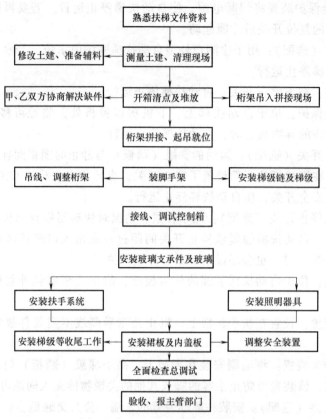

图 7-6 自动扶梯安装流程图

位最重要的部分。桁架连接采取端面配合连接法，在每个接合面上，用 10 只 M24 高强度螺栓固定。必须使用专用工具，以免拧得太紧或太松。桁架起吊就位必须保证自动扶梯部件不能受损。桁架必须先定中心然后就位。

（2）安装部分梯级　自动扶梯出厂时，驱动装置和上、下链轮已在工厂里装进桁架，且调试好了，桁架内也已装好了许多梯级。剩下的梯级是在桁架定好中心后再安装的。当桁架内装好大部分梯级后，开车上、下充分试运转，检查梯级在整个梯路中的运行情况，特别要注意以下几点：

1）踢板与踏板分界齿条间隙：横向要大于 0.3mm，上下方向要互不接触。

2）梯级要能平滑地通过末端回转部分。

3）接触终端导轨时的梯级滚轮的噪声和振动极小。

4）牵引辊通过末端环形导轨时应平稳。停止运行，拉梯级验看有无间隙，若有间隙，则证明准确性好；若无间隙，可用单手加全力转动牵引辊，若不能转动，则必须调整。依次检查每个梯级，保证个个都能转动。

5）剩下几个梯级不安装，进行下一阶段工作。

（3）安装扶手玻璃

1）在玻璃板下端嵌上衬垫，根据玻璃长度切断。

2）上、下转角玻璃板按厂家图样安装，保证尺寸。

3) 对于弯曲部玻璃板，将高度对齐。用橡胶垫片逐步调整到错位小于 2mm。

4) 对于中部玻璃板，用橡胶垫片将相邻面板上的错位调整到 2mm 以下。

5) 调整各玻璃板之间的间隙，使其基本相等。

6) 玻璃板上贴的保护纸是为防止焊接火花的，应保持到向客户移交前再撕去。

（4）安装扶手系统　安装好玻璃板后即可安装扶手导轨。对照图样，按厂家要求尺寸先安装两头转角扶手导轨，再安装中间扶手导轨并嵌入玻璃夹具，然后再安装扶手带。

（5）安装裙板　安装裙板时，应先装上、下两头，然后再装中间段。要求裙板拼接处严密平正，裙板平面应平直，不得有凹凸不平和弯曲现象。安装时把裙板背面的夹具卡入围裙角钢，裙板与角钢面贴牢，且无松动现象。

（6）安全装置的安装　主要有扶手入口安全装置、梯级滚轮安全装置、梯级链安全装置、梳齿板安全装置、围裙板安全装置等的安装。安装方法可按照厂家提供的图样要求进行。

（7）接线　按厂家提供的随机技术文件中的控制线路接线图接线，调整安全装置和检查各开关是否按规定动作。

（8）安装内外盖板　在装好转角处扶手栏杆后，先装转角部盖板和弯曲部盖板，然后装中部外盖板和装饰件。接着在内盖板上装上装饰件，将内盖板和盖板托板贴紧。

（9）安装最后几个梯级　按步骤（2）的安装方法装好最后几个梯级，但要注意的是，最后一个梯级必须在上部机房里安装，如图 7-7 所示。

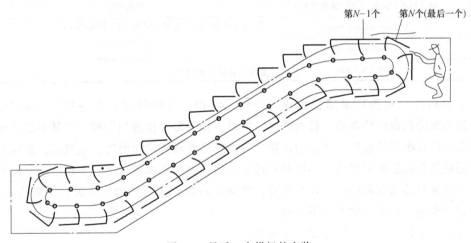

图 7-7　最后一个梯级的安装

3. 自动扶梯的调试运行

（1）电磁制动器的调整　电磁制动器的制动力矩在出厂时已调整好，但在调试时，若自动扶梯下行空载运行停止距离不在 200～1000mm 范围内时，应重新调整，如图 7-8 所示。

电磁制动器的调整步骤如下：

1) 松开防松螺母，然后转动调整螺栓调整转矩。其中，顺时针方向为转矩增加，逆时针方向为转矩减小。

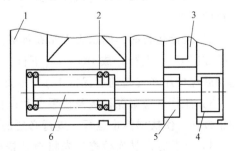

图 7-8　电磁制动器的调整

1—芯体　2—弹簧　3—衬套　4—调整螺栓
5—防松螺母　6—弹簧压杆

2）尽可能以相等距离按同一方向转动每一只调整螺栓，使每一只弹簧的作用力尽可能相同。

3）重复上述调整，使自动扶梯下行空载运行停止距离在300mm左右。

4）调整后，用防松螺母锁紧螺栓。

注意：如果每一只弹簧的作用力由于反复调整而不相同，应完全旋紧每一只调整螺栓（使弹簧闸瓦和芯体接触），然后，尽可能以相等距离旋松每一只螺栓，使每一只弹簧的作用力相等。

（2）驱动装置的调整 图7-1所示自动扶梯的驱动装置在出厂时已调整好，在调试时，可采用人力松闸操纵自动扶梯。具体方法：先将人力松闸杆安装在制动器上，然后站在驱动装置侧面，脚踏松闸杆即可松开制动器，然后用手转动装在电动机轴上的飞轮，这样就可以用手动方式起动自动扶梯运行。在操作完成后，拆除松闸杆。

（3）裙板和梯级的间隙调整 该间隙对乘客的安全和自动扶梯性能都是非常重要的。若该间隙过宽，在自动扶梯运转中，当乘客的脚碰到裙板时，由于摩擦作用，鞋和长衣服的底襟会绞进裙板、踢板或踏板的间隙中；若该间隙过窄，梯级的侧面就会碰到裙板，产生噪声。为了避免产生上述问题，在安装时一定要保证这一间隙符合表7-2所列的规定。

表7-2 裙板和梯级的间隙

间隙	调试标准(安装、调试、检修完时)	补充规定
左	$0.5mm \leqslant L \leqslant 4.0mm$	老化(外损变形)产生的间隙允许尺寸规定如下：
右	$0.5mm \leqslant R \leqslant 4.0mm$	$R = L + 0.5mm$ $L + R = 7.0mm$
左右合计	$L + R \leqslant 6.0mm$	必须在标准内调试

（4）试运行 对照厂家随机发送的电气接线图，再次仔细检查各处接线是否正确。通过加油装置给润滑部件加油，将候梯厅、梯级、扶手等部位清扫干净，尤其要确认梯级及梳齿板部位没有小石子或钉子之类的杂物。有栏杆照明及梳齿照明时，应亮灯。确认上层和下层的照明开关都能控制照明。然后对扶梯实行钥匙控制点动进行上、下断续开车检查，对以下情况应及时排除或调整：①异常声音；②碰擦现象；③开关动作失灵；④紧固件松动；⑤活动部件卡滞；⑥要求的动作不正确。

完成上述工作后，可进行连续开车检查：

1）将操纵箱报警蜂鸣器开关扳到BUZZER（蜂鸣器）侧，使其蜂鸣，向周围发出将要运行的预告。

2）开始运行时，确认无人站在梯级上后，开动操纵箱起动开关，插入钥匙，按要求运行的方向UP（上行）或DOWN（下行）转动后，自动扶梯便开始起动。钥匙要在自动扶梯起动后保持片刻（转动后保持1s），不要马上复位，否则，将使自动扶梯停止起动。

3）工作时应确保梯级及扶手顺利运行，一旦发现异常声音和振动等，应立即按下紧急停止按钮，使扶梯停止运行，进行必要的检查，检查结果要做文字记录。

4）运行方向转换检查。先将自动扶梯停止开关转至STOP（停止）侧，扶梯应停止运行。然后转换操纵开关，自动扶梯应按指定方向起动运行。

5）紧急停止开关检查。当按下紧急停止按钮后，自动扶梯应立即停止运行。

4. 自动扶梯的验收移交

自动扶梯安装调试完成后，首先由安装小组依据有关国标要求进行自检，将检测数据填写在自检报告中。再由生产厂家进行验收并出具检验报告给用户，确认扶梯安装验收合格。安装小组整理好相关资料协同用户一起报请当地政府特种设备安全监督管理部门验收。验收时应提供的资料如下：

1）计算资料：①扶梯金属结构静应力分析资料；②牵引链条（或齿条）的破断强度计算资料；③按规定载荷制动距离的计算资料；④驱动功率的计算资料。

2）试验证书：①梯级或踏步板的静、动态试验证书；②胶带的断裂强度试验证书；③紧急制动器的试验证书；④公共交通型自动扶梯的扶手带断裂强度证书；⑤超速装置的试验证书。

3）图样及文件：①土建布置图；②电气接线图及符号说明；③产品合格证；④产品使用维修说明书；⑤安装质量自检报告。

新安装的自动扶梯的检查、验收和试验的主要内容包括外观检查和验收、功能检查和验收、安全装置效能操作试验、导体之间和导体对地之间不同电路的绝缘电阻试验、空载条件下的制动距离试验、运行速度试验、扶手带与梯级运行速度差的试验、运行振动加速度试验等。

经验收合格后出具合格证给用户，此时扶梯可投入正常运行。安装小组依据安装合同的相关条款办理移交手续，移交扶梯给用户营运。

7.3.2　自动扶梯的维护保养

自动扶梯是连续运送乘客的特种设备，一般都在人流比较集中的场所使用，运输客流量大且连续工作时间长。因此，自动扶梯的维护保养尤为重要，必须由取得扶梯安装维护资质的法人单位负责。

TSG T5002—2017《电梯维修保养规则》规定，自动扶梯与自动人行道的维保分为半月维保、季度维保、半年维保、年度维保。维保单位应当依据其要求，按照自动扶梯的使用特点，制订合理的维保计划与方案，对自动扶梯进行清洁、润滑、检查、调整，更换不符合要求的易损件，保证自动扶梯能够安全正常运行。自动扶梯与自动人行道半月维保、季度维保、半年维保、年度维保的内容（项目）与要求见附录D。

1. 自动扶梯日常的保养

1）每天应做常规检查和清洁工作。在运行开始前进行试运转，确认无异常情况后再正式投入使用。停止运行时，也应注意有无异常情况，有无杂物落入自动扶梯内，检查处理完毕方可关机离开。

2）确认操纵箱按钮开关动作正常。

3）应经常清扫梯级踏板。一旦有小石子或钉子塞住，就会损坏梳齿及梯级，因此要格外注意。一旦损坏应及时查明原因，及时进行更换。梳齿是影响自动扶梯安全运行的基本部件，因此，损坏后放任不管是很危险的。应经常清扫机房（前沿板下），一方面有助于保护设备，另一方面也可避免烟蒂等引火物落入后引起火灾。

2. 自动扶梯主要部件的维护保养

自动扶梯的维护保养应按厂家维保说明书进行。在维护保养时，要严禁烟火入内，因为扶手油盘和底部油盘中存有许多易燃物品，所以要特别小心。

1) 驱动装置的维护保养。驱动装置在上部桁架内，由限速器、电动机、V形带、减速器和制动器等组成。由于上部桁架所留维修空间狭小，应断电后检查驱动装置。

2) 扶手驱动装置的维护保养。从驱动装置到传动辊的动力输送系统所用的是驱动链。对该链应经常润滑。此外，还应经常检查扶手传动辊是否磨损并核实压力辊的弹簧压力，检查传动辊和扶手带内缘之间的间隙。

3) 装潢件的维护保养。为了使自动扶梯经常保持清洁、美观，而且能安全使用，应定期对扶手带、外盖板、梯级和梳齿、前沿板以及裙板进行清洁保养。

4) 自动润滑供油装置的维护保养。千万不能让灰尘或异物进入油箱，齿轮泵绝对不可拆，只有在检查时才使用电源检查按钮，时间要尽量短，否则电池寿命将大大缩短。从加油孔中注油时应先擦净加油孔塞周围，再把清洁的机油通过过滤器注入。

维保用润滑油（脂）及易损件目录，参考厂家维保说明书。

7.4 自动人行道

自动人行道是带有循环运行（板式或带式）走道，用于水平或倾斜角不大于12°的输送乘客的固定电力驱动设备。水平式自动人行道一般应用于机场候机大厅，倾斜式自动人行道是购物中心、仓储式超市等公共场所使用的重要运输工具。自动人行道的输送长度在水平或微斜时可至500m。输送速度一般为0.5m/s，最高不超过0.9m/s。自动人行道除具有自动扶梯能连续运送乘客的优点外，还可运送乘客所携带的童车、残疾人用车、购物手推车等。

自动扶梯与自动人行道的机械结构、电气拖动控制系统、安全装置等诸多方面具有相同或相似之处。两者的主要差异是：自动扶梯在运行时，倾斜部分是台阶状，像楼梯；自动人行道承载用的踏板之间是平的，没有台阶，这些平踏板的滚轮没有驱动滚轮与从动滚轮之分，且共享同一导轨。自动人行道安全装置的要求与自动扶梯一样。

7.4.1 自动人行道的结构

自动人行道按用途分为商用（普通）型和公共交通型两种；按规格分为轻型、中型和重型三种；按倾斜角度分为水平型（倾斜角为0°~6°）和倾斜型（倾斜角为6°~12°）两种；按结构型式分为踏步式、带式、双线式和多级驱动四种。

1. 踏步式自动人行道

踏步式自动人行道是目前应用较为广泛的自动人行道，其结构如图7-9所示。由于踏步车轮没有主轮与辅轮之分，因而踏步在驱动端与张紧端转向时不需要使用作为辅轮转向轨道的转向壁，使结构大大简化，同时降低了自动人行道的结构高度。由于自动人行道的各踏板间形成一个平坦的路面，因此简化了人行道的导轨系统。踏步铰接在两根牵引链条上，踏步节距为400mm。踏步式自动人行道的驱动装置、扶手装置均与自动扶梯通用。

2. 带式自动人行道

带式自动人行道的结构类似于工业常用的带式输送机，其结构如图7-10所示。对于

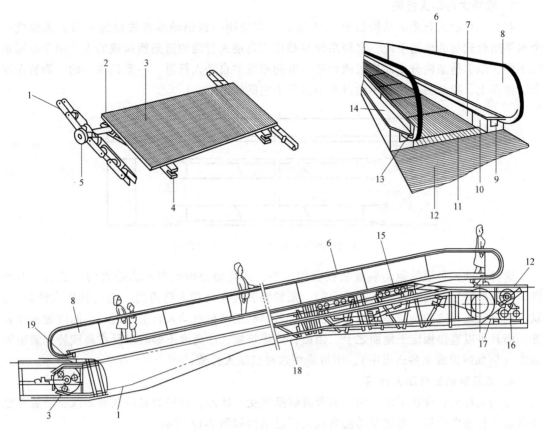

图 7-9　踏步式自动人行道结构示意图

1—曳引链条　2—装饰嵌条　3—踏板　4—托架　5—驱动滚轮　6—扶手带　7—裙板　8—内侧板　9—扶手带入口处
10—开关　11—梳齿　12—前沿板　13—紧急停止开关　14—盖板　15—扶手驱动装置
16—驱动装置　17—驱动链　18—桁架　19—扶手入口处安全装置

带式自动人行道，从安全的角度和心理学的角度出发，必须使乘客感觉站在上面如同在地面上一样，因而必须平稳和安全。带式自动人行道最重要的部件是输送带，它由冷拉、淬火的高强度钢带制成，

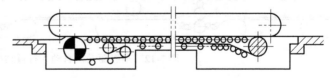

图 7-10　带式自动人行道结构示意图

这种钢带必须精确制造，表面平整。为了减少噪声和保护钢带，一般在钢带的外面覆盖橡胶层。橡胶覆面具有小槽，使输送带能进出梳板齿，保证乘客安全上下人行道。即使在较大的负载下，这种橡胶覆面的钢带仍能足够平稳而安全地进行工作，从而使乘客感受舒适。

钢带的支承可以是滑动的，也可以使用托辊。如果使用滑动支承，钢带的另一面不要覆盖橡胶。使用托辊时，钢带的另一面也要覆盖橡胶。托辊间距一般较小。

带式自动人行道的长度一般为 300～350m。当自动人行道长度为 10～12m 时，可采用滑动支承。

3. 双线式自动人行道

双线式自动人行道的结构如图 7-11 所示。它使用一根销轴垂直放置的牵引链条构成一个水平闭合轮廓的输送系统，这种系统与踏步式自动人行道的链条所构成的垂直闭合轮廓系统不同，牵引链条两分支即构成两台运行方向相反的自动人行道。一系列踏步的一侧装在该牵引链条上，踏步另一侧的车轮自由地运行于它的轨道上。

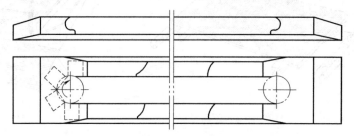

图 7-11　双线式自动人行道结构示意图

这种自动人行道的驱动装置装在它的一端，并将动力传给与轴线垂直的大链轮。电动机、减速器等装在两台自动人行道之间。张紧装置装在自动人行道另一端的转向大链轮上。双线式自动人行道的特点是结构的高度低，可以利用两台自动人行道之间的空间放置驱动装置，而且可以直接固定于地面之上。因而，当建筑物大厅高度不够时以及在高度特别紧凑的地方（例如隧道或某些通道中），则可采用这种自动人行道。

4. 多级驱动的自动人行道

自动人行道长度在不断增加，为改善链条的受力状态，前述的自动扶梯多级驱动装置也在自动人行道中应用。多级驱动的自动人行道结构如图 7-12 所示。

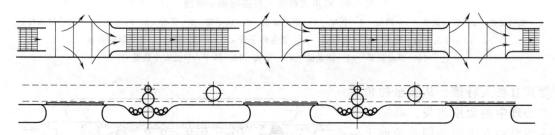

图 7-12　多级驱动的自动人行道结构示意图

7.4.2　自动人行道的安装与维护保养

自动人行道的安装、调试、试验与检验、竣工验收、使用、日常管理、日常维护、修理以及施工安全管理等工作均可参照自动扶梯的相关工作要求，不予重复。

由于自动人行道的输送长度可达 500m，节能问题比自动扶梯更为重要，因此变频技术在自动人行道中得到广泛应用。在进行变频自动人行道安装调试时应注意其技术特点。

1）变频自动人行道在出入口处增设光电开关，用于检测乘客的出入情况，在扶手转角外盖板上增装运行指示器，绿色滚动箭头表示运行方向，红色的"X"表示禁止进入。运行标志醒目，便于乘客乘行。

2）变频自动人行道实现了软起动和软停车（紧急停车除外），避免了因硬停车而造成的机械冲击，延长了机械部件的使用寿命。由于实现了软起动，在起动瞬间对电网的影响也较小。

3）通过光电传感器的智能化控制，在不影响乘客乘行的同时，可根据客流量的变化自动调节人行道的运行速度，直至间歇性停车，大大节约了电能。当传感器检测到乘客进入人行道时，人行道加速到额定速度，将乘客送到人行道出口，并延时一段时间。若在设定时间内没有乘客进入，人行道减速到额定速度的60%运行，若干秒后人行道减速到额定速度的20%，再过若干秒后人行道转入停车待机状态。在任一时刻，传感器检测到乘客进入，人行道便加速到或维持在额定运行速度。

4）微机控制电路板上的数码显示器可以显示变频驱动系统、传感器和各安全开关等的故障代码，便于维修保养。

本 章 小 结

本章主要对自动扶梯、自动人行道的常见种类及主要参数，从用途、结构、安装和维护保养等方面做了简单介绍。通过本章的学习，可对自动扶梯、自动人行道有所了解，便于在以后工作中遇到相关问题时作为参考。

思考与练习

7-1 自动扶梯由哪些部件构成？它的主要作用是什么？

7-2 自动扶梯的主要参数有哪些？

7-3 自动扶梯的安全装置有哪些？它的主要作用是什么？

7-4 自动扶梯的日常维保应注意哪些问题？

7-5 自动扶梯与自动人行道有什么异同点？

7-6 何为自动人行道？它主要用于什么场所？

7-7 自动人行道有哪几种结构？各有什么特点？

7-8 简述自动扶梯的安装流程。

7-9 自动扶梯与自动人行道验收时应提供哪些资料？

7-10 《电梯维修保养规则》中，自动扶梯与自动人行道维保分为哪几种？

7-11 简述自动扶梯与自动人行道半月维保的内容（项目）与要求。

7-12 简述自动扶梯与自动人行道季度维保的内容（项目）与要求。

7-13 简述自动扶梯与自动人行道半年维保的内容（项目）与要求。

7-14 简述自动扶梯与自动人行道年度维保的内容（项目）与要求。

7-15 变频自动人行道有何技术特点？

第 8 章

电梯实训设备

1．YL-777 型电梯实训设备

图 8-1 所示是浙江亚龙智能装备集团股份有限公司开发的 YL-777 型电梯实训设备，其采用了现代电梯广泛应用的电梯一体化微机控制器（默纳克 NICE1000^{NEW} 系统）、矢量型 VVVF 调速与永磁同步电动机驱动等最新技术。它是采用真实的电梯部件（如控制柜、曳引机、开门机、操纵盘、呼梯盒、导轨、导靴、门系统安全保护装置、终端超越保护装置、限速器、安全钳、缓冲器、对重装置等），仅将轿厢按比例缩小以压缩整梯尺寸的电梯实训平台，满足 GB/T 7588.1—2020《电梯制造与安装安全规范　第 1 部分：乘客电梯和载货电梯》的技术标准和安全规范，如轿厢意外移动的检测保护功能（即 UCMP 装置）、轿门防扒保护功能、门锁短接监测保护功能等。该设备支持 CANbus、Modbus 通信方式，可实现远程监控，具有故障自诊断及保护功能，学生可以通过各种故障代码、输入输出信号，进行故障原因分析，确定故障排除方法。该设备实现了电梯实际安装与维修保养操作、教学实训、安全保障

图 8-1　YL-777 型电梯实训设备外观图

功能三者的完美统一，是全国职业院校技能大赛"电梯维修保养"赛项的竞赛平台。

YL-777 型电梯的外形尺寸为 5000mm（长）×3900mm（宽）×7800mm（高），工作电源为三相五线 AC 380V，最大功耗≤1.6kW。电气原理图及控制原理见第 4.4.2 节介绍，故障代码及其故障原因、处理方法见附录 B。应用 YL-777 型电梯实训设备可开设的主要实训项目见表 8-1。

表 8-1　应用 YL-777 型电梯实训设备可开设的主要实训项目

序号	系统	实训项目
1	电梯的曳引系统	曳引机制动器机械调节及故障查找实训
2		曳引机制动力测试实训

（续）

序号	系统	实训项目
3	电梯的门系统	轿厢门传动机构调节、维护、故障查找及排除实训
4		厅门传动机构调节、维护、故障查找及排除实训
5		轿厢门电动机变频器驱动控制电路检测调节及故障查找实训
6	电梯的引导系统	轿厢导轨检测调节实训
7		对重导轨检测调节实训
8		导靴与导轨的检测调节实训
9	电梯的电力拖动系统	曳引电动机变频驱动控制电路检测调节及故障查找实训
10	电梯的电气控制系统	轿厢门控制电路故障查找及排除实训
11		平层装置调节及控制电路故障查找及排除实训
12		楼层、轿厢召唤信号电路故障查找及排除实训
13		轿内按钮操纵箱控制电路故障查找及排除实训
14		指层灯箱控制电路故障查找及排除实训
15		轿内检修箱控制电路故障查找及排除实训
16		门旁路装置操作实训
17		轿顶检修箱控制电路故障查找及排除实训
18		上行程终端超越保护装置故障查找及排除实训
19		下行程终端超越保护装置故障查找及排除实训
20		照明控制电路故障查找及排除实训
21		通信电路故障查找及排除实训
22		微机控制电路故障查找及排除实训
23		控制电源电路故障查找及排除实训
24	电梯的安全保护系统	限速器动作调节实训
25		限速器开关动作故障查找实训
26		轿厢意外移动保护功能（UCMP）测试实训
27		安全钳检测调试实训
28		安全钳传动机构检测调试实训

2. YL-2196B 型现代智能物联网群控电梯实训设备

YL-2196B 型现代智能物联网群控电梯实训设备的外观如图 8-2 所示。该设备是集电气控制技术、视频监控技术、对讲技术、门禁安防技术、物联网技术、无线网络通信技术、智能传感器检测技术、远程控制技术等为一体的电梯物联网群控技术实训装备，采用默纳克 NICE3000 专用一体化的电梯群控系统，能对 8 台电梯进行群控管理。该设备采用模块化设计，由 3 个现代电梯电气控制实训考核单元、1 个电梯群控系统实训单元与 1 个电梯物联网传媒实训单元组成（可根据需要自由组合），系统扩展、升级很方便。

现代电梯电气控制实训考核单元把电梯主要功能器件安装的接线端引到面板上，采用插拔式安全接线方式，学生可根据电梯的电气控制原理进行无限次数的安装连线实训，电梯安装调试实训不会损坏器件。电梯模拟运动装置采用透明框架结构、电梯真实操作按钮和显示

图 8-2　YL-2196B 型现代智能物联网群控电梯实训设备外观图

器，可以直观地看到电梯的运行、平层过程的情况，方便进行各种检测。可设置授权 IC 卡呼梯、密码输入呼梯等操作方式，并可扩展成虚拟电梯系统同步运行。应用该设备可进行单梯电气控制实训、双梯并联控制实训、多梯群控实训、物联网安全监控与管理实训。系统具有功能丰富、实训技能点全面的特点，能有效锻炼学生的操作能力和上下位机通信系统软硬件调试能力。

　　YL-2196B 型现代智能物联网群控电梯实训设备的外形尺寸：群控系统实训单元为 730mm（长）×650mm（宽）×1850mm（高），物联网传媒实训单元为 730mm（长）×650mm（宽）×1850mm（高），现代电梯电气控制实训单元为 1400mm（长）×600mm（宽）×2290mm（高）。工作电源为三相五线 AC 380V，系统整机电流 ≤12A，整机功率 ≤3kW，模拟电梯 4 层站，群控 3 台电梯（可扩展到 8 台群控）。应用 YL-2196B 型现代智能物联网群控电梯实训设备可开设的主要实训项目见表 8-2。

表 8-2　应用 YL-2196B 型现代智能物联网群控电梯实训设备可开设的主要实训项目

序号	实训项目
1	电梯照明回路的连接与调试实训
2	电梯安全回路的连接与调试实训
3	电梯控制电路的连接与调试实训
4	一体化控制器 MPRE 操作面板的使用实训
5	电梯曳引机系统的连接与调试实训
6	拖动系统基本参数设置和异步（同步）电动机静态调谐实训
7	检修回路接线与调试实训
8	电梯相关参数与井道自学习实训
9	电梯一体化控制器故障码的查询与维修实训
10	电梯门禁控制系统安装调试实训
11	单梯电气控制系统综合安装调试实训
12	群控电梯主控板功能码设定与修改实训
13	电梯物联网安全监控管理系统安装调试实训
14	双梯并联控制系统安装调试实训
15	多梯群控系统安装调试实训
16	物联网群控系统综合调试能力考核实训

3. YL-2170A 型自动扶梯实训设备

YL-2170A 型自动扶梯实训设备的外观如图 8-3 所示。该扶梯采用先进的矢量型 VVVF 调速新技术，采用目前扶梯主流的微机控制系统，即默纳克 MCTC-PES-E1 自动扶梯（自动人行道）专用控制器，采用双 CPU 控制，同步检测扶梯运行相关的信号，一旦发现故障，两个 CPU 将同时使安全继电器动作，并输出故障信号。两个 CPU 互相监测，如果有一个 CPU 死机或损坏，另一个 CPU 马上使安全电路动作，并输出相应的故障信号。扶梯的金属桁架、驱动装置、扶手驱动装置、梯路导轨、梯级传动链、梯级、梳齿前沿板、电气控制系统、自动润滑系统等部件全部采用真实的扶梯部件。该扶梯的结构与安全装置如图 7-5 所示，它包括了现行国标 GB 16899—2011 中规定的各项安全措施，确保了自动扶梯的安全运行。

图 8-3　YL-2170A 型自动扶梯实训设备外观图

该扶梯采用自动扶梯专用微机控制器，具有完善的安全监视保护功能及故障自诊断功能，自带 LED 显示的操作键盘，通过键盘可进行功能参数修改、工作状态监控等操作。该扶梯具有近百个故障代码及其故障原因与处理方法，完全满足扶梯教学与技能培训的要求。

YL-2170A 型自动扶梯实训设备的主要参数：外形尺寸为 9000mm（长）×3300mm（宽）×3800mm（高），工作电源为三相五线 AC 380V，额定功率为 5.5kW，扶梯提升高度为 1000mm，梯级宽度为 800mm，倾斜度为 35°，运行速度≤0.5m/s，运行噪声≤60dB。应用 YL-2170A 型自动扶梯实训设备可开设的主要实训项目见表 8-3。

表 8-3　应用 YL-2170A 型自动扶梯实训设备可开设的主要实训项目

序号	实训项目
1	自动扶梯的基本安全操作与使用实训
2	梯级的拆装调整实训
3	梳齿板的调整实训
4	梳齿前沿板的调整实训
5	扶手带的张紧调整实训

（续）

序号	实训项目
6	梯级链的张紧调整实训
7	驱动链的调整实训
8	制动器的调整实训
9	附加制动器的调整实训
10	维护保养前的基本安全知识操作实训
11	日常维护保养实训
12	自动扶梯紧急救援实训
13	自动扶梯安全回路故障查找及排除实训
14	自动扶梯检修电路故障查找及排除实训
15	自动扶梯安全监控电路故障查找及排除实训
16	自动扶梯主电路故障查找及排除实训
17	自动扶梯控制电路故障查找及排除实训

4. 电梯部件实训设备

浙江亚龙智能装备集团股份有限公司开发的电梯教学实训设备中，除了上述整梯（电梯、自动扶梯）设备外，还有电梯主要部件实训设备，见表8-4。

表 8-4 YL 系列电梯实训设备

序号	设备型号	设备名称	主要实训项目数量
1	YL-777	电梯安装、维修与保养实训考核装置	28
2	YL-770	电梯电气安装与调试实训考核装置	13
3	YL-771	电梯井道设施安装与调试实训考核装置	12
4	YL-772	电梯门机构安装与调试实训考核装置	13
5	YL-773	电梯限速器安全钳联动机构实训考核装置（电动式）	12
6	YL-773A	电梯限速器安全钳联动机构实训考核装置（机械式）	6
7	YL-774	电梯曳引系统安装实训考核装置	18
8	YL-775	万能电梯门系统安装实训考核装置	17
9	YL-2170A	自动扶梯维修与保养实训考核装置	17
10	YL-778A	自动扶梯梯级拆装实训装置	5
11	YL-779	电梯曳引绳头实训考核装置	3
12	YL-779A ~ M	电梯基础技能实训考核装置	35
13	YL-780	电梯曳引机解剖装置	1
14	YL-2086A	电梯曳引机安装与调试实训考核装置	5
15	YL-2187A	电梯门系统安装与调试实训考核装置	20
16	YL-2196B	现代智能物联网群控电梯电气控制实训考核装置	16
17	YL-2195D	现代电梯电气控制实训考核装置	12
18	YL-2197B	电梯电气控制装调实训考核装置	12
19	YL-SWS27A	电梯 3D 安装仿真软件	10

附　录

附录 A　我国主要的电梯法规与标准目录

1. 主要的法规

中华人民共和国特种设备安全法

特种设备安全监察条例（国务院令第 549 号）

特种设备作业人员监督管理办法（国质检局令第 140 号）

TSG 07—2019 特种设备生产和充装单位许可规则

TSG 08—2017 特种设备使用管理规则

TSG T5002—2017 电梯维护保养规则

TSG 01—2014 特种设备安全技术规范制定导则

TSG 03—2015 特种设备事故报告和调查处理导则

TSG T7001—2009 电梯监督检验和定期检验规则——曳引与强制驱动电梯

TSG T7002—2011 电梯监督检验和定期检验规则——消防员电梯

TSG T7003—2011 电梯监督检验和定期检验规则——防爆电梯

TSG T7004—2012 电梯监督检验和定期检验规则——液压电梯

TSG T7005—2012 电梯监督检验和定期检验规则——自动扶梯与自动人行道

TSG T7006—2012 电梯监督检验和定期检验规则——杂物电梯

TSG T7007—2016 电梯型式试验规则

TSG T7013—2005 电梯轿厢上行超速保护装置型式试验细则

TSG T7017—2004 电梯曳引机型式试验细则

TSG Z0003—2005 特种设备鉴定评审人员考核大纲

TSG Z6001—2019 特种设备作业人员考核规则

TSG Z7001—2004 特种设备检验检测机构核准规则

TSG Z7002—2004 特种设备检验检测机构鉴定评审细则

CPASE M001—2015 电梯应急处置平台技术规范

ASME QEI-1—2007 电梯检验人员资格标准

2. 主要的标准

GB/T 7588.1—2020 电梯制造与安装安全规范　第 1 部分：乘客电梯和载货电梯

GB/T 7588.2—2020 电梯制造与安装安全规范　第 2 部分：电梯部件的设计原则、计算和检验

GB 26465—2011 消防电梯制造与安装安全规范

GB 25856—2010 仅载货电梯制造与安装安全规范

GB 25194—2010 杂物电梯制造与安装安全规范

GB 28621—2012 安装于现有建筑物中的新电梯制造与安装安全规范

GB/T 21739—2008 家用电梯制造与安装规范

GB 16899—2011 自动扶梯和自动人行道的制造与安装安全规范

GB 50310—2002 电梯工程施工质量验收规范

GB/T10058—2009 电梯技术条件

GB/T10059—2009 电梯试验方法

GB/T10060—2011 电梯安装验收规范

GB/T 31254—2014 机械安全固定式直梯的安全设计规范

GB/T 35850.1—2018 电梯、自动扶梯和自动人行道安全相关的可编程电子系统的应用 第 1 部分：电梯（PESSRAL）

GB/T 35850.2—2019 电梯、自动扶梯和自动人行道安全相关的可编程电子系统的应用 第 2 部分：自动扶梯和自动人行道（PESSRAE）

GB/T 24804—2009 提高在用电梯安全性的规范

GB 30692—2014 提高在用自动扶梯和自动人行道安全性的规范

GB/T 24474.1—2020 乘运质量测量 第 1 部分：电梯

GB 39078.1—2020 自动扶梯和自动人行道安全要求 第 1 部分：基本安全要求

GB/T 24476—2017 电梯、自动扶梯和自动人行道物联网的技术规范

GBT 32271—2015 电梯能量回馈装置

GB/T 37319—2019 电梯节能逆变电源装置

GB/T 30559.1—2014 电梯、自动扶梯和自动人行道的能量性能 第 1 部分：能量测量与验证

GB/T 30559.2—2017 电梯、自动扶梯和自动人行道的能量性能 第 2 部分：电梯的能量计算与分级

GB/T 30559.3—2017 电梯、自动扶梯和自动人行道的能量性能 第 3 部分：自动扶梯和自动人行道的能量计算与分级

GB/T 24478—2009 电梯曳引机

GB/T 8903—2018 电梯用钢丝绳

GB/T 22562—2008 电梯 T 型导轨

GB/T30560—2014 电梯操作装置、信号及附件

GB/T 24475—2009 电梯远程报警系统

GB/T 24479—2009 火灾情况下的电梯特性

GB/T 24480—2009 电梯层门耐火试验

GB/T 24474.1—2020 乘运质量测量 第 1 部分：电梯

GB/T12974—2012 交流电梯电动机通用技术条件

GB/T24477—2009 适用于残障人员的电梯附加要求

GB/T 18775—2009 电梯、自动扶梯和自动人行道维修规范

GB/T 20900—2007 电梯、自动扶梯和自动人行道风险评价和降低的方法

GB/T 31821—2015 电梯主要部件报废技术条件

GB/T 24807—2009 电磁兼容 电梯、自动扶梯和自动人行道的产品系列标准 发射

GB/T 24808—2009 电磁兼容 电梯、自动扶梯和自动人行道的产品系列标准 抗扰度

GB/T 7024—2008 电梯、自动扶梯、自动人行道术语

GB/T 31200—2014 电梯、自动扶梯和自动人行道乘用图形标志及其使用导则

GB/T 7025.1—2008 电梯主参数及轿厢、井道、机房的型式与尺寸 第1部分：Ⅰ、Ⅱ、Ⅲ、Ⅵ类电梯

GB/T 7025.2—2008 电梯主参数及轿厢、井道、机房的型式与尺寸 第2部分：Ⅳ类电梯

附录 B　默纳克 NICE1000^{NEW} 一体化控制电梯故障代码表

默纳克 NICE1000^{NEW} 电梯一体化控制器有近60项警示信息和保护功能。电梯控制器实时监视各种输入信号、运行条件、外部反馈信息等，一旦异常发生，相应的保护功能动作，并显示故障代码。与故障代码对应的故障描述，故障原因及处理方法见表 B-1。

表 B-1　故障代码、故障原因及处理方法

故障代码	故障描述	故障原因	处理方法
Err02	加速过电流	1) 主回路输出接地或短路 2) 电动机进行了参数调谐 3) 负载太大 4) 编码器信号不正确 5) UPS 运行反馈信号不正常	1) 检查控制器输出侧,运行接触器是否正常 2) 检查动力线是否有表层破损,是否有对地短路的可能性。连线是否牢靠 3) 检查电动机侧接线端是否有铜丝搭地;检查电动机内部是否短路或搭地 4) 检查封星①接触器是否造成控制器输出短路 5) 检查电动机参数是否与铭牌相符 6) 重新进行电动机参数自学习 7) 检查抱闸报故障前是否持续张开;检查是否有机械上的卡死 8) 检查平衡系数是否正确 9) 检查编码器相关接线是否正确可靠。异步电动机可尝试开环运行,比较电流,以判断编码器是否工作正常 10) 检查编码器每转脉冲数设定是否正确;检查编码器信号是否受干扰;检查编码器走线是否独立穿管,走线距离是否过长;检查屏蔽层是否单端接地 11) 检查编码器安装是否可靠,旋转轴是否与电动机轴连接牢靠,高速运行中是否平稳 12) 检查在非 UPS 运行的状态下,UPS 反馈是否有效(Err02) 13) 检查加/减速度是否过大(Err02、Err03)
Err03	减速过电流	1) 主回路输出接地或短路 2) 电动机进行了参数调谐 3) 负载太大 4) 减速曲线太陡 5) 编码器信号不正确	
Err04	恒速过电流	1) 主回路输出接地或短路 2) 电动机进行了参数调谐 3) 负载太大 4) 旋转编码器干扰大	

（续）

故障代码	故障描述	故障原因	处理方法
Err05	加速过电压	1）输入电压过高 2）电梯倒拉严重 3）制动电阻选择偏大，或制动单元异常 4）加速曲线太陡	1）调整输入电压；观察母线电压是否正常，运行中是否上升太快 2）检查平衡系数 3）选择合适制动电阻；参照使用手册中制动电阻推荐参数表，观察是否阻值过大 4）检查制动电阻接线是否有破损，是否有搭地现象，接线是否牢靠
Err06	减速过电压	1）输入电压过高 2）制动电阻选择偏大，或制动单元异常 3）减速曲线太陡	
Err07	恒速过电压	1）输入电压过高 2）制动电阻选择偏大，或制动单元异常	
Err09	欠电压故障	1）输入电源瞬间停电 2）输入电压过低 3）驱动控制板异常	1）排除外部电源问题；检查是否有运行中电源断开的情况 2）检查所有电源输入线接头是否连接牢靠 3）请与代理商或厂家联系
Err10	驱动器过载	1）抱闸回路异常 2）负载过大 3）编码器反馈信号不正常 4）电动机参数不正确 5）电动机动力线问题	1）检查抱闸回路、供电电源 2）减小负载 3）检查编码器反馈信号及设定是否正确，同步电动机编码器初始角度是否正确 4）检查电动机相关参数，并调谐 5）检查电动机相关动力线（参见 Err02 处理方法）
Err11	电机过载	1）FC-02 设定不当 2）抱闸回路异常 3）负载过大	1）调整参数，可保持 FC-02 为默认值 2）参见 Err10 处理方法
Err12	输入侧缺相	1）输入电源不对称 2）驱动控制板异常	1）检查输入侧三相电源是否平衡，电源电压是否正常，调整输入电源 2）请与代理商或厂家联系
Err13	输出侧缺相	1）主回路输出接线松动 2）电动机损坏	1）检查连线 2）检查输出侧接触器是否正常 3）排除电动机故障
Err14	模块过热	1）环境温度过高 2）风扇损坏 3）风道堵塞	1）降低环境温度 2）清理风道 3）更换风扇 4）检查控制器的安装空间距离是否符合要求
Err15	输出侧异常	1）制动输出侧短路 2）UVW 输出侧工作异常	1）检查制动电阻、制动单元接线是否正确，确保无短路 2）检查主接触器工作是否正常 3）请与厂家或代理商联系
Err16	电流控制故障	1）励磁电流偏差过大 2）力矩电流偏差过大 3）超过力矩限定时间过长	1）检查编码器回路 2）输出断路器断开 3）增大电流环参数 4）零点位置不正确，重新角度自学习 5）减小负载
Err17	编码器基准信号异常	1）Z 信号到达时与绝对位置偏差过大 2）绝对位置角度与累加角度偏差过大	1）检查编码器是否正常 2）检查编码器接线是否可靠正常 3）检查 PG 卡连线是否正确 4）检查控制柜和主机接地是否良好

（续）

故障代码	故障描述	故障原因	处理方法
Err18	电流检测故障	驱动控制板异常	请与代理商或厂家联系
Err19	电动机调谐故障	1)电动机无法正常运转 2)参数调谐超时 3)同步机旋转编码器异常	1)正确输入电动机参数 2)检查电动机引线及输出侧接触器是否缺相 3)检查旋转编码器接线,确认每转脉冲数设置正确 4)不带载调谐时,检查抱闸是否张开 5)检查同步机带载调谐时是否没有完成调谐即松开了检修运行按钮
Err20	速度反馈错误故障	1:辨识过程 AB 信号丢失 3:电动机线序接反 4:辨识过程检测不到 Z 信号 5:SIN-COS 编码器 CD 断线 7:UVW 编码器 UVW 断线 8:角度偏差过大 9:超速或者速度偏差过大 10、11:SIN-COS 编码器的 AB 或者 CD 信号受干扰 12:转矩限定,测速为 0 13:运行过程中 AB 信号丢失 14:运行过程中 Z 信号丢失 19:低速运行过程中 AB 模拟量信号断线 55:调谐中,CD 信号错误或者 Z 信号严重干扰错误	3:请调换电动机 U、V、W 三相中任意两相的线序 1、4、5、7、8、10、11、13、14、19:检查编码器各相信号接线 9:检查同步机 F1-00/12/25 是否设定正确 12:检查运行中是否有机械上的卡死,检查运行中抱闸是否已打开 55:检查接地情况,处理干扰
Err22	平层信号异常	101:楼层切换过程中,平层信号有效 102:从电梯起动到楼层切换过程中,没有检测到平层信号的下降沿 103:电梯在自动运行状态下,平层位置偏差过大	101、102:请检查平层、门区感应器是否工作正常;检查平层插板安装的垂直度与深度;检查主控制板平层信号输入点 103:检查钢丝绳是否存在打滑
Err25	存储数据异常	101、102:主控制板存储数据异常	101、102:请与代理商或厂家联系
Err26	地震信号	101:地震信号有效,且大于 2s	101:检查地震输入信号与主控板参数设定是否一致(动合、动断)
Err29	封星接触器反馈异常	101:同步机封星接触器反馈异常	101:检查封星接触器反馈输入信号状态是否正确(动合、动断);检查接触器及相对应的反馈触点动作是否正常;检查封星接触器线圈电路
Err30	电梯位置异常	101、102:快车运行或返平层运行模式下,运行时间大于 F9-02,但平层信号无变化	101、102:检查平层信号线连接是否可靠,是否有可能搭地,或者与其他信号短接;检查楼层间距是否较大导致返平层时间过长;检查编码器回路,是否存在信号丢失
Err33	电梯速度异常	101:快车运行超速 102:检修或井道自学习运行超速 103:自溜车运行超速 104:应急运行超速 105:开启了 F6-69 的 Bit8 应急运行时间保护,运行超过 50s 报超时故障	101:确认旋转编码器使用是否正确;检查电机铭牌参数设定;重新进行电动机调谐 102:尝试降低检修速度,或重新进行电动机调谐 103:检查封星功能是否有效 104、105:查看应急电源容量是否匹配;检查应急运行速度设定是否正确

（续）

故障代码	故障描述	故障原因	处理方法
Err34	逻辑故障	控制板冗余判断,逻辑异常	请与代理商或厂家联系,更换控制板
Err35	井道自学习数据异常	101:自学习启动时,当前楼层不是最小层或下强迫减速无效 102:井道自学习过程中检修开关断开 103:上电判断未进行井道自学习 104:距离控制模式下,起动运行时判断未进行井道自学习 106、107、109、114:上下平层感应到的插板脉冲长度异常 108、110:自学习平层信号超过45s无变化 111、115:存储的楼高小于50cm 112:自学习完成当前层不是最高层 113:脉冲校验异常	101:检查下强迫减速是否有效,当前楼层F4-01是否为最低层 102:检查电梯是否在检修状态 103、104:需要进行井道自学习 106、107、109、114:平层感应器常开、常闭设定错误;平层感应器信号有闪动,请检查插板是否安装到位,检查是否有强电干扰;异步电梯,遮磁板是否太长 108、110:运行时间超过时间保护F9-02,仍没有收到平层信号 111、115:若有楼层高度小于50cm,请开通超短层功能;若无,请检查这一层的插板安装,或者检查感应器 112:最大楼层F6-00设定太小,与实际不符 113:检查平层感应器信号是否正常,重新进行井道自学习
Err36	运行接触器反馈异常	101:运行接触器未输出,但运行接触器反馈有效 102:运行接触器有输出,但运行接触器反馈无效 103:异步电动机起动电流过小 104:运行接触器复选反馈点动作状态不一致	101、102、104:检查接触器反馈触点动作是否正常;确认反馈触点信号特征(动合、动断) 103:检查电梯一体化控制器的输出线U、V、W是否连接正常;检查运行接触器线圈控制回路是否正常
Err37	抱闸接触器反馈异常	101:抱闸接触器输出与抱闸反馈状态不一致 102:复选的抱闸接触器反馈点动作状态不一致 103:抱闸接触器输出与抱闸反馈2状态不一致 104:复选的抱闸反馈2反馈点动作状态不一致	101~104:检查抱闸线圈及反馈触点是否正确;确认反馈触点的信号特征(动合、动断);检查抱闸接触器线圈控制回路是否正常
Err38	旋转编码器信号异常	101:F4-03脉冲信号无变化时间超过F1-13时间值 102:运行方向和脉冲方向不一致	101、102:确认旋转编码器使用是否正确;更换旋转编码器的A、B相;检查系统接地与信号接地是否可靠;检查编码器与PG卡之间线路是否正确
Err39	电动机过热故障	101:电动机热保护继电器输入有效,且持续一定时间	101:检查热保护继电器座是否正常;检查电动机是否使用正确,电动机是否损坏;改善电动机的散热条件
Err40	电梯运行超时	电梯运行超时	请检查参数,或联系代理商、厂家解决
Err41[②]	安全回路断开	101:安全回路信号断开	101:检查安全回路各开关,查看其状态;检查外部供电是否正确;检查安全回路接触器动作是否正确;检查安全反馈触点信号特征(动合、动断)
Err42[③]	运行中门锁断开	101:电梯运行过程中,门锁反馈无效	101:检查厅、轿门锁是否连接正常;检查门锁接触器动作是否正常;检查门锁接触器反馈点信号特征(动合、动断);检查外围供电是否正常

（续）

故障代码	故障描述	故障原因	处理方法
Err43	上限位信号异常	101：电梯向上运行过程中，上限位信号动作	101：检查上限位信号特征（动合、动断）；检查上限位开关是否接触正常；限位开关安装偏低，正常运行至端站也会动作
Err44	下限位信号异常	101：电梯向下运行过程中，下限位信号动作	101：检查下限位信号特征（动合、动断）；检查下限位开关是否接触正常；限位开关安装偏高，正常运行至端站也会动作
Err45	强迫减速开关异常	101：井道自学习时，下强迫减速距离不足 102：井道自学习时，上强迫减速距离不足 103：正常运行时，强迫减速位置异常 104、105：强迫减速有效时速度超过电梯最大运行速度	101~103：检查上、下级减速开关接触是否正常；确认上、下级减速信号特征（动合、动断） 104、105：确认强迫减速安装距离满足该梯速下的减速要求
Err46	再平层异常	101：再平层运行，平层信号都无效 102：再平层速度超过 0.1m/s 103：快车运行起动时，再平层状态有效且有封门反馈 104：再平层运行时封门输出 2s 后没有收到封门反馈或门锁信号	101：检查平层信号是否正常 102：确认旋转编码器使用是否正确 103、104：检查平层感应器信号是否正常；检查封门反馈输入点（动合、动断）；检查 SCB-A 板继电器及接线
Err47	封门④接触器异常	101：再平层或者提前开门运行，封门接触器输出连续 2s，但封门反馈无效后门锁断开 102：再平层或者提前开门运行，封门接触器无输出，封门反馈有效连续 2s 103：再平层或者提前开门运行，封门接触器输出时间大于 15s	101、102：检查封门接触器反馈输入点（动合、动断）；检查封门接触器动作是否正常 103：检查平层、再平层信号是否正常；检查再平层速度设置是否太低
Err48	开门故障	101：连续开门不到位次数超过 Fb-13 设定	101：检查门机系统工作是否正常；检查轿顶控制板是否正常；检查开门到位信号是否正确
Err49	关门故障	101：连续关门不到位次数超过 Fb-13 设定	101：检查门机系统工作是否正常；检查轿顶控制板是否正常；检查门锁动作是否正常
Err50	平层信号连续丢失	连续 3 次平层信号粘连、丢失（即连续 3 次报 Err22）	1）检查平层、门区感应器是否工作正常 2）检查平层插板安装的垂直度与深度 3）检查主控制板平层信号输入点；检查钢丝绳是否存在打滑
Err53	门锁故障	101：开门过程中门锁反馈信号同时有效，时间大于 3s 102：多个门锁反馈信号状态不一致，时间大于 2s	101：检查门锁回路动作是否正常；检查门锁接触器反馈触点动作是否正常；检查在门锁信号有效的情况下系统是否收到了开门到位信号 102：如果 X24 灯亮，而 X26 或 X27 灯不亮，应检查 X26 与厅门锁接线端子 11A 或 X27 与轿门锁接线端子 112 之间的连线；如果 X24 灯不亮，而 X26 和 X27 灯亮，应检查门锁接触器线圈是否正常，检查门锁接触器反馈触点是否接触不良
Err54	检修起动过电流	检修运行起动时，电流超过额定电流的 110%	1）减轻负载 2）更改功能码 FC-00 Bit1 为 1，取消检测起动电流功能

（续）

故障代码	故障描述	故障原因	处理方法
Err55	换层停靠故障	101：电梯在自动运行时，本层开门不到位	101：检查该楼层开门到位信号
Err57⑤	SPI 通信故障	101、102：SPI 通信异常，与 DSP 通信连续 2s 接收不到正确数据 103：专机主板与底层不匹配故障	101、102：检查控制板和驱动板连线是否正确 103：请联系代理商或者厂家
Err58	位置保护开关异常	101：上下强迫减速同时断开 102：上下限位反馈同时断开	101、102：检查强迫减速开关、限位开关常开、常闭属性与主控板参数常开、常闭设置是否一致；检查强迫减速开关、限位开关是否误动作
Err62	模拟量断线	主控板模拟量输入断线	1）检查模拟量称重通道选择 F8-08 是否设置正确 2）检查轿顶板或主控板模拟量输入接线是否正确，是否存在断线

① 永磁同步无齿轮曳引机将三相绕组引出线用导线或者串联电阻按星形联结，行业内称为"封星"。此时，曳引机作为三相交流永磁发电机，电梯机械系统的不平衡力矩带动曳引轮运转，则发电机吸收机械能转化为电能，通过"封星"导线或电阻形成的闭合回路将电能消耗。当机械转矩与电机电磁转矩相平衡时，曳引机即可匀速运行。

② Err41 故障在电梯停止状态时不记录。

③ Err42 故障为门锁通时自动复位以及在门区出现故障 1s 后自动复位。

④ "封门"是指有贯通门时，被封的一扇门。

⑤ 当有 Err57 故障时，若该故障持续有效，则每隔 1h 记录一次。

附录 C　电梯维护保养项目（内容）和要求

在 TSG T5002—2017《电梯维修保养规则》的附件 A 中给出了曳引与强制驱动电梯维护保养项目（内容）和要求。

半月维护保养项目（内容）和要求见表 C-1。

表 C-1　半月维护保养项目（内容）和要求

序号	维护保养项目（内容）	维护保养基本要求
1	机房、滑轮间环境	清洁，门窗完好，照明正常
2	手动紧急操作装置	齐全，在指定位置
3	驱动主机	运行时无异常振动和异常声响
4	制动器各销轴部位	动作灵活
5	制动器间隙	打开时制动衬与制动轮不应发生摩擦，间隙值符合制造单位要求
6	制动器作为轿厢意外移动保护装置制停子系统时的自监测	制动力人工方式检测符合使用维护说明书要求；制动力自监测系统有记录
7	编码器	清洁，安装牢固
8	限速器各销轴部位	润滑，转动灵活；电气开关正常
9	层门和轿门旁路装置	工作正常
10	紧急电动运行	工作正常

（续）

序号	维护保养项目(内容)	维护保养基本要求
11	轿顶	清洁,防护栏安全可靠
12	轿顶检修开关、停止装置	工作正常
13	导靴上油杯	吸油毛毡齐全,油量适宜,油杯无泄漏
14	对重/平衡重块及其压板	对重/平衡重块无松动,压板紧固
15	井道照明	齐全,正常
16	轿厢照明、风扇、应急照明	工作正常
17	轿厢检修开关、停止装置	工作正常
18	轿内报警装置、对讲系统	工作正常
19	轿内显示、指令按钮、IC卡系统	齐全,有效
20	轿门防撞击保护装置(安全触板,光幕、光电等)	功能有效
21	轿门门锁电气触点	清洁,触点接触良好,接线可靠
22	轿门运行	开启和关闭工作正常
23	轿厢平层准确度	符合标准值
24	层站召唤、层楼显示	齐全,有效
25	层门地坎	清洁
26	层门自动关门装置	正常
27	层门门锁自动复位	用层门钥匙打开手动开锁装置释放后,层门门锁能自动复位
28	层门门锁电气触点	清洁,触点接触良好,接线可靠
29	层门锁紧元件啮合长度	不小于7mm
30	底坑环境	清洁,无渗水、积水,照明正常
31	底坑停止装置	工作正常

　　季度维护保养项目（内容）和要求除符合半月维护保养的项目（内容）和要求外，还应符合表 C-2 中所列的项目（内容）和要求。

表 C-2　季度维护保养项目（内容）和要求

序号	维护保养项目(内容)	维护保养基本要求
1	减速机润滑油	油量适宜,除蜗杆伸出端外均无渗漏
2	制动衬	清洁,磨损量不超过制造单位要求
3	编码器	工作正常
4	选层器动静触点	清洁,无烧蚀
5	曳引轮槽、悬挂装置	清洁,钢丝绳无严重油腻,张力均匀,符合制造单位要求
6	限速器轮槽、限速器钢丝绳	清洁,无严重油腻
7	靴衬、滚轮	清洁,磨损量不超过制造单位要求
8	验证轿门关闭的电气安全装置	工作正常
9	层门、轿门系统中传动钢丝绳、链条、传动带	按照制造单位要求进行清洁、调整

（续）

序号	维护保养项目（内容）	维护保养基本要求
10	层门门导靴	磨损量不超过制造单位要求
11	消防开关	工作正常,功能有效
12	耗能缓冲器	电气安全装置功能有效,油量适宜,柱塞无锈蚀
13	限速器张紧轮装置和电气安全装置	工作正常

半年维护保养项目（内容）和要求除符合季度维护保养的项目（内容）和要求外，还应符合表 C-3 中所列的项目（内容）和要求。

表 C-3　半年维护保养项目（内容）和要求

序号	维护保养项目（内容）	维护保养基本要求
1	电动机与减速机联轴器	连接无松动,弹性元件外观良好,无老化等现象
2	驱动轮、导向轮轴承部	无异常声响,无振动,润滑良好
3	曳引轮槽	磨损量不超过制造单位要求
4	制动器动作状态监测装置	工作正常,制动器动作可靠
5	控制柜内各接线端子	各接线紧固、整齐,线号齐全清晰
6	控制柜各仪表	显示正常
7	井道、对重、轿顶各反绳轮轴承部	无异常声响,无振动,润滑良好
8	悬挂装置、补偿绳	磨损量、断丝数不超过要求
9	绳头组合	螺母无松动
10	限速器钢丝绳	磨损量、断丝数不超过制造单位要求
11	层门、轿门门扇	门扇各相关间隙符合标准值
12	轿门开门限制装置	工作正常
13	对重缓冲距离	符合标准值
14	补偿链(绳)与轿厢、对重接合处	固定,无松动
15	上、下极限开关	工作正常

年度维护保养项目（内容）和要求除符合半年维护保养的项目（内容）和要求外，还应符合表 C-4 中所列的项目（内容）和要求。

表 C-4　年度维护保养项目（内容）和要求

序号	维护保养项目（内容）	维护保养基本要求
1	减速机润滑油	按照制造单位要求适时更换,保证油质符合要求
2	控制柜接触器、继电器触点	接触良好
3	制动器铁芯(柱塞)	进行清洁、润滑、检查,磨损量不超过制造单位要求
4	制动器制动能力	符合制造单位要求,保持有足够的制动力,必要时进行轿厢装载 125%额定载重量的制动试验
5	导电回路绝缘性能测试	符合标准
6	限速器安全钳联动试验(对于使用年限不超过 15 年的限速器,每 2 年进行一次限速器动作速度校验;对于使用年限超过 15 年的限速器,每年进行一次限速器动作速度校验)	工作正常

（续）

序号	维护保养项目（内容）	维护保养基本要求
7	上行超速保护装置动作试验	工作正常
8	轿厢意外移动保护装置动作试验	工作正常
9	轿顶、轿厢架、轿门及其附件安装螺栓	紧固
10	轿厢和对重/平衡重的导轨支架	固定，无松动
11	轿厢和对重/平衡重的导轨	清洁，压板牢固
12	随行电缆	无损伤
13	层门装置和地坎	无影响正常使用的变形，各安装螺栓紧固
14	轿厢称重装置	准确有效
15	安全钳钳座	固定，无松动
16	轿底各安装螺栓	紧固
17	缓冲器	固定，无松动

注：1. 如果某些电梯没有表中的项目（内容），如有的电梯不含有某种部件，项目（内容）可适当进行调整。
   2. 维护保养项目（内容）和要求中对测试、试验有明确规定的，应当按照规定进行测试、试验，没有明确规定的，一般为检查、调整、清洁和润滑。
   3. 维护保养基本要求中，规定为"符合标准值"的，是指符合对应的国家标准、行业标准和制造单位要求。
   4. 维护保养基本要求中，规定为"制造单位要求"的，按照制造单位的要求，其他没有明确"要求"的，应当为安全技术规范、标准或者制造单位等的要求。

附录 D　自动扶梯与自动人行道维护保养项目（内容）和要求

在 TSG T5002—2017《电梯维修保养规则》的附件 D 中给出了自动扶梯与自动人行道维护保养项目（内容）和要求。

半月维护保养项目（内容）和要求见表 D-1。

表 D-1　半月维护保养项目（内容）和要求

序号	维护保养项目（内容）	维护保养基本要求
1	电器部件	清洁，接线紧固
2	故障显示板	信号功能正常
3	设备运行状况	正常，没有异常声响和抖动
4	主驱动链	运转正常，电气安全保护装置动作有效
5	制动器机械装置	清洁，动作正常
6	制动器状态监测开关	工作正常
7	减速机润滑油	油量适宜，无渗油
8	电动机通风口	清洁
9	检修控制装置	工作正常
10	自动润滑油罐油位	油位正常，润滑系统工作正常
11	梳齿板开关	工作正常
12	梳齿板照明	照明正常

（续）

序号	维护保养项目（内容）	维护保养基本要求
13	梳齿板梳齿与踏板面齿槽、导向胶带	梳齿板完好无损，梳齿板梳齿与踏板面齿槽、导向胶带啮合正常
14	梯级或者踏板下陷开关	工作正常
15	梯级或者踏板缺失监测装置	工作正常
16	超速或非操纵逆转监测装置	工作正常
17	检修盖板和楼层板	防倾覆或者翻转措施和监控装置有效、可靠
18	梯级链张紧开关	位置正确，动作正常
19	防护挡板	有效，无破损
20	梯级滚轮和梯级导轨	工作正常
21	梯级、踏板与围裙板之间的间隙	任何一侧的水平间隙及两侧间隙之和符合标准值
22	运行方向显示	工作正常
23	扶手带入口处保护开关	动作灵活可靠，清除入口处垃圾
24	扶手带	表面无毛刺，无机械损伤，运行无摩擦
25	扶手带运行	速度正常
26	扶手护壁板	牢固可靠
27	上下出入口处的照明	工作正常
28	上下出入口和扶梯之间保护栏杆	牢固可靠
29	出入口安全警示标志	齐全，醒目
30	分离机房、各驱动和转向站	清洁，无杂物
31	自动运行功能	工作正常
32	紧急停止开关	工作正常
33	驱动主机的固定	牢固可靠

　　季度维护保养项目（内容）和要求除符合半月维护保养的项目（内容）和要求外，还应符合表 D-2 中所列的项目（内容）和要求。

表 D-2　季度维护保养项目（内容）和要求

序号	维护保养项目（内容）	维护保养基本要求
1	扶手带的运行速度	相对于梯级、踏板或者胶带的速度允差为 0～+2%
2	梯级链张紧装置	工作正常
3	梯级轴衬	润滑有效
4	梯级链润滑	运行工况正常
5	防灌水保护装置	动作可靠（雨季到来之前必须完成）

　　半年维护保养项目（内容）和要求除符合季度维护保养的项目（内容）和要求外，还应符合表 D-3 中所列的项目（内容）和要求。

表 D-3　半年维护保养项目（内容）和要求

序号	维护保养项目(内容)	维护保养基本要求
1	制动衬厚度	不小于制造单位要求
2	主驱动链	清理表面油污,润滑
3	主驱动链链条滑块	清洁,厚度符合制造单位要求
4	电动机与减速机联轴器	连接无松动,弹性元件外观良好,无老化等现象
5	空载向下运行制动距离	符合标准值
6	制动器机械装置	润滑,工作有效
7	附加制动器	清洁和润滑,功能可靠
8	减速机润滑油	按照制造单位的要求进行检查、更换
9	调整梳齿板梳齿与踏板面齿槽啮合深度和间隙	符合标准值
10	扶手带张紧度张紧弹簧负荷长度	符合制造单位要求
11	扶手带速度监控系统	工作正常
12	梯级踏板加热装置	功能正常,温度感应器接线牢固(冬季到来之前必须完成)

　　年度维护保养项目（内容）和要求除符合半年维护保养的项目（内容）和要求外，还应符合表 D-4 中所列的项目（内容）和要求。

表 D-4　年度维护保养项目（内容）和要求

序号	维护保养项目(内容)	维护保养基本要求
1	主接触器	工作可靠
2	主机速度检测功能	功能可靠,清洁感应面,感应间隙符合制造单位要求
3	电缆	无破损,固定牢固
4	扶手带托轮、滑轮群、防静电轮	清洁,无损伤,托轮转动平滑
5	扶手带内侧凸缘处	无损伤,清洁扶手导轨滑动面
6	扶手带断带保护开关	功能正常
7	扶手带导向块和导向轮	清洁,工作正常
8	进入梳齿板处的梯级与导轮的轴向窜动量	符合制造单位要求
9	内外盖板连接	紧密牢固,连接处的凸台、缝隙符合制造单位要求
10	围裙板安全开关	测试有效
11	围裙板对接处	紧密平滑
12	电气安全装置	动作可靠
13	设备运行状况	正常,梯级运行平稳,无异常抖动,无异常声响

参考文献

[1] 叶安丽. 电梯控制技术 [M]. 2版. 北京：机械工业出版社，2008.

[2] 陈家盛. 电梯结构原理及安装维修 [M]. 5版. 北京：机械工业出版社，2012.

[3] 魏孔平，朱蓉. 电梯技术 [M]. 北京：化学工业出版社，2006.

[4] 庞振平. 电梯安装维修技术 [M]. 郑州：河南科学技术出版社，2010.

[5] 陈登峰. 电梯控制技术 [M]. 北京：机械工业出版社，2013.

[6] 李乃夫. 电梯结构与原理 [M]. 2版. 北京：机械工业出版社，2019.

[7] 全国电梯标准化技术委员会. 电梯制造与安装安全规范　第1部分：乘客电梯和载货电梯：GB/T 7588.1—2020 [S]. 北京：中国标准出版社，2020.

[8] 中华人民共和国建设部. 电梯工程施工质量验收规范：GB 50310—2002 [S]. 北京：中国建筑工业出版社，2002.

[9] 全国电梯标准化技术委员会. 电梯、自动扶梯、自动人行道术语：GB/T 7024—2008 [S]. 北京：中国标准出版社，2009.

[10] 国家质量监督检验检疫总局特种设备安全监察局. 电梯维护保养规则：TSG T5002—2017 [S]. 北京：新华出版社，2017.

[11] 全国电梯标准化技术委员会. 电梯制造与安装安全规范　第2部分：电梯部件的设计原则、计算和检验：GB/T 7588.2—2020 [S]. 北京：中国标准出版社，2020.